Fleurs jaunes

Pages 202-287 Les fleurs jaunes sont les plus fréquentes dans nos régions, que ce soit en nombre d'espèces ou en quantité de fleurs. Au printemps, les prairies se couvrent de fleurs jaunes. Cette couleur peut attirer un grand nombre de pollinisateurs, car elle est bien perçue par les abeilles et autres insectes.

Fleurs vertes ou brunes

Pages 288-310 De nombreuses fleurs vertes ou brunes sont en réalité des inflorescences composées de multiples fleurs. Elles restent néanmoins très discrètes pour l'œil humain. Les insectes ne s'y intéressent pas davantage, aussi la nature a-t-elle confié leur pollinisation au vent.

Symboles des formes de fleurs et autres abréviations

- fleurs à 4 pétales maximum
- fleurs à 5 pétales
- fleurs à plus de 5 pétales ou composées
- fleurs à symétrie axiale
- **H** hauteur de la fleur en cm
- ☠ fleur toxique
- (☠) fleur légèrement toxique ou suspectée de toxicité

Margot et
Roland Spohn

450 fleurs

Mode d'emploi 4
Comment identifier une fleur ? 6
La signification des fleurs 14

Fleurs rouges

- 4 pétales maximum 18
- 5 pétales 28
- plus de 5 pétales ou composées 50
- fleurs à symétrie axiale 66

Fleurs blanches

- 4 pétales maximum 90
- 5 pétales 104
- plus de 5 pétales ou composées 129
- fleurs à symétrie axiale 148

Fleurs bleues

- 4 pétales maximum 152
- 5 pétales 158
- plus de 5 pétales ou composées 174
- fleurs à symétrie axiale 183

Fleurs jaunes

- 4 pétales maximum 202
- 5 pétales 216
- plus de 5 pétales ou composées 238
- fleurs à symétrie axiale 266

Fleurs vertes ou brunes

- 4 pétales maximum 288
- 5 pétales 300
- plus de 5 pétales ou composées 304
- fleurs à symétrie axiale 305

Index 310
Glossaire 318

Comment utiliser ce livre

Pour chaque plante décrite, ce guide indique la répartition géographique et donne des informations ayant trait à l'utilisation, l'histoire ou la biologie. Les illustrations mettent l'accent sur les caractéristiques qui facilitent l'identification. La photographie principale illustre la forme typique ou une partie spécifique de la plante. D'autres images montrent des détails particuliers, qui permettent de reconnaître les espèces. Sur le côté figurent des petits textes illustrés précisant l'habitat et les caractéristiques principales, ainsi que le dessin d'une fleur typique. Lorsqu'une espèce remplit toute une page, un encadré intitulé **« Le saviez-vous ? »** apporte des précisions et détails remarquables.

Hauteur (H)
Indique la hauteur de la plante en cm. Pour les plantes grimpantes, cette indication est celle de la hauteur au-dessus du sol, et non la longueur maximale de la tige horizontale.

Mois
Indique la période de floraison dans le domaine principal de répartition. Pour les plantes poussant dans toute l'Europe, c'est la période de floraison en Europe centrale qui est indiquée.

Informations principales
Des informations sur l'utilisation, l'histoire, la biologie ou encore le rôle de la plante en médecine par exemple.

Aspect typique
Une grande photographie illustre l'aspect général de la plante ou d'une partie sélectionnée. La légende explique les détails importants.

Encadré « Le saviez-vous ? »
Ce petit texte, souvent illustré, explique une particularité intéressante de la plante. Il introduit parfois une espèce voisine.

Nom vernaculaire
Nom scientifique
Famille

Forme de la plante
S'agit-il d'une plante annuelle, bisannuelle ou vivace ? Hiverne-t-elle sous forme de buisson, d'arbuste ou d'arbre ? Indication éventuelle de la toxicité.

Habitat
La photo montre la plante dans son habitat naturel. Le texte décrit les autres habitats et la répartition géographique en Europe.

Caractères importants
Un résumé des informations importantes pour l'identification, la diffusion et l'utilisation.

Fleur
Illustre une fleur typique, avec les caractéristiques permettant l'identification. Pour les fleurs composées, le dessin décrit l'inflorescence.

Code couleurs
La couleur du bandeau indique à quel groupe la plante appartient (voir les pages d'ouverture).

Symbole
Le pictogramme de la forme de la fleur facilite sa classification (voir les pages d'ouverture).

Détail complémentaire
De petites illustrations montrent des détails de la plante, importants pour l'identification : feuilles, fruits, autres aspects de la fleur, racines, avec une légende décrivant précisément ces caractéristiques.

Code couleurs

Les plantes sont classées dans ce guide selon un critère très facile à distinguer, même pour un néophyte, la couleur des fleurs. Chacun de ces cinq groupes est identifié par un code couleur.

Couleurs des fleurs

Le code de couleur distingue les fleurs rouges, blanches, bleues, jaunes et vertes ou brunes. La plupart des espèces peuvent être aisément classées dans ce système. La teinte typique est celle des fleurs pleinement épanouies.

Structure d'une fleur

Une fleur se compose de plusieurs parties

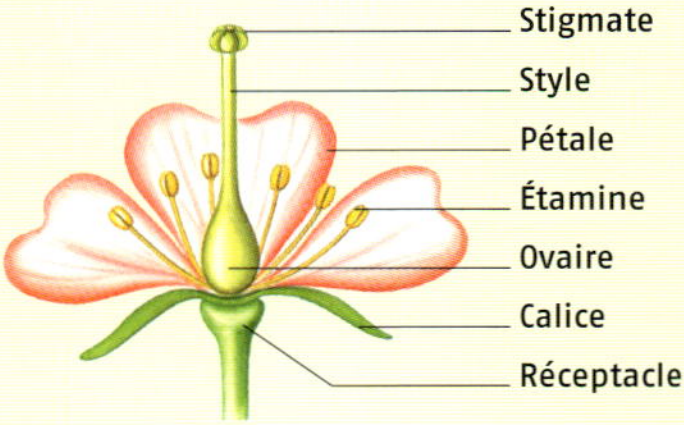

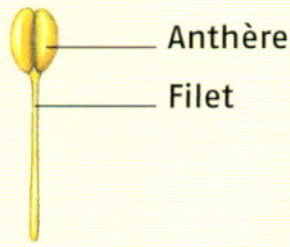

Variabilité du critère couleur

Les fleurs violettes affichent différentes nuances intermédiaires entre le rouge et le bleu. Si leur teinte tire plutôt vers le rouge pendant toute la floraison, elles sont classées avec les fleurs rouges, sinon, avec les fleurs bleues. Mais beaucoup de fleurs ont tendance à changer en cours de floraison. Dans ce cas, ou lorsque les fleurs d'une même espèce peuvent revêtir différents tons, il est conseillé de rechercher dans tous les groupes possibles.

La gesse printanière est d'un **rouge pourpre**

La buglosse officinale a une fleur **violet bleuté**

Formes des fleurs

La forme de la fleur est un critère d'identification important, qui permet de subdiviser les groupes de couleurs en quatre classes. Un schéma symbolise le contour typique de la fleur et le nombre des pétales. Dans chaque catégorie, il existe des variantes reposant sur le développement plus ou moins prononcé des différents organes.

Fleurs à 4 pétales maximum

Pétales séparés avec sépales
Coquillier maritime

Fleurs à 5 pétales

Pétales soudés **en tube**
Grémil pourpre-violet

Pétales soudés **en cloche**
Belladone

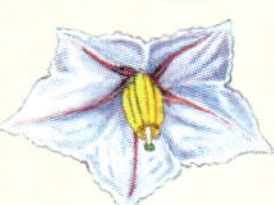

Pétales soudés **étalés**
Morelle de Linné

Fleurs à plus de 5 pétales ou en capitules

Fleurs à **3 pétales et 3 sépales de même couleur**
Tulipe sauvage

Capitules liguliflores
Chicorée sauvage

Capitules tubuliflores
Safran des teinturiers

Capitules formés de **languettes et fleurs en tubes**
Grande marguerite

Fleurs à symétrie axiale

Fabacées
Trèfle blanc

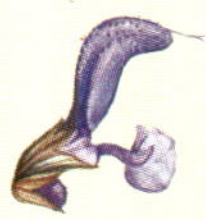

Labiées
Sauge des prés

Scrophulariacées (éperon)
Linaire commune

Orchidacées
Gymnadénia à long éperon

Disposition des fleurs

Outre la couleur et la forme des fleurs, leur disposition sur la tige est un critère important pour l'identification. Les fleurs peuvent être isolées ou regroupées en inflorescences. Cette disposition apparaît plus nettement à maturité, ou peu après l'épanouissement, lorsque les fleurs commencent à se faner.

Grappe
Fleurs regroupées sur une tige avec pédicelle
Polygala des sols calcaires

Épi
Nombreuses fleurs sans pédicelle densément regroupées le long d'un axe central
Plantain moyen

Panicule
Grappe composée, l'axe principal porte des axes secondaires regroupant plusieurs fleurs
Millepertuis perforé

Spadice
Inflorescence en épi portant des fleurs sessiles
Acore vrai

Ombelle
Les pédoncules des fleurs partent d'un même point
Primevère officinale

Verticilles
Fleurs insérées à la même hauteur
Lamier maculé

Ombellule
Petite ombelle au sein d'une ombelle composée
Ciguë aquatique

Capitules globuleux
Fleurs regroupées à l'extrémité de la tige et formant un capitule dense
Raiponce orbiculaire

Forme de la plante

Les plantes à fleurs peuvent adopter diverses formes. Elles se distinguent par leur durée de vie et la façon dont elles passent l'hiver. Les plantes annuelles ou bisannuelles s'opposent aux vivaces : les parties aériennes de ces dernières disparaissent en hiver, mais elles survivent sous forme de racines, bulbes ou tubercules. Les arbres et les arbustes restent quant à eux présents dans le paysage sous forme de troncs, branches et rameaux. Outre cette caractéristique, qui est précisée pour chaque plante décrite, la direction de croissance et les ramifications de la tige déterminent l'aspect extérieur de la plante.

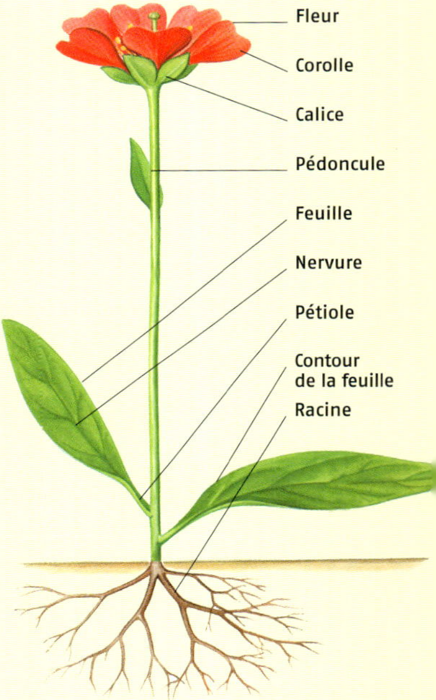

À tige enroulée
Cuscute du thym

Tige verticale ramifiée
Verveine officinale

À tige rampante
Lysimaque nummulaire

Tige ascendante
Gypsophile rampante

Feuilles en rosette
Longs pédoncules sans feuilles
Grassette commune

Plante à stolons
Fraise des bois

Plante tapissante formant des coussins
Silène acaule

Feuilles

Les caractéristiques des feuilles aident à identifier les plantes : forme, disposition sur la tige, etc.

Formes des feuilles

On peut classer les feuilles selon leur forme.

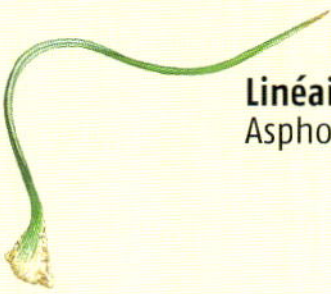

Linéaire
Asphodèle

Lancéolée
Verge d'or du Canada

Ovale
Mélitte à feuilles de mélisse

En cœur
Maianthème à deux feuilles

Réniforme
Asaret d'Europe

Lancéolée dentée
Tabouret des champs

Pennatiséquée
Absinthe

Pennée
Polémoine bleue

Finement découpée
Férule commune

Palmatilobée
Géranium sanguin

Trifoliée
Oxalis des Bermudes

Palmée
Lupin des jardins

Disposition des feuilles

Les fleurs se rattachent à la tige selon différents schémas, qu'il est utile de connaître pour déterminer les espèces. Pour cela, il faut observer la plante sur toute sa hauteur.

Alternées
Euphorbe verruqueuse

Sur deux rangées
Sceau-de-Salomon odorant

Opposées
Lycope d'Europe

Verticillées
Aspérule odorante

Encadré « Le saviez-vous ? »

Comment imaginer notre environnement sans les plantes à fleurs ? Elles sont un plaisir pour les yeux, mais aussi une source de matière première pour de nombreux produits fabriqués et un élément essentiel de la nature vivante. Même si nous ne pensons pas souvent à leur importance, elles jouent un rôle non négligeable dans notre culture. Ce guide apporte donc des informations puisées dans différents domaines. Dans les pages consacrées à une seule espèce, l'encadré **« Le saviez-vous ? »** apporte un détail particulièrement évocateur.

Plantes médicinales

Les plantes produisent de nombreuses substances chimiques pour se protéger ou attirer les pollinisateurs. Ces substances peuvent être toxiques pour l'homme, d'autres entrent dans la fabrication de produits pharmaceutiques. La connaissance des plantes et de leurs effets thérapeutiques joue un rôle primordial en médecine, et certaines plantes sont cultivées à grande échelle pour produire les médicaments modernes.

Le saviez-vous ?

Les racines de bugrane épineuse ont une action diurétique et calment l'inflammation des voies urinaires. Elles sont souvent intégrées, sous forme de broyat, dans les tisanes diurétiques.

Plantes cultivées

Les plantes cultivées sont toutes issues de souches sauvages améliorées au fil des siècles par sélection ou hybridation. Cependant, il est parfois difficile de reconnaître dans la plante sauvage l'ancêtre de la plante cultivée.

Le saviez-vous ?

La laitue que nous consommons couramment est issue de la laitue scarole, à l'origine des nombreuses variétés cultivées. En Chine, on cultive une autre variété de laitue pour sa tige, consommée comme celle de l'asperge.

Plantes ornementales

De nombreuses plantes à fleurs décoratives ont leur place dans les jardins d'agrément. Les jardiniers ont créé par sélection de nouvelles variétés aux fleurs plus grandes, plus belles, aux teintes plus variées. Dans la nature, les fleurs se reproduisent grâce à leurs graines, mais certaines espèces cultivées n'assurent plus cette fonction.

Le saviez-vous ?

On trouve dans les jardineries, surtout au printemps, des formes cultivées de pâquerettes, avec de grosses inflorescences de teintes vives. Ces cultivars ont un plus grand nombre de fleurs en languette que la forme sauvage.

Astuces des plantes

Lorsque nous admirons la forme ou la couleur des fleurs, c'est le résultat d'une adaptation raffinée qui nous éblouit. Les plantes tendent à la survie et à la multiplication. Elles ont donc trouvé des solutions pour assurer leur pollinisation, diffuser leurs graines en toute sécurité ou accéder aux substances nutritives dont elles ont besoin.

Environnement pour animaux et plantes

Les terres cultivées sont un piètre abri pour la flore et la faune sauvages, aussi le nombre d'espèces y est restreint. Les protecteurs de la nature essaient de rétablir un environnement favorable, car chaque plante joue un rôle spécifique. Certains animaux sont très spécialisés et leur survie dépend de la disponibilité d'une espèce végétale, qui leur sert d'abri ou de source de nourriture.

Le saviez-vous ?

Les zones noires au centre des fleurs de carotte jouent un rôle dans la pollinisation. Ces fleurs sont visitées par les mouches, qui se posent de préférence là où se trouvent déjà d'autres mouches. Les trous noirs leur font croire à la présence de congénères.

Le saviez-vous ?

Les plantes sont parfois dramatiquement dévorées : les chevreuils broutent les bourgeons floraux, et le criocère du lis, un petit coléoptère de 6 à 8 mm, ronge les feuilles du lis. Il produit un bruit très discret, audible à très faible distance.

Pigamon à feuilles d'ancolie

Thalictrum aquilegifolium (renonculacées)

H 40-120 cm mai-juill. buissonnant

Habitat *Forêts et prairies marécageuses, ravins, entre de hauts buissons. Principalement en Europe centrale, jusqu'à 2 300 m dans les Alpes.*

> ***Indique les sols humides et riches.***
> ***Feuilles semblables à celles de l'ancolie (p. 175).***
> ***De bel effet dans les jardins de plantes sauvages.***

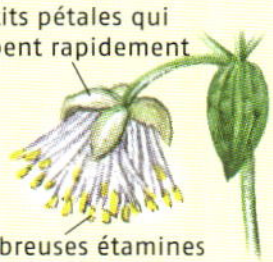

Le pigamon à feuilles d'ancolie possède une fleur « en pinceau », avec quatre pétales discrets et un grand nombre d'étamines qui constituent la partie visible de la fleur. Leur parfum et leur couleur attirent de nombreux insectes : coléoptères, mouches, abeilles et bourdons qui collectent le pollen.

Oseille des prés

Rumex acetosa (polygonacées)

H 30-100 cm mai-juill. buissonnant (☠)

Habitat *Prairies, pâturages, bordures des chemins, bords des rivières. Dans toute l'Europe.*

> ***Feuilles à goût acide.***
> ***Surtout visible en mai-juin.***
> ***Indique un sol siliceux.***

Le goût acide de la plante est dû à la présence d'acide oxalique, comme dans le pain de coucou (p. 117). On peut utiliser les jeunes feuilles en salade ou dans les soupes, mais en petite quantité, car elles peuvent provoquer des diarrhées ou des vomissements et ont un effet toxique sur les reins.

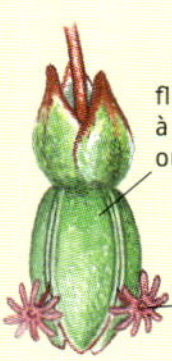

Pavot somnifère

Papaver somniferum (papavéracées)
H 40-150 cm juin-août annuelle ☠

Le latex des capsules vertes, une fois épaissi, sert à fabriquer l'opium, une drogue qui produit une impression de bonheur, mais conduit à la dépendance. L'opium est un des antalgiques les plus efficaces, dont les composants servent aussi à calmer la toux ou les douleurs musculaires. Depuis l'Antiquité jusqu'à une époque récente, l'opium et la jusquiame noire (p. 235) étaient très employés comme produits anesthésiants.

Habitat *Jardins, terrains vagues, friches. Originaire d'Asie occidentale, cultivée, puis sauvage en Europe.*

> ***Il existe également des fleurs rouge vif ou doubles.***
> ***Les fruits restent longtemps sur la tige.***
> ***Cultivé depuis le néolithique.***

Le saviez-vous ?

Chaque fruit peut donner jusqu'à 2 000 graines. Les graines de pavot mûres, employées en boulangerie et pâtisserie, ne contiennent plus de substance toxique.

Coquelicot

Papaver rhoeas (paravéracées)
H 30-90 cm   mai-juill.   annuelle   (☠)

Habitat *Champs de céréales, chemins, voies ferrées, friches, buissons, également semé à des fins décoratives. Dans toute l'Europe.*

> ***Les fleurs s'ouvrent au petit matin.***
> ***Les racines s'enfoncent jusqu'à 1 m de profondeur.***
> ***Aime la chaleur en été.***

Chaque fleur produit environ 2,5 millions de grains de pollen très nourrissants, recherchés par divers insectes. Les bourdons attendent souvent dès le matin l'ouverture des fleurs. La majeure partie du pollen est distribuée avant 10 heures.

Roquette de mer, coquillier maritime

Cakile maritima (crucifères)
H 15-30 cm   juill.-oct.   annuelle

Habitat *Dunes de sable ou gravier en bord de mer. Souvent en groupes épars. Sur toutes les côtes d'Europe.*

> ***Feuilles souvent étroitement découpées.***
> ***Supporte le sel.***
> ***Goût piquant.***

Le coquillier maritime fait partie des premières plantes à fleurs apparues sur l'île volcanique de Surtsey, après sa formation. La partie supérieure du fruit bipartite contient un tissu gorgé d'air et peut être transportée par la mer. La partie inférieure reste solidaire de la plante, puis tombe à terre et s'y fixe.

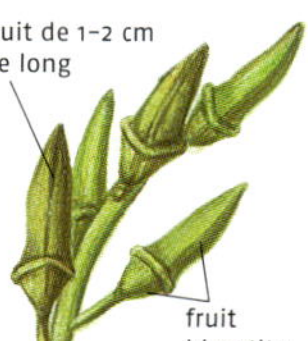

Tabouret à feuilles rondes

Thlaspi cepaeifolium (brassicacées)
H 5–15 cm   juin–sept.   vivace

Le tabouret à feuilles rondes se distingue par son habitat original : il pousse en effet souvent isolé sur les pierriers non stabilisés. Ses longues tiges se développent durant des années entre les éboulis. Si on les arrache, elles reprennent racine et donnent naissance à une nouvelle plante.

Habitat *Éboulis calcaires non stabilisés, pierriers. De 1 500 à 3 000 m d'altitude, en Europe centrale et du Sud.*

- ***A besoin d'un sous-sol humide.***
- ***Appelé « cresson des chamois ».***
- ***Hiverne le plus souvent en rosettes vertes.***

Sanguisorbe officinale

Sanguisorbia officinalis (rosacées)
H 30–150 cm   juin–sept.   vivace

Le nom latin de cette plante riche en tannins est composé de *sanguis*, « sang », et *sorbere*, « absorber ». Les racines étaient utilisées comme hémostatique contre les règles abondantes, et les parties aériennes (feuilles et tiges) en application sur les plaies. La teinte rouge sang de la fleur était un signe de son efficacité.

Habitat *Prairies humides et inondées, marécages, montagnes. Sur sols engraissés ou légèrement fumés. Dans presque toute l'Europe.*

- ***Les capitules s'inclinent avant floraison.***
- ***Teinte rouge très foncée.***
- ***Exige suffisamment d'humidité.***

Callune fausse-bruyère

Calluna vulgaris (éricacées)

H 30-100 cm   août-oct.   sous-arbrisseau

Habitat *Landes, prairies maigres, pinèdes claires, marais, rocailles. Terrains pauvres, acides, ensoleillés. Dans toute l'Europe.*

- ***Également appelée « brande ».***
- ***Peut transformer un terrain en tapis de fleurs roses.***
- ***S'utilise en bouquets séchés.***

Les surfaces couvertes de callune fausse-bruyère sont plus difficilement ou plus tardivement colonisées par les arbres. Les racines de la plante libèrent dans le sol des substances qui inhibent la formation de nombreux champignons et freine en même temps le développement des arbres vivant en symbiose avec eux (micorhizes). Les abeilles recueillent le nectar de la callune pour faire du « miel de bruyère ». On utilisait jadis les branches pour fabriquer des balais.

22

Le saviez-vous ?

La callune fausse-bruyère se distingue des vraies bruyères, Erica *en latin, par l'agencement de ses feuilles en rangées opposées, imbriquées, alors qu'elles sont disposées en verticilles par 3, 4 ou 5 chez les bruyères.*

Bruyère des neiges

Erica carnea (éricacées)

H 15-30 cm   jan.-avr.   sous-arbrisseau

Cette bruyère qui couvre les sols et fleurit en hiver est très employée dans nos jardins, sous diverses formes cultivées. Certaines ont des feuilles jaunâtres et des fleurs dont la teinte varie du blanc au violet foncé. La corolle tombe bien après la pollinisation, d'où l'impression que la floraison se prolonge longtemps.

Habitat *Souvent plantée dans les jardins. Sauvage dans les pinèdes de montagne en Europe centrale et du Sud. Surtout sols calcaires.*

> ***Également appelée bruyère alpine.***
> ***Les bourgeons floraux apparaissent dès l'automne.***
> ***Attire les abeilles, papillons et autres insectes.***

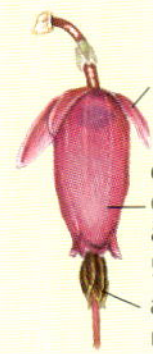

Daphné strié

Daphne striata (thyméléacées)

H 10-35 cm   mai-juill.   sous-arbrisseau   ☠

Le nom « daphné » vient du grec et signifie « laurier ». Le daphné strié se distingue par ses feuilles glabres et le tube de ses fleurs légèrement strié. Cette plante des pelouses alpines est en forte régression.

Habitat *Pelouses et landes alpines à végétation basse. Dans les Alpes, de 1 500 à 2 800 m d'altitude, sur terrains calcaires.*

> ***En buisson tapissant.***
> ***Feuillage persistant.***
> ***Fleurs à odeur de lilas.***

Bois-gentil

Daphne mezereum (thyméléacées)

H 40-120 cm mars-avr. sous-arbrisseau ☠

***Habitat** Forêts de de hêtres, buissons au-dessus de l'étage forestier, éboulis rocheux. Dans presque toute l'Europe, jusqu'à plus de 2 000 m.*

- > ***Extrêmement toxique.***
- > ***Les fleurs odorantes apparaissent avant les feuilles.***
- > ***Les branches cassées ont un parfum désagréable.***

Le bois-gentil, ou garou, est un sous-arbrisseau répandu dans les forêts de feuillus. L'écorce et les baies renferment des substances très toxiques qui provoquent des brûlures de la gorge et une sensation d'étranglement. Quelques baies suffisent à provoquer un choc mortel ou un collapsus cardiovasculaire. Le contact cutané avec la sève produit des rougeurs et des cloques.

Le saviez-vous ?

La bergeronnette et le merle, insensibles à ces substances toxiques, se nourrissent des baies de bois-gentil, puis recrachent les graines.

24

Épilobe hirsute

Epilobium hirsutum (onagracées)
H 80-150 cm juin-sept. sous-arbrisseau

Les graines d'épilobe hirsute peuvent flotter plusieurs semaines à la surface de l'eau. Au XVIIIe siècle, on utilisait les aigrettes de poils des graines, tout comme celles de l'épilobe en épi (p. 26), pour en garnir les édredons. On en fabriquait aussi des mèches et de petites cordes. Mais ces fibres s'avèrent peu intéressantes, car elles ne peuvent être filées.

Habitat *Ruisseaux, fossés, sources. Sur sols humides et riches, le plus souvent calcaires. Dans presque toute l'Europe.*

> ***Plante très pubescente.***
> ***Également près des eaux polluées.***
> ***Décoratif dans les jardins de plantes sauvages.***

Épilobe des marais

Epilobium palustre (onagracées)
H 10-50 cm juill.-sept. vivace

Autrefois, les fleurs d'épilobes entraient dans la composition des bouquets confectionnés à l'occasion de l'Assomption. On leur attribuait le pouvoir de protéger les maisons de la foudre.

Habitat *Marais, fossés, prairies humides. Sur sols peu calcaires. Dans presque toute l'Europe.*

> ***Comme celles des autres épilobes, les graines sont portées par une aigrette de poils.***
> ***Aime les sols frais.***
> ***Pousse isolée ou en petits buissons.***

Épilobe en épi

Epilobium chamerion (onagracées)

H 60-120 cm juill.-août vivace

Habitat *Clairières, coupes forestières, chablis, chemins forestiers, rives. Surtout sur sols peu calcaires. Dans presque toute l'Europe.*

> ***Les graines ne vivent pas longtemps.***
>
> ***La plus remarquable des épilobes.***
>
> ***Peut recouvrir de très grands espaces.***

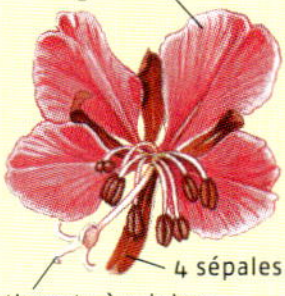

La médecine populaire recommande l'infusion d'épilobe en épi contre l'hypertrophie de la prostate. Les jeunes feuilles et les pousses peuvent être consommées comme légumes. Les fleurs sont tout d'abord en étoile, puis, au cours de la floraison, les deux pétales du bas se déplacent vers le haut, ce qui permet aux sépales de s'insérer dans l'espace ainsi libéré et de créer une symétrie axiale.

Le saviez-vous ?

Chaque plant donne plusieurs milliers de graines minuscules, transportées grâce à leur aigrette de poils jusqu'à 10 km à la ronde. De ce fait, l'épilobe se répand très vite.

Menthe aquatique

Mentha aquatiqua (labiées)
H 20-80 cm   juill.-oct.   vivace

Avec la reine-des-prés et la verveine, la menthe aquatique faisait partie des plantes sacrées des druides. On l'utilise en tisane, mais son arôme est moins prononcé que celui de la menthe poivrée. Cette dernière n'est pas une espèce sauvage, mais a été obtenue en Angleterre au XVIIe siècle, par croisement entre la menthe aquatique et la menthe en épi.

Habitat *Rives, fossés, roselières, prairies humides et marais. Dans toute l'Europe.*

> ***Odeur et goût de menthe poivrée.***
> ***Supporte les inondations.***
> ***Fleurs odorantes attirant les insectes.***

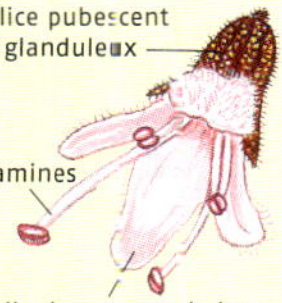

Menthe à longues feuilles

Mentha longifolia (labiées)
H 50-100 cm   juill.-sept.   vivace

À odeur moins prononcée que la menthe poivrée, cette variété de menthe répandue a été utilisée pour soigner les chevaux. Elle n'est pas très conseillée en infusion, mais on s'en sert pour agrémenter la cuisine asiatique.

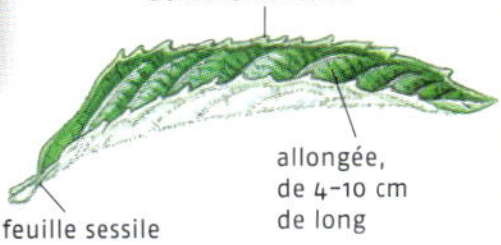

Habitat *Rives, prairies humides, fossés, bords de chemins. Sur sols humides, occasionnellement inondés. Surtout en Europe centrale et du Sud.*

> ***La face inférieure des feuilles porte un duvet blanc.***
> ***Odeur aromatique moins forte que la menthe poivrée.***

Saponaire officinale

Saponaria officinalis (caryophyllacées)

H 30–80 cm juin–sept. vivace (☠)

Habitat *Bordures de cours d'eau, décharges, digues, friches. Sur sols riches. Dans presque toute l'Europe.*

> ***Fleurs parfois blanches.***
> ***Racine principale sphérique.***
> ***Particulièrement odorante le soir et la nuit.***

Les anthères sont parfois violet-noir, signe que la plante est attaquée par un champignon. Celui-ci colonise les anthères, puis est transporté par les insectes vers d'autres fleurs. Les racines de saponaire sont utilisées pour lutter contre l'encombrement des voies respiratoires, car elles ont des propriétés fluidifiantes. Ce remède doit être employé à petites doses car il est potentiellement toxique. Il peut déclencher des vomissements et des irritations des muqueuses.

Le saviez-vous ?

Les racines contiennent des substances qui forment une mousse au contact de l'eau et ont une action lavante. Autrefois, les extraits de racines étaient employés comme savon, surtout pour laver la laine. C'est pour cette raison que cette plante, dite « savonnière », a été cultivée jusqu'au début du XXe siècle.

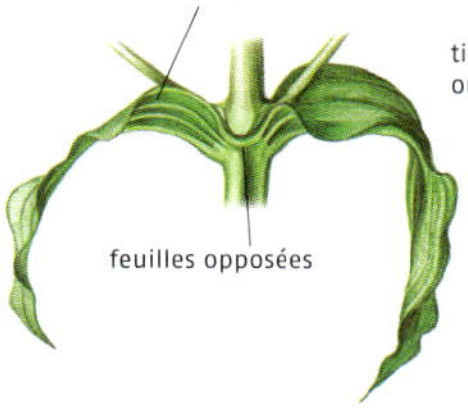

Saponaire de Montpellier

Saponaria ocymoides (caryophyllacées)
H 10–30 cm avril–oct. vivace (☠)

La saponaire de Montpellier est souvent plantée dans les rocailles, car sa floraison est très appréciée. Elle peut même se fixer sur les murs, grâce à sa racine principale profonde. Les tiges souterraines produisent des tiges sans fleurs et des tiges fleuries.

Habitat *Coteaux secs, pierriers, bords des chemins et des routes, forêts claires. Jusqu'à 2 200 m d'altitude. Europe centrale et du Sud.*

> ***Attire les papillons.***
> ***Peut former de vastes pelouses.***
> ***Fleurs rouge vif à pourpres.***

Gypsophile rampante

Gypsophila repens (caryophyllacées)
H 8–5 cm mai–août vivace

Cette plante recouvre les éboulis en tapis et les stabilise. Ses nombreuses fleurs attirent les mouches, bourdons et papillons de jour. Bien que la gypsophile rampante provienne des montagnes, elle s'avère assez sensible au froid. Elle hiverne très bien sous une couche de neige, mais meurt sans cette protection.

Habitat *Éboulis calcaires jusqu'à 2 800 m d'altitude, rives pierreuses dans les Alpes. Montagnes d'Europe centrale et du Sud.*

> ***Plante décorative.***
> ***Fleurs roses ou blanches.***
> ***Les tiges et les feuilles survivent à l'hiver.***

Œillet des chartreux

Dianthus carthusianorum (caryophyllacées)

H 15-50 cm   juin-sept.   vivace

Très appréciés pour leur floraison odorante, les œillets *Dianthus* sont vivaces, à feuilles linéaires rigides. Le nom d'œillet des chartreux a d'abord été donné à l'espèce *Dianthus barbatus*, qui était souvent cultivée dans les monastères.

Habitat *Pelouses maigres, versants ensoleillés, talus, lisières de forêts. Surtout sur sols calcaires.*

> ***Odeur de clou de girofle, mais familles différentes.***
> ***A besoin de chaleur.***
> ***Peut même pousser dans des fentes rocheuses.***

Œillet couché

Dianthus deltoides (caryophyllacées)

H 15-40 cm   juin-sept.   vivace

Sur les terrains qui lui conviennent, l'œillet couché forme de véritables tapis. Comme les autres espèces d'œillets, cette plante est menacée par la cueillette, mais aussi par la pollution de l'air. Il existe des variétés à fleurs blanches, roses et rouges pour les jardins. Les fleurs odorantes attirent les papillons.

Habitat *Pelouses et prairies maigres, terrains siliceux, talus, sols sablonneux. Sur sols secs. Europe centrale et du Sud.*

> ***Les fleurs se ferment la nuit.***
> ***A besoin de soleil.***
> ***Tiges fleuries et non fleuries sur un même pied.***

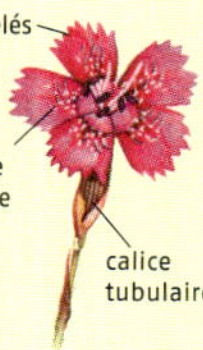

Nielle des blés

Agrostemma githago (caryophyllacées)

H 40-100 cm juin-juill. annuelle ☠

La nielle des blés était autrefois redoutée car elle pouvait produire une farine toxique, quand ses graines se mêlaient au blé. En effet, elle poussait au milieu du blé et se récoltait en même temps. Ses graines ayant la même taille que les grains de blé, on les confondait quand ils s'y mélangeaient. C'est ainsi que, parfois, on consommait involontairement la nielle toxique, ou qu'on la ressemait avec le blé. Elle donne des vertiges et des crampes, et peut être mortelle.

Habitat *Champs de céréales, surtout céréales d'hiver, pelouses sablonneuses. Sur sols riches en humus, sablonneux ou argileux. Dans presque toute l'Europe.*

> ***Les fleurs attirent les papillons.***
> ***Les graines tombent difficilement d'elles-mêmes.***

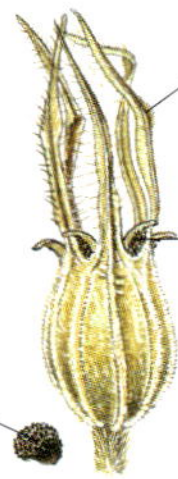

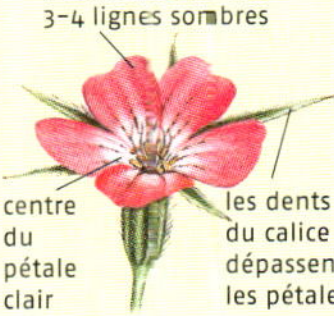

Le saviez-vous ?

Avec les méthodes modernes de tri des semences et l'emploi généralisé d'insecticides, la nielle des blés s'est raréfiée. On la trouve parfois dans les mélanges de fleurs sauvages.

Fleur de coucou

Lychnis flos-cuculi (caryophyllacées)

H 30-80 cm mai-juill. vivace (☠)

Habitat *Prairies, marécages. Sur sols humides ou inondés, riches en substances nutritives. De la plaine en montagne, dans toute l'Europe.*

> ***Indicatrice de sols humides.***
> ***Les fleurs semblent déchiquetées.***
> ***Décorative dans les jardins sauvages.***

Le nom de la fleur de coucou évoque sa floraison printanière, au moment où le coucou annonce le printemps, mais aussi les « crachats de coucou », qui sont produits sur les plantes par la larve de la cicadelle écumeuse à la belle saison.

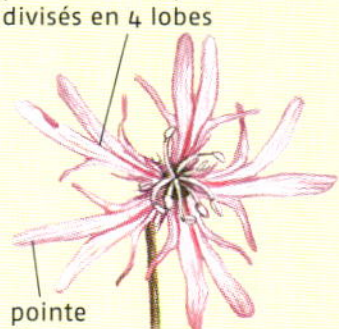

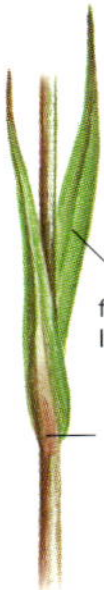

Silène acaule

Silene acaulis (caryophyllacées)

H 1-5 cm juin-sept. vivace (☠)

Habitat *Pelouses pierreuses, épines rocheuses, éboulis calcaires. Europe du Nord, montagnes de l'Europe centrale et du Sud. Dans les Alpes, de 1 500 à 3 000 m environ.*

> ***Forme des coussins caractéristiques.***
> ***Aspect de « mousse fleurie ».***
> ***Fleurs odorantes.***

Les coussins sont bien adaptés aux endroits battus par le vent et la neige. À l'intérieur s'accumule de l'humus, qui fournit des substances nutritives et conserve l'humidité. Sous le soleil, les coussins atteignent 5 °C au-dessus de la température ambiante, ce qui favorise la floraison et la maturation des fruits. Les fleurs ne s'ouvrent que le jour.

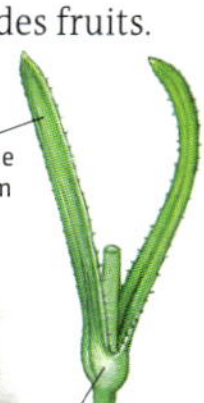

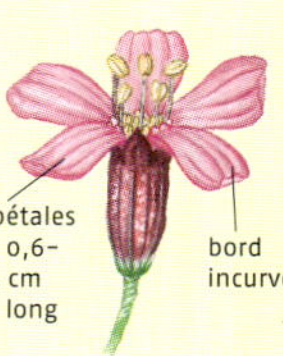

Compagnon rouge

Silene dioica (caryophyllacées)
H 30–90 cm   avr.-sept.   vivace (☠)

Habitat *Prairies humides, forêts claires, dans presque dans toute l'Europe.*

Les fleurs mâles et femelles s'épanouissent sur des plants séparés (plante dioïque). Elles attirent les papillons de jour et les bourdons à longue trompe. Au mois de mai, les prairies peuvent se couvrir de ces fleurs qui leur donnent une belle teinte rouge-violet. Seules quelques retardataires fleurissent plus tard.

> ***Indicateur de sols riches.***
> ***Fleurs sans parfum.***
> ***Le compagnon blanc, semblable, a des fleurs blanches.***

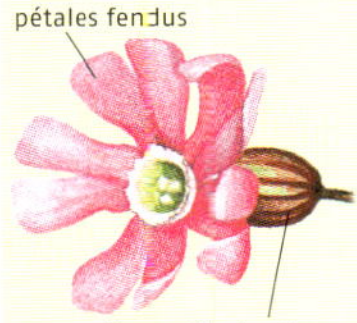

Œillet marin

Armeria maritima (plombaginacées)
H 5–50 cm   mai-nov.   vivace

Habitat *Pelouses maritimes, prés salés, pelouses sèches. Sur sols sablonneux ou pierreux, salins. Europe du Nord, du Centre et de l'Ouest.*

L'œillet marin supporte les sols salins, mais il peut aussi pousser sur des sols pollués de métaux lourds toxiques. Il les absorbe et les stocke dans ses feuilles situées à la base de la plante. Les fleurs en capitules conservent leur forme et leur teinte, une fois séchées. Cependant, il est interdit de les cueillir dans la nature, car c'est une espèce protégée.

> ***Les feuilles ont l'aspect de l'herbe.***
> ***Longue racine pivot.***
> ***Plante adaptée aux milieux salins.***

Renouée des oiseaux

Polygonum aviculare (polygonacées)

H 5-50 cm   mai-nov.   annuelle

Habitat *Chemins, bordures, fentes dans le bitume, pavés, terrains vagues. Dans toute l'Europe.*

> ***Plante couchée ou dressée.***
> ***Pénètre les sols les plus durs.***
> ***Indicateur de sols riches en azote.***

Comme son nom l'indique, les oiseaux sont attirés par les graines de renouée. On y voit souvent des moineaux en train de picorer. Cette espèce aux multiples formes, répandue dans toute la zone de climat tempéré, accompagne l'homme depuis le néolithique. Les graines adhèrent aux semelles, ce qui permet à la plante de se propager le long des chemins.

Renouée amphibie

Persicaria amphibia (polygonacées)

H 30-300 cm   juin-sept.   vivace

Habitat *Mares, rives, prairies humides, champs, décharges, au milieu d'autres plantes. Dans toute l'Europe.*

> ***Formes et dimensions très variables.***
> ***Fleurs odorantes.***
> ***Ne produit de graines que dans les lieux humides.***

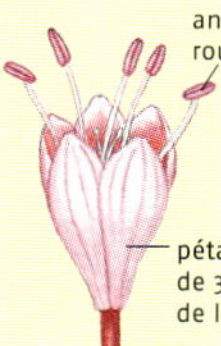

La renouée amphibie revêt deux formes, l'une aquatique avec des feuilles flottantes, l'autre terrestre avec des tiges dressées. Grâce à sa grande capacité d'adaptation, elle peut passer de l'une à l'autre. Elle supporte très bien les différences de niveau d'eau et, lorsque les eaux se retirent, adopte la forme terrestre.

Bistorte

Bistorte officinalis (polygonacées)
H 30-100 cm mai-juill. vivace

Cette plante est à la fois décorative et utile : les insectes y recueillent le nectar. Les jeunes tiges et feuilles sont consommées par le bétail et donnent aussi des légumes sauvages savoureux. Jadis, en Islande et en Sibérie, on consommait le rhizome cuit, riche en amidon. Il servait en outre d'additif pour les farines. La médecine populaire l'emploie contre la diarrhée et la pharyngite.

Habitat *Prairies humides, bois inondés, rivages. De la plaine à la montagne. Europe centrale.*

> ***Peut recouvrir de grandes surfaces.***
> ***Indicateur de sols humides.***
> ***À planter au bord***

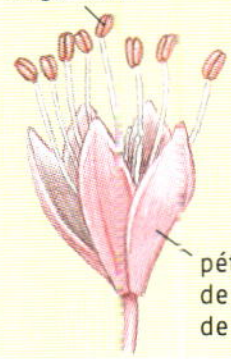

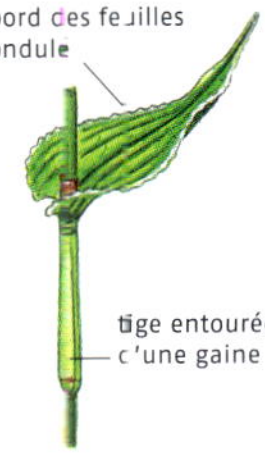

Le saviez-vous ?

La forme tortueuse du rhizome était considérée comme un signe des vertus médicinales de la plante. Un manuel d'herboristerie du XVIe siècle recommande le distillat de bistorte contre les morsures de serpent.

Mauve sylvestre

Malva sylvestris (malvacées)

H 30-100 cm juin-oct. vivace

Habitat *Terrains vagues ensoleillés, bords de chemins, décharges. Surtout stations sèches, ensoleillées. Dans presque toute l'Europe.*

Les fruits ont la forme et l'aspect de petits fromages, que les enfants ramassent et consomment crus. Ils ont un léger goût de chou. La mauve sylvestre était considérée comme une plante médicinale ; aujourd'hui, on utilise encore les feuilles et les fleurs contre les toux d'irritation et les pharyngites. Les fleurs sombres peuvent servir à colorer les aliments.

> ***Floraison étendue.***
> ***Fleurs rose-violet ou pourpres.***
> ***Également appelée « grande mauve ».***

36

Le saviez-vous ?

On trouve souvent de petites pustules rouge orangé sur les feuilles des mauves. C'est un champignon qui attaque la mauve sylvestre. Les plantes touchées ne meurent pas, mais sont moins belles.

Ciste à feuilles de sauge

Cistus incanus (cistacées)
H 30-100 cm avr.-juin arbrisseau

Les feuilles et les branches de *Cistus incanus* sont utilisées en infusion. On leur attribue des vertus préventives contre les maladies cardio-vasculaires et un effet stimulant sur le système immunitaire. Les extraits sont actifs contre le mal de gorge et se sont montrés efficaces, en laboratoire, contre le virus de la grippe. L'intérêt du monde médical pour le ciste à feuilles de sauge ne fait que croître.

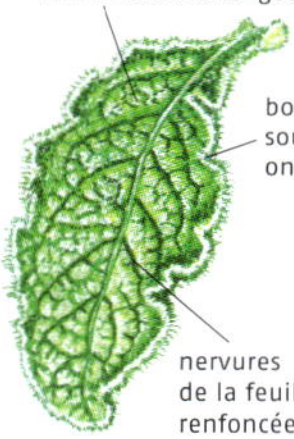

Habitat *Forêts éparses, garrigues du bassin méditerranéen, sauf en France et en Espagne.*

> **Plante résistant à la sécheresse.**
> **Évoque de loin une rose.**
> **Les fleurs ne s'ouvrent que le matin, jusqu'en début d'après-midi.**

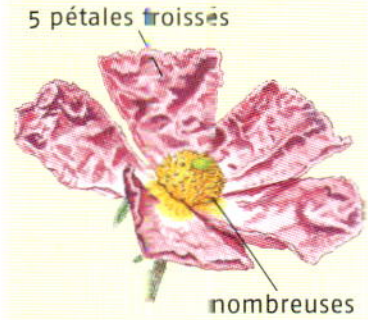

Mouron rouge

Anagallis arvensis (primulacées)
H 5-30 cm juin-oct. annuelle ☠

Le mouron rouge a été utilisé pour soigner des maladies psychiques. Ses fleurs s'ouvrent le matin vers 9 h pour se refermer au plus tard vers 15 h. Elles se ferment également lorsque le ciel se couvre, indiquant la venue prochaine de la pluie.

Habitat *« Mauvaises herbes » des terres cultivées, jardins, bords de chemins, décharges. Sur sols riches. Dans toute l'Europe.*

> **Couvre souvent de grandes surfaces au bord des chemins.**
> **Les fruits se replient vers le sol.**
> **A besoin de lumière.**

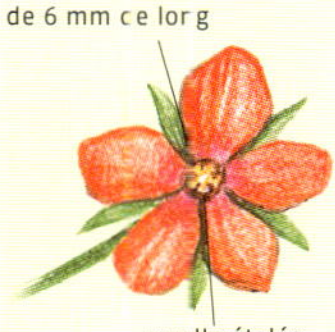

Cyclamen d'Europe

Cyclamen purpurascens (primulacées)

H 5-15 cm   juin-sept.   vivace   ☠

Habitat *Forêts de feuillus sur sols calcaires. Dans les montagnes d'Europe centrale et du Sud.*

> ***Feuilles persistantes.***
> ***Tubercule souvent apparent au sol.***

Le cyclamen est une plante non sans danger qui était utilisée dans l'Antiquité pour confectionner des philtres d'amour. Les Grecs et les Romains le cultivaient près des maisons, pour se protéger de l'action des poisons. Au Moyen Âge, on appelait cette plante « pain-de-pourceau ». Toxique, elle peut provoquer des vomissements et des paralysies des voies respiratoires.

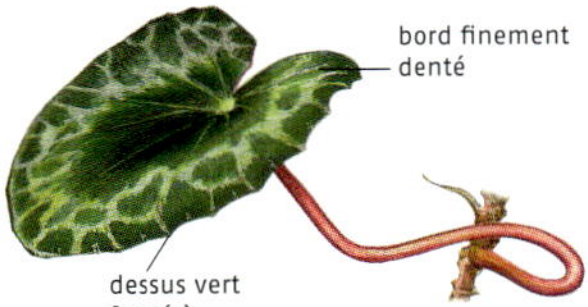

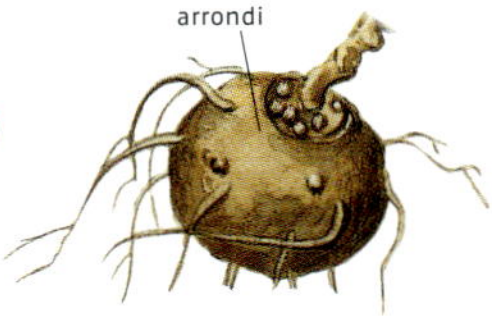

Le saviez-vous ?

Le cyclamen d'Europe fleurit dès le mois de mars en Bulgarie et en Crimée. Cette plante, cultivée pour la beauté de ses fleurs, a sa place au jardin.

Glaux maritime

Glaux maritima (primulacées)

H 3-20 cm mai-août vivace

La glaux maritime, comme son nom l'indique, supporte les terres salines. Les feuilles possèdent des glandes qui excrètent les sels toxiques issus de la terre. Dans l'Antiquité, la glaux était utilisée pour favoriser la production laitière des animaux.

Habitat *Pelouses salines sur sol sablonneux humide, le long des côtes de toute l'Europe.*

> ***fleurs roses, rouges ou blanches***
> ***de loin, paraît vert-gris***
> ***supporte les sols salins***

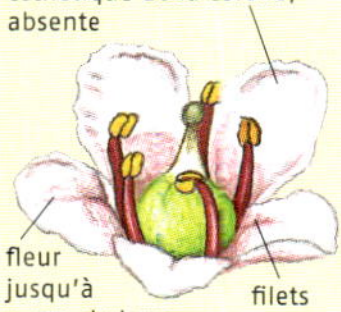

Primevère farineuse

Primula farinosa (primulacées)

H 10-30 cm mai-juill. vivace

La primevère farineuse ne se plaît qu'en terrain découvert. Si le couvert se densifie, elle disparaît, car ses feuilles disposées en rosette au sol ont besoin de lumière. L'anneau jaune à l'entrée du tube indique aux insectes qui visitent la fleur, surtout les papillons diurnes, le chemin d'accès au nectar.

Habitat *Marais près des sources, prairies marécageuses, pelouses pierreuses. Préalpes, Alpes, nord de l'Europe, Pyrénées.*

> ***Odeur faible.***
> ***Se distingue à la « farine » sous les feuilles.***
> ***Aime l'humidité.***

Androsace alpine

Androsace alpina (primulacées)

H 1-5 cm juin-août vivace

Habitat *Éboulis rocheux, fissures des roches et moraines des glaciers, au-dessus de la limite des arbres. Sur sols riches en silicate dans les Alpes.*

- ***Supporte le vent et le froid.***
- ***Également fleurs blanches (rare).***
- ***Pollinisation par les mouches.***

L'androsace alpine est l'une des fleurs qui pousse le plus haut dans les Alpes. On peut la rencontrer jusqu'à 4 200 m. Sa forme compacte lui permet de résister aux vents violents. Les coussins plats, qui peuvent atteindre 30 cm de diamètre, retiennent l'humus et l'eau.

Orpin reprise

Sedum telephium (crassulacées)

H 30-80 cm juill.-sept. vivace

Habitat *Broussailles, éboulis rocheux, coupes forestières, chemins, champs, rochers. Sur les terrains pierreux, dans presque toute l'Europe.*

- ***Aime le soleil et la chaleur.***
- ***Plante ornementale dans les jardins.***
- ***Rhizomes et jeunes feuilles comestibles.***

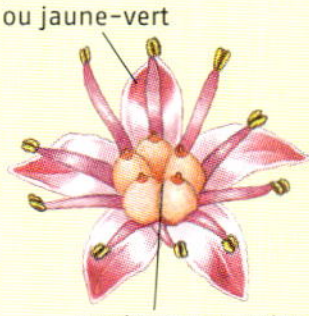

Les feuilles et les racines peuvent stocker de l'eau, ce qui permet à la plante de supporter la sécheresse. C'est pour cette caractéristique que l'orpin reprise a été utilisé comme oracle : si les plantes suspendues continuaient de grandir, on y voyait un signe favorable pour la longévité ou la guérison du malade. Elles étaient également un bon présage pour les amoureux.

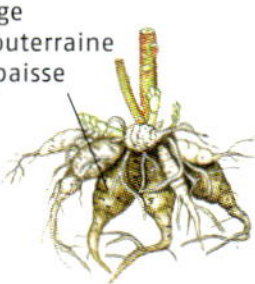

Rhododendron ferrugineux

Rhododendron ferrugineum (éricacées)

H 70-150 cm juin-août sous-arbrisseau ☠

Le rhododendron, du grec *rhodon* « rose » et *dendron* « arbre », pousse à l'état sauvage dans les Alpes. Ses feuilles contiennent une substance toxique qui provoque nausées, spasmes et même des arrêts cardiaques. Les fleurs sont également toxiques. Lorsque les abeilles y récoltent le nectar, ces substances peuvent se retrouver dans le miel.

Habitat *Parmi les arbres, à la limite supérieure de la forêt, et les buissons nains au-dessus. Montagnes d'Europe centrale et du Sud.*

> **Feuilles persistantes, à écailles brun rouille sur la face inférieure.**
> **Peut former d'immenses peuplements.**
> **Hiverne sous la couche de neige.**

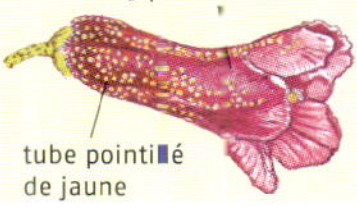

Le saviez-vous ?

*Le rhododendron cilié (*Rhododendron hirsutum*), qui supporte les sols calcaires dans le même type d'habitat, possède des feuilles vertes sur les deux faces et ciliées sur les bords. Ces deux espèces ont besoin de la protection d'une couverture neigeuse en hiver.*

Saxifrage à feuilles opposées

Saxifraga oppositifolia (saxifragacées)
H 1–5 cm   avr.-juill.   vivace

***Habitat** Éboulis, pierriers, pelouses de montagne. De la limite des arbres jusqu'à plus de 3 500 m. Europe du Nord, montages d'Europe centrale et du Sud.*

> ***Plante très visible dans les pierriers.***
> ***Forme des coussins colorés.***
> ***Dans le Grand Nord, une des plantes à fleurs les plus communes.***

Les bourgeons floraux se formant en fin de saison, la floraison peut commencer dès la fonte des neiges. À ce moment, la plupart des insectes sont encore inactifs, le saxifrage assure donc lui-même sa pollinisation. Les fleurs ouvertes supportent des températures allant jusqu'à – 15 °C et le plant formé jusqu'à – 40 °C. Les feuilles, plus délicates, apparaissent plus tard.

Comaret

Potentilla palustris (rosacées)
H 30–100 cm   juin-juill.   vivace

***Habitat** Marais, marécages, fossés. Sur sols humides à inondés, moyennement acides. De la plaine à la montagne. Europe centrale et septentrionale.*

> ***Aime les climats frais.***
> ***Se multiplie par les tiges arrachées.***
> ***Souvent les pieds dans l'eau.***

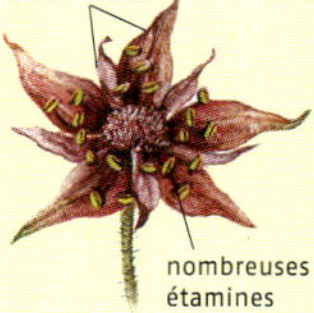

Les fruits du comaret évoquent ceux du fraisier. Dans certaines régions, les enfants les récoltaient et les mangeaient. Les animaux les consomment aussi et répandent ensuite les graines dans leurs excréments. Celles-ci peuvent également voyager par les cours d'eau.

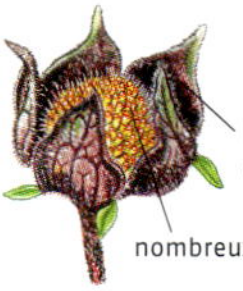

Benoite des ruisseaux

Geum rivale (rosacées)

H 30-70 cm   avr.-juill.   vivace

Les fruits portent encore les styles, qui se sont allongés. Ils peuvent ainsi s'accrocher aux poils et aux plumes des animaux pour voyager. La médecine populaire utilisait les racines de la benoite des ruisseaux contre la diarrhée et les inflammations de la sphère bucco-pharyngée.

Habitat *Prés humides, fossés, ruisseaux, bois et prairies inondés. Sur sols humides. Dans toute l'Europe, au Sud dans les montagnes.*

> ***Indicateur de sols riches.***
> ***Aime le climat frais et humide.***
> ***Forme des faisceaux denses.***

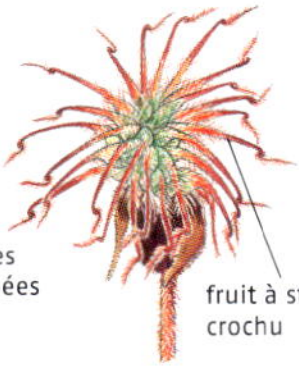

Rosier rubigineux

Rosa rubiginosa (rosacées)

H 100-300 cm   juin-juill.   arbrisseau

Le rosier rubigineux exhale au début de l'été une nette odeur de pomme fraîche. L'adage : « Il n'y a pas de rose sans épine » devrait, sur le plan botanique, s'écrire ainsi : «Il n'y a pas de rose sans aiguillon ». En effet, les épines sont issu es de feuilles ou de branches, tandis que les aiguillons sont uniquement formés d'écorce. On peut donc les retirer sans abîmer la branche.

Habitat *Buissons et haies des prairies maigres, bords des chemins, talus versants rocheux. Sur sols relativement secs, généralement calcaires. Dans toute l'Europe.*

> ***Reconnaissable à l'odeur de pomme.***
> ***Aime les stations chaudes.***
> ***Les fruits (cynorhodons) s'emploient en infusion.***

Rosier des chiens

Rosa canina (rosacées)

H 100-300 cm   juin   buisson

Habitat *Haies, lisières des bois, bords des chemins, buissons, bosquets, terrains vagues. Dans toute l'Europe.*

> ***Également planté sur les talus.***
> ***Fleurs odorantes.***

Les fruits, ou cynorrhodons, donnent des tisanes appréciées et des compotes riches en vitamine C. Le rosier des chiens est l'espèce la plus commune d'églantier. Son faux fruit, dont la chair se prépare en confiture, est rempli de graines poilues. Il porte le nom populaire de « gratte-cul ». Dans la tradition germanique, l'églantier, dédié à la déesse de l'amour, Frigg, était symbole de la vie de l'âme après la mort.

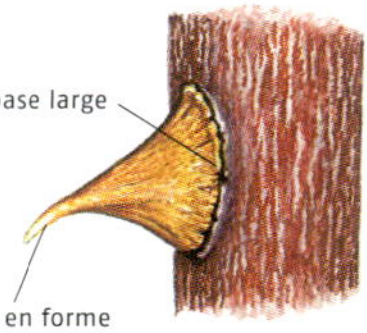

Le saviez-vous ?

La présence d'une galle chevelue sur un églantier est due à la guêpe gallicole, ou bédégar, dont les larves vivent dans le bois du rosier avant de se métamorphoser.

Bec-de-grue commun

Erodium cicutarium (géraniacées)

H 10-60 cm   avr.-oct.   annuelle ou bisannuelle

Les fruits sont des indicateurs d'humidité : leur bec est enroulé quand le fruit est sec, et dressé quand il est humide. Les écarts d'hygrométrie provoquent des changements perceptibles à l'œil nu. Si le fruit est au sol, il s'enfonce dans la terre, ce qui permet à la plante de se reproduire.

Habitat *Lieux sablonneux, champs, terrains vagues, dans les vignes, sur les chemins. Dans toute l'Europe.*

> ***Indicateur de sols sablonneux.***
> ***Plante pionnière en terrain ouvert.***
> ***Besoin de chaleur en été.***

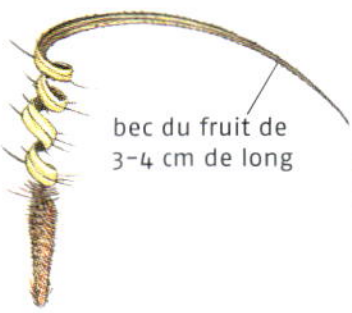

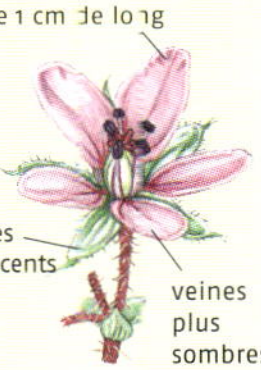

Géranium sanguin

Geranium sanguineum (géraniacées)

H 15-50 cm   juin-août   vivace

Le nom de cette plante fait sans doute référence à la teinte de ses fleurs, à moins que ce ne soit celle de son rhizome coupé. Riche en tannins, on l'utilisait pour stopper les hémorragies. Des études récentes montrent qu'il renferme également des substances capables de freiner la prolifération du virus de la grippe.

Habitat *Buissons secs, lisières de bois secs, terrains rocailleux, prairies maigres, talus. Surtout en Europe centrale et du Sud.*

> ***Aime la chaleur.***
> ***Attire les abeilles comme pollinisateurs.***
> ***Floraison appréciée au jardin.***

Herbe-à-Robert

Geranium robertianum (géraniacées)

H 20-40 cm   mai-oct.   annuelle

Habitat *Forêts, ravins, bois humides, murs, rochers, haies, pierriers, chemins de fer, terrains vagues. Presque toute l'Europe.*

> ***Pousse fréquemment en ville.***
> ***Dans les lieux ensoleillés, la plante peut être toute rouge.***
> ***Dégage au toucher une forte odeur typique.***

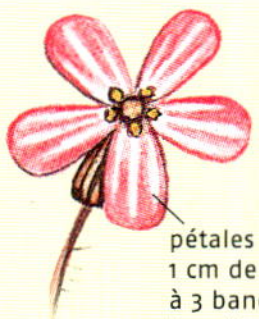

Les graines peuvent être envoyées jusqu'à 3 m de distance et presque 2 m de haut grâce à un mécanisme de propulsion. C'est la raison pour laquelle on rencontre parfois cette plante sur des arbres en décomposition ou à l'aisselle des branches. L'herbe-à-Robert, qui dégage une très forte odeur, était recommandée comme antimite.

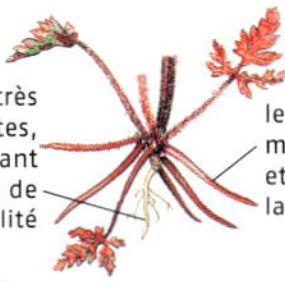

Petite centaurée commune

Centaurium erythraea (gentianacées)

H 10-50 cm   juill.-sept.   annuelle

Habitat *lairières ensoleillées, pelouses et buissons secs. Surtout en Europe centrale et du Sud.*

> ***A besoin de soleil.***
> ***Goût amer.***
> ***Attire surtout les papillons.***

La centaurée, ou plante du centaure, était très réputée comme herbe médicinale. On attribuait à cette plante amère et fortifiante de nombreuses vertus, dont on ne retient plus aujourd'hui qu'une aide à la digestion.

Gentiane d'Allemagne

Gentianella germanica (gentianacées)

H 5-40 cm   juin-oct.   bisannuelle

Il existe deux formes de gentiane d'Allemagne, dont l'une fleurit au printemps et l'autre en automne. Elles diffèrent tellement qu'on pense couramment qu'il s'agit de deux espèces distinctes. La première est peu ramifiée et ses feuilles sont espacées sur la tige. La forme automnale, en revanche, possède de nombreuses ramifications et peut porter jusqu'à 50 fleurs. Les graines mûres se forment rapidement avant l'hiver.

Habitat *Pelouses et prairies maigres, calcaires, surtout en moyenne montagne. Stations ensoleillées d'Europe centrale.*

> ***Rarement, fleurs blanches.***
> ***Goût très amer.***
> ***Formes très différentes.***

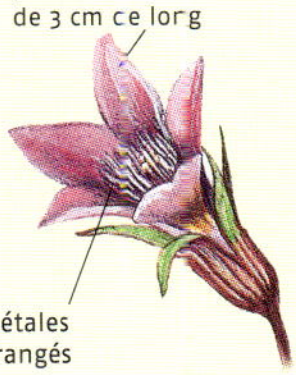

47

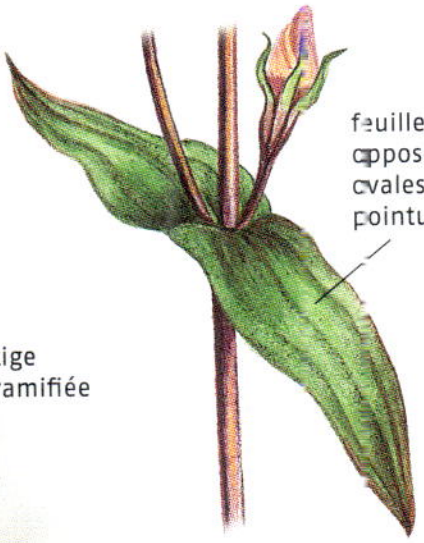

Le saviez-vous ?
La gentiane champêtre ressemble à la gentiane d'Allemagne, mais la corolle des fleurs ne possède que 4 lobes. Elle pousse jusqu'à 2 800 m d'altitude.

Laurier-rose

Nerium oleander (apocynacées)

H 100-400 cm   juill.-sept.   arbuste à fleurs

Habitat *Dans le bassin méditerranéen, près des fleuves et ruisseaux, lits asséchés des cours d'eau, souvent planté le long des autoroutes.*

> ***Port dressé, souvent évasé.***
> ***Très résistant aux gaz d'échappement.***
> ***Cultivé en bacs en Europe centrale.***

Le buisson sans fleurs évoque un saule. Les fleurs, blanches ou roses, parfois doubles dans les variétés cultivées, dégagent le soir un fort parfum qui attire les papillons nocturnes, comme le sphinx du laurier-rose, dont les chenilles se nourrissent des feuilles sans se soucier des substances toxiques qu'elles renferment. Chez l'homme, l'ingestion produit de violents troubles cardiaques ; une feuille peut être mortelle.

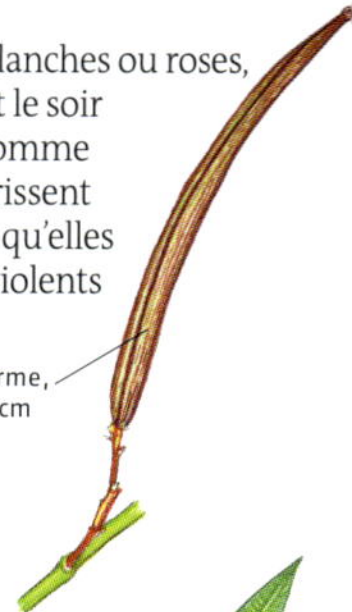

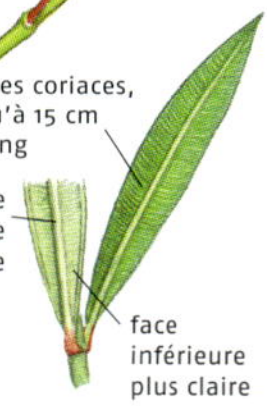

Prénanthe pourpre

Prenanthes purpurea (astéracées)

H 50-150 cm   juill.-août   vivace

Habitat *Forêts, clairières, lisières des chemins, surtout stations ombragées. En Europe centrale et du Sud.*

> ***Plante gris-vert.***
> ***Sève blanche.***
> ***Demande une forte humidité ambiante.***

Le capitule, formé d'un petit nombre de languettes, peut faire penser à une fleur à quelques pétales. Cette plante fourragère est appelée en allemand « laitue des lièvres ».

Grande consoude

Symphytum officinale (boraginacées)

H 30-100 cm   mai-juill.   vivace   ☠

La grande consoude est préconisée depuis l'Antiquité pour soigner les plaies, et depuis le Moyen Âge, pour réduire les fractures. La recherche moderne a prouvé son efficacité dans la cicatrisation des tissus superficiels et osseux. Mais, comme cette plante contient également des substances hépato-toxiques et cancérigènes en proportion variable, il ne faut utiliser que des préparations contrôlées.

Habitat *Rivages, bords des chemins, prairies humides, fossés, bois inondés. Sur sols plus ou moins humides, surtout dans les stations basses. Dans presque toute l'Europe.*

> ***Fleurs blanc jaunâtre, pourpres ou violettes.***
> ***Toute la plante est couverte d'une pilosité rêche.***

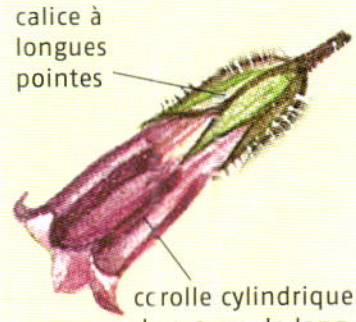

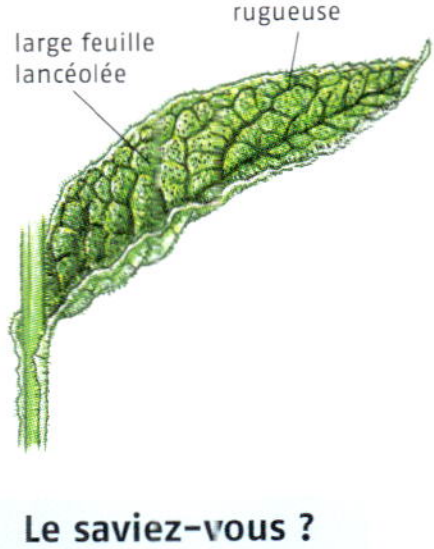

Le saviez-vous ?

Seules les abeilles à longue trompe peuvent atteindre le nectar au fond de la corolle. Les autres ménagent un orifice sur le côté de la corolle et prélèvent ainsi le nectar sans féconder la fleur.

Adonis d'été

Adonis aestivalis (renonculacées)

H 20-60 cm mai-juill. annuelle ☠

***Habitat** Champs de céréales, talus des chemins. Surtout sur sols calcaires. Jusqu'en moyenne montagne, en Europe centrale et du Sud.*

> ***Les fleurs s'ouvrent au soleil.***
> ***Aime la chaleur.***
> ***Rarement fleurs jaunes.***

Selon la mythologie grecque, l'adonis d'été est né du sang du jeune Adonis. Adonis ayant été tué à la chasse par un sanglier, la déesse Aphrodite choisit de le transformer en fleur. Cette plante, qui pousse parmi les céréales depuis l'âge du bronze, est de plus en plus rare.

Anémone couronnée

Anemone coronaria (renonculacées)

H 10-45 cm févr.-avr. vivace ☠

***Habitat** Terrains rocailleux, bosquets, champs cultivés, oliveraies, friches. Dans les régions méditerranéennes.*

> ***Sève irritante.***
> ***A besoin de lumière.***
> ***Contrairement aux espèces asiatiques, l'anémone couronnée n'a pas de sépales.***

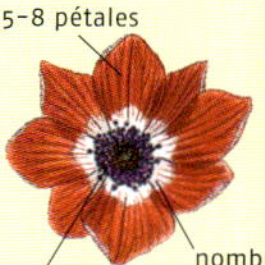

C'est grâce à son tubercule que la plante survit lorsque l'été est sec. Ses fleurs étaient appréciées des Romains. Cette plante d'origine méditerranéenne est cultivée dans les jardins, pour sa floraison précoce et ses fleurs à couper.

Pivoine sauvage

Paeonia officinalis (paeoniacées)
H 30-60 cm mai vivace ☠

Dans la mythologie grecque, le dieu Pan soigne le dieu du monde inférieur grâce à une pivoine. Les racines de la pivoine sauvage ont été employées contre la goutte. Ses graines étaient en outre utilisées en collier, pour soulager les bébés qui font leurs dents, mais cette pratique était plutôt dangereuse, vu la toxicité de la pivoine. Le pollen d'une seule fleur comporte 3,6 millions de grains, ce qui est un record pour une plante.

Habitat *Coteaux secs, buissons sur sols calcaires, jusqu'à 1 700 m d'altitude. Europe méridionale, Alpes du Sud.*

> **Fleurit à la Pentecôte.**
> **En Europe centrale, naturalisée dans les jardins.**
> **Fleurs odorantes.**

Le saviez-vous ?
Les espèces de pivoines cultivées ont des fleurs beaucoup plus fournies, les sépales ayant été transformés en pétales.

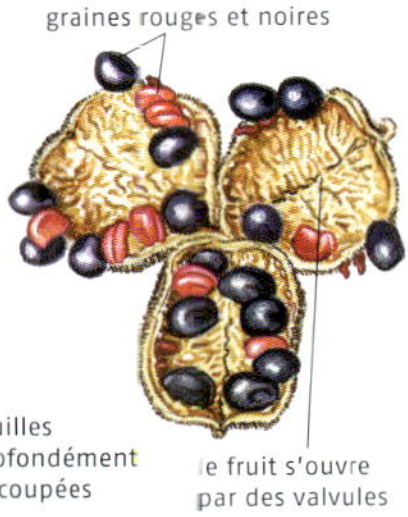

Salicaire commune

Lythrum salicaria (lythracées)

H 50-100 cm juill.-sept. vivace

***Habitat** Prairies humides, fossés, rivages des mares. Sur sols plus ou moins humides, riches. Dans presque toute l'Europe.*

- ***Feuilles opposées ou verticillées par 3.***
- ***Pousse souvent en buissons denses.***
- ***À planter autour des mares d'agrément.***

Les salicaires se distinguent selon le type de style et d'étamines : style court, étamines longues et moyennes ; style moyen, étamines courtes et longues ; style long, étamines courtes et moyennes. Darwin, qui a étudié ce phénomène, a constaté que la plante produisait plus de graines lorsque le pollen d'une fleur pouvait parvenir à une autre fleur avec un style de même longueur que l'étamine dont il provient.

Le saviez-vous ?

La salicaire commune contient des tannins qui agissent contre la diarrhée et la gastro-entérite. Cette vertu était connue dans l'Antiquité. Au XIXe siècle, les racines de salicaire ont été employées en Angleterre lors des épidémies de choléra.

Joubarbe des toits

Sempervivum tectorum (crassulacées)

H 15–50 cm juill.-sept. vivace

Jadis, on pensait que la joubarbe des toits pouvait éloigner le tonnerre, et c'est pourquoi cette plante était dédiée à Jupiter. Charlemagne a même ordonné que la joubarbe fleurisse sur le toit de ses propriétés. Si cette croyance a été remise en question depuis, la joubarbe n'en continue pas moins de pousser sur nos toits, ne serait-ce qu'à titre décoratif.

Habitat *Bordures rocheuses, murs, toits. Stations chaudes, sèches, ensoleillées, jusqu'à 2 800 m d'altitude. En Europe centrale et méridionale.*

> ***Stocke l'eau.***
> ***La rosette principale forme des rosettes secondaires, puis meurt après la floraison.***
> ***Aussi appelée « artichaut des murailles ».***

Joubarbe araignée

Sempervivum arachnoideum (crassulacées)

H 5–15 cm juin-sept. vivace

Les « toiles d'araignée » tissées entre les pointes des feuilles sont issues de la plante : les jeunes feuilles se collent entre elles grâce à une substance visqueuse qui, lorsqu'elles grandissent, forme des fils. Ces toiles brillantes constituent une protection contre les rayons du soleil.

Habitat *Fentes rocheuses, pelouses montagneuses maigres, rochers, dessus des murs. Montagnes d'Europe centrale et méridionale, jusqu'à 3 000 m d'altitude.*

> ***La joubarbe se teinte souvent de rouge au soleil.***
> ***Les rosettes de feuilles se détachent pour s'enraciner plus loin.***
> ***Supporte la sécheresse.***

Grande bardane

Arctium lappa (composées)

H 80-150 cm juill-août bisannuelle

Habitat *Décombres, chemins de fer, chemins, haies, rives, forêts dévastées. En Europe centrale et du Sud, sud de la Scandinavie.*

- > ***Fruits adhérents persistants en hiver.***
- > ***Feuilles jusqu'à 50 cm de long.***
- > ***La bardane tomenteuse, espèce voisine, a les bractées reliées par une toile d'araignée.***

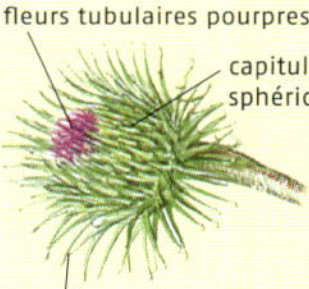

Les fruits forment des boules adhésives qui se fixent sur les animaux, ce qui permet la dissémination de la plante. Parfois, ce sont les humains qui sèment involontairement la bardane en arrachant ces boules de leurs vêtements. Les extraits de racine de bardane sont utilisés contre les affections dermatologiques et les pellicules. Les Japonais cultivent cette plante comme légume : ses racines charnues se consomment comme des salsifis.

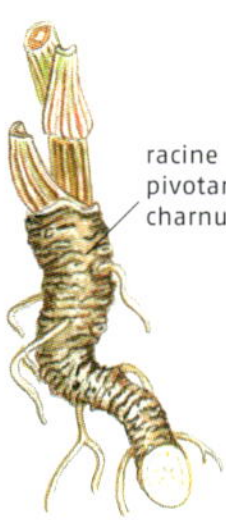

Le saviez-vous ?

Les crochets des fruits de bardane ont inspiré l'ingénieur suisse de Mestral, qui déposa en 1951 un brevet pour la fermeture Velcro (de « velours » et « crochet »). Mais cette idée est plus ancienne, comme en témoigne un brevet français du XIXe siècle, où ce système est appelé « bouton de soldat ».

Eupatoire à feuilles de chanvre

Eupatorium cannabinum (astéracées)

H 50-150 cm juill.-sept vivace ☠

Également appelée « herbe de Sainte-Cunégonde », du nom de l'épouse d'Henri II, empereur germanique du XIe siècle. Connue pour ses vertus cholagogues, diurétiques et apéritives, l'eupatoire à feuilles de chanvre était également recommandée pour favoriser la cicatrisation des plaies. Aujourd'hui, elle n'est plus employée qu'en dilutions homéopathiques, car elle est suspectée, à doses pondérales, d'avoir un effet cancérigène et hépatotoxique.

***Habitat** Clairières et lisières des forêts humides, rives, fossés, bosquets. Stations humides dans toute l'Europe.*

- > ***Souvent en grande quantité.***
- > ***Attire les abeilles et les papillons.***
- > ***Ressemble, de loin, à l'origan commun (p. 80).***

Adénostyle à feuilles d'alliaire

Adenostyles alliariae (astéracées)

H 50-120 cm juill.-août vivace ☠

Lorsque le sol est riche, l'adénostyle à feuilles d'alliaire peut atteindre 2 m de haut et ses feuilles basales mesurer jusqu'à 50 cm de long. On peut les utiliser, faute de mieux, comme papier toilette. En dehors des périodes de floraison, on la confond aisément avec la pétasite hybride (p. 56).

***Habitat** Forêts mixtes, buissons de l'étage subalpin, jusqu'à 2 600 m d'altitude, bord des ruisseaux. Stations humides. Alpes, montagnes d'Europe centrale et du Sud.*

- > ***Duvet gris sur la face inférieure des feuilles.***
- > ***Feuilles inférieures évoquant la pétasite hybride (p. 56).***
- > ***Ne pas confondre avec l'origan (labiées).***

Pétasite hybride

Petasites hybridus (composées)

H 15-100 cm avr.-mai vivace ☠

Habitat *Rives de ruisseaux et de rivières, prairies humides, bois inondés. Sur sols saturés d'humidité, graviers et pierriers. Presque toute l'Europe, au Sud en montagne.*

- > ***Très grandes feuilles pubescentes.***
- > ***Nécessite une forte humidité de l'air.***
- > ***Floraison avant la formation des feuilles.***

Au Moyen Âge, on utilisait le pétasite en poudre ou en décoction dans du vin, pour soigner la peste et la fièvre. On en faisait également des masques censés protéger de la contagion. Son nom vient du mot grec *petasos*, qui désigne un chapeau de feutre à large bord porté par les pâtres grecs, dont la forme évoque celle de la feuille du pétasite. Des recherches actuelles portent sur l'efficacité des extraits de pétasite pour prévenir les migraines et la rhinite allergique.

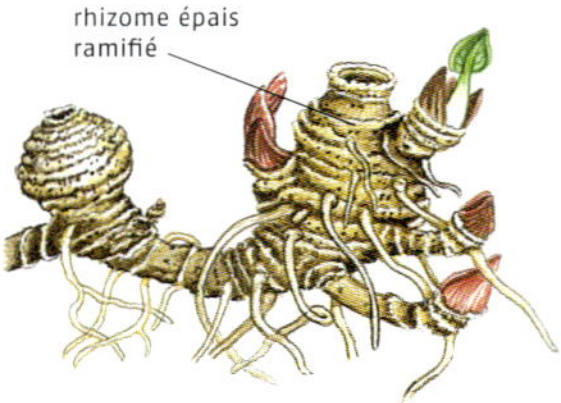

Le saviez-vous ?

Il ne faut pas ramasser le pétasite hybride à des fins médicinales, car il nécessite d'être débarrassé de substances toxiques par un procédé spécial.

Chardon penché

Carduus nutans (composées)

H 30-100 cm   juill.-sept.   bisannuelle

Les fleurs du chardon penché dégagent une odeur douce, un peu musquée, et attirent de nombreux insectes. Jadis, on consommait les jeunes inflorescences comme des artichauts et on cuisinait les jeunes pousses ainsi que les feuilles.

Habitat *Bords des chemins, carrières de pierres, bosquets, décharges, pâturages extensifs maigres. Dans presque dans toute l'Europe.*

- ***L'aigrette du fruit est formée de soie simple.***
- ***Les épines protègent la plante.***
- ***Indicateur de sols riches en azote.***

Cirse laineux

Cirsium eriophorum (composées)

H 80-180 cm   juill.-sept.   bisannuelle

Une rosette de feuilles caractéristiques se forme la première année. Jadis, on consommait les pousses de la deuxième année comme un légume, tout comme les jeunes capitules, à la façon des artichauts. Le cirse laineux est également appelé « chardon à toison » ou « cirse porte-laine ».

Habitat *Prairies maigres surexploitées, bords des chemins, buissons, coupes forestières, jusqu'à plus de 2 000 m d'altitude. En Europe centrale et du Sud.*

- ***Fruits à longues soies ramifiées.***
- ***A besoin de chaleur.***
- ***Utilisé dans les compositions florales.***

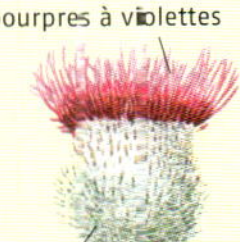

Cirse des champs

Cirsium arvense (astéracées)

H 60-120 cm juill.-sept. vivace

Habitat *Terrains vagues, champs, chemins, décharges, coupes forestières, friches, sur sols riches. Dans toute l'Europe.*

> ***Fleurit et fructifie souvent en même temps.***
> ***Diffusé dans le monde entier avec la culture des céréales.***
> ***Supporte les terres salines.***

Le cirse des champs est une « mauvaise » herbe qui pose des problèmes aux cultures, avec ses racines qui s'enfoncent jusqu'à 3 m de profondeur. Les labours favorisent sa dissémination. Dans le monde entier, on cherche à la combattre autrement que par des herbicides. Un moyen biologique consisterait à cultiver un champignon spécifique de cette plante.

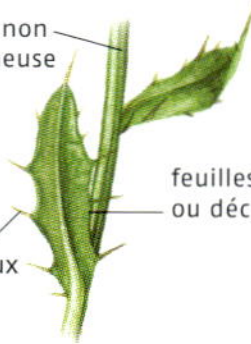

Centaurée jacée

Centaurea jacea (astéracées)

H 20-150 cm juin-nov. vivace

Habitat *Prairies et pâturages, pelouses maigres, bosquets des chemins. Sur sols riches et stations claires. Dans presque toute l'Europe.*

> ***Tige rugueuse.***
> ***Attire abeilles et papillons.***
> ***La centaurée scabieuse a des feuilles pennatilobées.***

La centaurée jacée, ou « tête-de-moineau », n'est pas au goût du bétail, car elle contient beaucoup de tannins. Elle reste donc sur les pâturages, lorsque tout le reste a été brouté. Elle est utilisée pour ses vertus stomachiques et diurétiques.

Chardon Marie

Silybum marianum (astéracées)

H 20-150 cm   juin-sept.   annuelle ou bisannuelle

Depuis l'Antiquité, le chardon Marie est connu pour ses vertus médicinales – ses fruits sont utilisés contre les déchirures musculaires et les morsures de serpent –, mais aussi comme légume. En effet, les feuilles se consomment cuites, comme du chou, les racines comme des salsifis, et les jeunes capitules comme des artichauts. On distingue le chardon Marie à ses feuilles aux taches blanches.

Habitat Terres cultivées ou friches. Nécessite suffisamment de nutriments et de chaleur. En région méditerranéenne.

> **Feuilles tachées typiques.**
> **Chardon très connu en Méditerranée.**
> **Souvent représenté avec la Vierge Marie.**

Le saviez-vous ?

Les fruits du chardon Marie, ou akènes, étaient recommandés contre le point de côté. Aujourd'hui, la médecine redécouvre leurs vertus cholagogues. On en extrait une substance utilisée contre les intoxications à l'amanite.

Onopordon faux-acanthe

Onopordum acanthium (astéracées)

H 30-250 cm   juill.-août   bisannuelle

Habitat *Décharges et décombres, carrières de pierres, bosquets, bords des chemins. En Europe centrale et du Sud.*

> ***De loin, paraît argenté.***
> ***L'une de nos plus grandes composées.***
> ***Les fonds des fleurs sont comestibles, comme les artichauts.***

L'onopordon faux-acanthe, ou pet-d'âne, est l'emblème national de l'Écosse. Son nom anglais est *Scotch thistle*. Selon la légende, ces chardons jouèrent un rôle majeur dans la victoire des Écossais contre l'envahisseur viking. En effet, les assaillants, tentant d'approcher discrètement d'un camp écossais à travers un champ de chardons, poussèrent des cris de douleur qui alarmèrent les Écossais et leur permirent de se défendre.

Le saviez-vous ?

Le nom scientifique onopordum *vient du latin et signifie effectivement « pet d'âne ». Les ânes sont friands de ces chardons, dont l'ingestion peut provoquer des flatuosités.*

Épervière orangée

Hieracium aurantiacum (astéracées)
H 20-50 cm juin-août vivace

Le nom vient peut-être du fait que ces fleurs poussent souvent sur des rochers accessibles aux seuls éperviers. On croyait dans l'Antiquité que ces rapaces enduisaient leurs yeux de sève d'épervière pour conserver une excellente vue. L'épervière orangée est assez facile à identifier. La plupart des autres espèces ont, quant à elles, des fleurs jaunes.

Habitat *Pelouses et prairies maigres de montagne. Naturalisée dans les parcs, les bords des routes, les chemins de fer. Europe du Nord, montagnes d'Europe centrale et du Sud.*

> ***Tige creuse.***
> ***Pousse souvent en groupe de nombreuses rosettes.***
> ***Cultivée à des fins ornementales.***

Crépide dorée

Crepis aurea (astéracées)
H 5-30 cm juin-sept. vivace

Par temps ensoleillé, la crépide dorée met une touche jaune vif sur les pelouses alpines, attirant papillons, mais aussi coléoptères, mouches et bourdons. Par temps gris, les capitules restent fermés. Les fleurs ont été employées pour colorer le beurre et le fromage en jaune.

Habitat *Pelouses et pâturages de montagne, zones pierreuses, depuis le niveau supérieur des arbres jusqu'à 2 900 m. Montagnes d'Europe centrale et du Sud.*

> ***Les feuilles ressemblent à celles du pissenlit (p. 257).***
> ***La plante renferme du latex.***
> ***Plante ornementale des rocailles.***

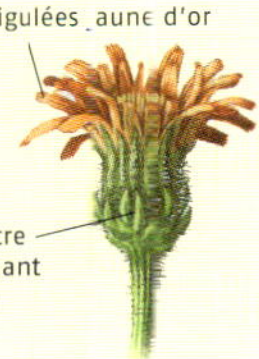

Salsifis cultivé

Tragopogon porrifolius (astéracées)

H 20–120 cm   avr.-juill.   annuelle à bisannuelle

Habitat *Friches, décombres, bords des chemins, zones herbeuses. Sauvage en Europe du Sud, naturalisé en Europe centrale.*

> ***Les capitules ne s'ouvrent que le matin.***
> ***Appelé aussi « salsifis à feuilles de poireau ».***
> ***Contient du latex.***

Le salsifis à feuilles de poireau a été cultivé jusqu'à la fin du XVIe siècle en Europe centrale, pour sa racine charnue. On l'a remplacée ensuite par une espèce voisine, le scorsonère, dont on peut consommer les racines même après la floraison. En revanche, la racine du salsifis à feuilles de poireau, qui peut atteindre 30 cm de long, doit être récoltée avant la floraison.

Jonc fleuri

Butomus umbellatus (butomacées)

H 50–150 cm   juin-août   vivace

Habitat *Rives ou zones proches des rivages de plans d'eau ou de cours d'eau lents, riches en éléments nutritifs, fossés. Dans presque toute l'Europe.*

> ***Grandes feuilles allongées, jusqu'à 1 m.***
> ***Aime la chaleur.***
> ***Cultivé autour des mares d'agrément.***

Ce jonc, qui porte également le nom de butome en ombelle, ne fleurit qu'en eau peu profonde, sinon il se contente de former des feuilles rubanées, qui servaient jadis à la confection de paniers et de tapis. Le jonc cultivé est souvent planté au bord des mares et des cours d'eau calmes.

Lis martagon

Lilium martagon (liliacées)

H 40-100 cm juin-juill. vivace

Les fleurs attirent les sphinx qui volettent devant la fleur tout en aspirant le nectar par leur longue trompe ; les autres papillons ne peuvent pas se poser sur les pétales visqueux. Jadis, l'oignon doré jouait un rôle important, car les alchimistes espéraient en extraire de l'or. Il servait aussi à réaliser des colliers pour protéger les petits enfants qui faisaient leurs dents, et soigner les hémorroïdes.

Habitat *Forêts à sous-bois herbeux, bosquets, pelouses alpines jusqu'à 2 400 m. Sur sols calcaires, mi-ombragés. Montagnes d'Europe.*

> ***Les bourgeons sont souvent dévorés par les chevreuils.***
>
> ***Plante considérée comme magique.***
>
> ***Fleurs à pétales réfléchis en turban, odorantes le soir.***

Le saviez-vous ?

Les plantes sont parfois dramatiquement dévorées : les chevreuils broutent les bourgeons floraux, et le criocère du lis, un petit coléoptère de 6-8 mm, ronge les feuilles en produisant un bruit très discret, audible à très faible distance.

Fritillaire pintade

Fritillaria meleagris (liliacées)

H 15-30 cm avr.-mai vivace

Habitat *Prairies inondées ou humides non engraissées, si elles ne sont pas fauchées avant début juin. En Europe centrale et du Sud.*

> ***Feuilles graminiformes.***
> ***Appelé « œuf de pintade ».***
> ***Rarement fleurs blanches à nervures jaunâtres.***

Également appelée damier, la fritillaire pintade possède une fleur très décorative. Sur la face interne de chaque pétale, un sillon gorgé de nectar attire abeilles et bourdons. La fritillaire pintade est une espèce menacée par la raréfaction des zones humides.

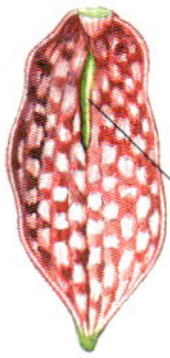

Ciboulette sauvage

Allium schoenoprasum (liliacées)

H 10-40 cm juin-août vivace

Habitat *Sauvage sur les pierriers humides en montagne. Naturalisée sur les bancs de sable et le bord des ruisseaux. Dans toute l'Europe.*

> ***Forme de faisceaux denses de feuilles radicales.***
> ***Herbe culinaire échappée des jardins.***
> ***Odeur d'ail typique.***

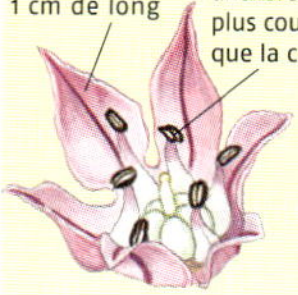

La ciboulette pousse à l'état sauvage en Asie et en Amérique du Nord, jusque dans l'Arctique. Elle est utilisée comme herbe culinaire depuis le Moyen Âge. Avec ses constituants soufrés et sa vitamine C, elle relève agréablement les salades et divers plats cuisinés. Au jardin, il est conseillé de la récolter 3 fois par an. On peut déterrer les oignons et les faire germer en pot en hiver.

Colchique d'automne

Colchicum autumnale (liliacées)

H 5-40 cm   août-nov.   vivace   ☠

Toute la plante contient une substance toxique, la colchicine, et les animaux évitent de la consommer. L'intoxication peut entraîner la mort, par spasmes et paralysie. La colchicine a longtemps été utilisée, à doses contrôlées, contre la goutte, mais aujourd'hui, on dispose d'autres médicaments. La colchicine agit sur la répartition des caractères génétiques des végétaux, aussi l'emploie-t-on pour produire des variétés plus performantes, sur les pommes, les bananes et les agrumes.

Habitat *Prairies et pâturages humides, vergers, bois inondés. Sur sols riches. En Europe centrale et du Sud.*

> ***La fleur évoque le crocus.***
> ***En automne, seules les fleurs sont apparentes.***
> ***Les feuilles et les fruits se forment au printemps.***

Le saviez-vous ?

La Colchide est une contrée d'Asie Mineure. Selon la mythologie grecque, c'est là que vivait Médée, une magicienne qui préparait des poisons. Quelques gouttes d'un philtre mortel qui lui avaient échappé donnèrent naissance au colchique.

Corydale creuse

Corydalis cava (fumariacées)

H 10-35 cm mars-mai vivace ☠

Habitat *Forêts claires de feuillus, ravins, bois humides, vergers, bosquets. Surtout en Europe centrale.*

> ***Les tubercules anciens se creusent.***
> ***Indicateur de sols riches.***
> ***Donne aussi des fleurs blanches.***

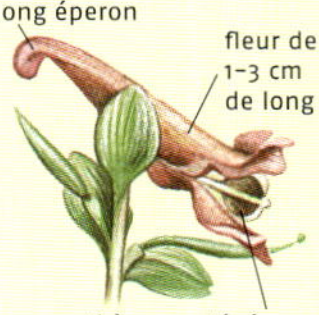

Les graines possèdent des appendices blancs très nutritifs qui attirent les fourmis. Celles-ci les emportent dans leur fourmilière, recueillent les appendices puis les rejettent, ce qui permet à la corydale de se propager. Les fleurs contiennent dans leur éperon un nectar sucré.

Fumeterre officinale

Fumaria officinalis (fumariacées)

H 15-30 cm mai-oct. annuelle (☠)

Habitat *« Mauvaises herbes » des champs, jardins, vignobles, stations dégagées sur les chantiers et autres friches. Dans toute l'Europe.*

> ***Les fleurs se fécondent généralement elles-mêmes.***
> ***Indicateur de sol riche.***
> ***Pousse souvent en groupes importants.***

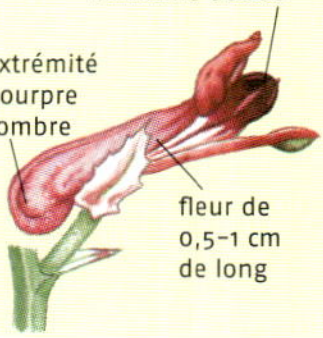

Le nom de fumeterre a donné lieu à diverses explications : vient-il du jus de la plante qui fait larmoyer comme la fumée pique les yeux, ou bien des feuilles grises qui évoquent une fumée sortant de terre ? La fumeterre est exploitée en pharmacologie pour fabriquer des remèdes antispasmodiques contre les troubles gastro-intestinaux.

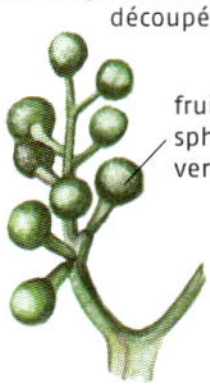

Bugrane épineuse

Ononis spinosa (fabacées)

H 30-60 cm juin-juill. sous-arbrisseau

Également surnommée « arrête-bœuf », la bugrane épineuse, avec ses rameaux rampants et ses branches épineuses, peut constituer un obstacle sérieux lors de promenades à travers la campagne.

Habitat *Pelouses et prés maigres, bords des chemins, lisières des forêts, bosquets, digues. Sur sols chauds et calcaires. En Europe centrale et du Sud.*

Le saviez-vous ?

Les racines de bugrane épineuse ont une action diurétique et calment l'inflammation des voies urinaires. Elles sont souvent intégrées, sous forme de broyat, dans les tisanes diurétiques.

- > ***Forme une longue racine pivot.***
- > ***Indicateur de sols maigres.***
- > ***Reste souvent intacte dans les pâturages, du fait de ses épines.***

Galéga officinal

Galega officinalis (fabacées)

H 60-120 cm juin-août vivace

Habitat *Friches, lisières, chemins de fer, carrières, bords des routes, fossés. Sur sols humides et riches. En Europe centrale et du Sud.*

> ***Sensible au gel.***
> ***Les feuilles évoquent celles de la rue fétide (p. 215).***
> ***Plante ornementale.***

Le galéga officinal, ou lilas d'Espagne, est une plante médicinale. On lui reconnaît des vertus diurétiques, hypoglycémiantes et galactologues (favorisant la lactation). Sa présence dans le fourrage du bétail doit être contrôlée, car, à fortes doses, elle provoque des intoxications.

Sainfoin sombre

Hedysarum hedysaroides (fabacées)

H 10-30 cm juill.-août vivace

Habitat *Prairies de montagne, pierriers, broussailles, de 1 500 à 2 800 m d'altitude.*

> ***Montagnes d'Europe centrale et du Sud.***
> ***Très longue racine pivot.***
> ***Goût légèrement amer.***

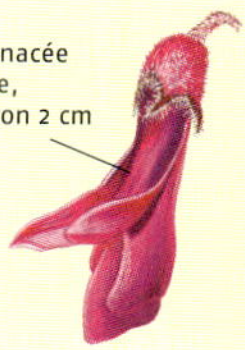

Le sainfoin sombre, ou sainfoin des Alpes, est une plante fourragère de grande valeur en montagne. Riche en protéines, il est apprécié du bétail et du gibier, mais souffre d'un pâturage trop intensif. Certains agriculteurs préfèrent le récolter pour en faire du foin.

Trèfle des prés

Trifolium pratense (fabacées)

H 15-40 cm   juin-sept.   vivace

Habitat *Prairies, pâturages, bords des chemins, diverses formes cultivées dans les champs. Dans toute l'Europe.*

> ***Trèfle très courant.***
> ***Indicateur de sols riches.***
> ***Attire les bourdons.***

Pour éviter de laisser une terre en friche, les agriculteurs préfèrent semer du trèfle, qui fournit un fourrage de qualité tout en amendant le sol (voir encadré). La médecine naturelle a découvert récemment que le trèfle pouvait être employé avec succès contre les troubles de la ménopause.

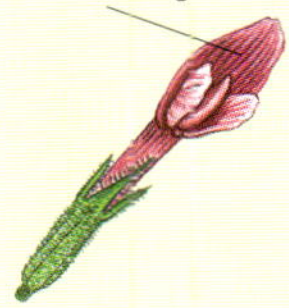

Le saviez-vous ?

Les racines sont couvertes de renflements qui hébergent des bactéries symbiotiques. Ces dernières fixent l'azote de l'air et rendent cette substance disponible pour la plante. Cela en fait un engrais vert.

Trèfle incarnat

Trifolium incarnatum (fabacées)

H 20-40 cm   juin-août   annuelle

Habitat *Décharges, friches, bosquets, champs. Dans les régions où l'hiver est doux.*

> ***Originaire de l'ouest du bassin méditerranéen.***
> ***Le plus coloré des trèfles.***
> ***Présent dans les mélanges de « gazon japonais ».***

Depuis le XIXe siècle, cette plante fourragère est cultivée en Europe. Elle améliore la qualité du sol et fournit un bon fourrage pour le bétail. Son usage agricole est en régression, mais on la voit fleurir le long des routes, à des fins décoratives. Son introduction aux États-Unis est récente (1955).

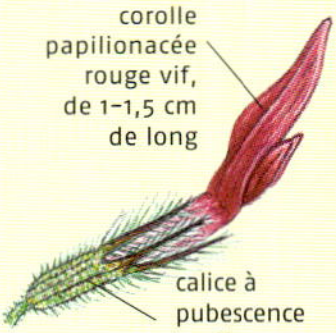

Trèfle alpin

Trifolium alpinum (fabacées)

H 5-20 cm   juin-août   vivace

Habitat *Pelouses maigres de montagne, pâturages, buissons, au-dessus de l'étage des arbres, jusqu'à 2 700 m d'altitude.*

> ***Montagnes d'Europe centrale et du Sud.***
> ***Fleurs odorantes au soleil.***
> ***Trèfle à grandes fleurs.***

La racine pivot du trèfle alpin s'enfonce de plus d'un mètre dans le sol, alimentant la plante en substances nutritives et empêchant les animaux de l'extraire des sols pierreux. Les chamois et les marmottes raffolent de cette plante alpine au doux parfum.

Coronille variée

Coronilla varia (fabacées)

H 30-60 cm juin-août vivace ☠

Les folioles sont articulées à la base et se redressent la nuit en « position de repos ». Cette plante contient des substances cardio-toxiques, mais ses usages médicinaux ont été abandonnés. En cas d'intoxication, elle produit de fortes nausées et des crampes, parfois mortelles.

***Habitat** Buissons des chemins et des routes, chemins de fer, carrières, pelouses semi-arides, bosquets clairs, lisières des forêts. En Europe centrale et du Sud.*

> ***Parfois fleurs toutes blanches.***
> ***Port étalé à tiges couchées.***
> ***Attire les abeilles.***

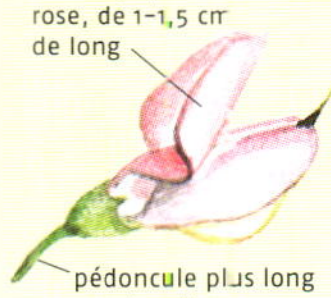

Sainfoin, esparcette

Onobrychis viciifolia (fabacées)

H 30-60 cm mai-juill. vivace

L'esparcette est originaire du sud-est de l'Europe. Introduite au XVIe siècle comme plante fourragère en Europe centrale, elle s'y est acclimatée. Elle ne supporte pas d'être pâturée directement, mais donne un foin de qualité. Son rôle a nettement diminué de nos jours, car les agriculteurs lui préfèrent désormais le maïs, la luzerne (p. 187) ou le trèfle des prés (p. 69).

***Habitat** Pelouses semi-arides, chemins, bosquets. Sur sols chauds, relativement arides, calcaires, ensoleillés. Dans presque toute l'Europe.*

> ***Racines jusqu'à 4 m de profondeur.***
> ***Amende le sol.***
> ***Les fruits adhèrent aux poils des animaux.***

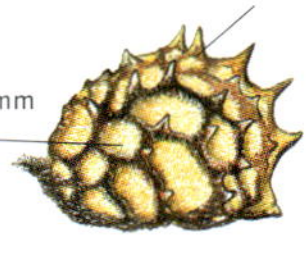

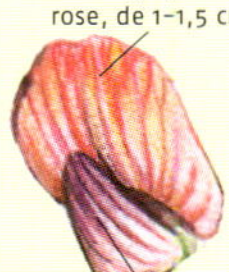

Gesse printanière

Lathyrus vernus (fabacées)

H 20–40 cm avr.–mai vivace (☠)

***Habitat** Forêts, surtout hêtraies à sous-bois herbeux denses. Principalement sur sols calcaires. Dans presque toute l'Europe.*

- > ***Feuilles paripennées, pétiolées, sans vrille.***
- > ***Floraison précoce.***
- > ***Décorative dans les jardins de fleurs sauvages.***

La teinte des fleurs varie en fonction de leur teneur en acidité et change de façon remarquable avec le temps. Dans le bourgeon, la sève est acide et le colorant rouge ; dans la fleur ouverte, elle est neutre, d'où une teinte violette ou bleue. Quand la fleur se fane, la sève devient basique comme le savon et donne une teinte turquoise.

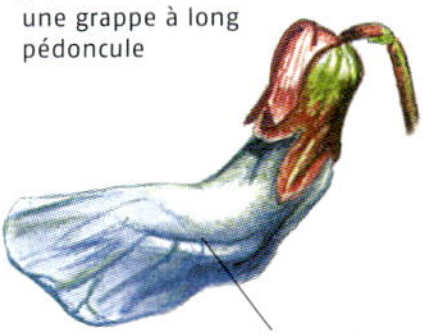

Polygale chevelu

Polygala comosa (polygalacées)

H 15–25 cm mai–juin vivace

***Habitat** Pelouses maigres ensoleillées et prairies, bordures des chemins. Sur sols relativement secs, généralement calcaires. En Europe centrale et du Sud.*

- > ***Fleurs semblables aux fabacées.***
- > ***Le polygale commun a le plus souvent des fleurs bleues.***
- > ***Indicateur de sols maigres.***

Le nom de la fleur comprend le terme grec *gala*, car cette plante était réputée favoriser la production laitière. L'extrémité frangée de la corolle, imitant des étamines, attire les insectes qui s'y posent. Ceux-ci ne repartent pas bredouilles, puisqu'ils peuvent y aspirer un doux nectar.

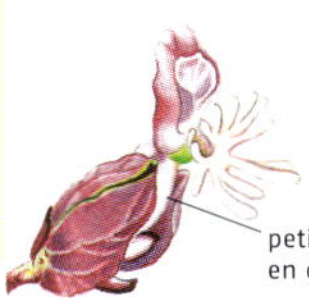

Fraxinelle

Dictamnus albus (rutacées)

H 60-120 cm mai-juin vivace ☠

Lorsqu'il fait chaud, la fraxinelle émet des huiles essentielles odorantes par les poils et les glandes de ses feuilles. En l'absence de vent, se forme alors comme un nuage autour de la plante, auquel on peut mettre le feu. Cette substance s'enflamme parfois spontanément, mais cet éclair est si bref que la plante s'en sort sans dommage.

***Habitat** Coteaux ensoleillés, rocheux, buissonneux, lisières des forêts sèches, forêts claires. Sur sols secs et maigres, généralement calcaires, en Europe centrale et du Sud.*

- ***Forte odeur de citron et cannelle.***
- ***La sève peut provoquer des cloques sur la peau***
- ***Demande beaucoup de chaleur.***

Le saviez-vous ?

*Le buisson ardent de la Bible n'était pas un dictame fraxinelle, mais un séné (*Senna alexandrina*) de la famille des fabacées, dont les grappes de fleurs jaunes évoquent des flammes.*

Balsamine de l'Himalaya

Impatiens glandulifera (balsaminacées)

H 50–250 cm   juill.-août   annuelle   (☠)

Habitat *Forêts inondées et humides, rives des cours d'eau. Stations ombragées à fort taux d'humidité. Dans presque toute l'Europe.*

> ***Fleurs à fort parfum.***
> ***Les fruits mûrs éclatent à maturité.***
> ***Croissance très rapide.***

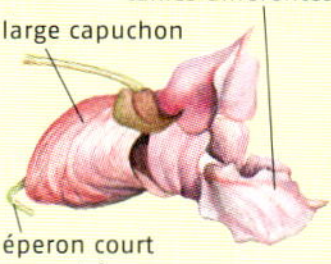

La balsamine vient de l'Himalaya. Introduite en 1837 à Dresde comme plante d'ornement, elle a été plantée dans de nombreux jardins à partir desquels elle s'est naturalisée. Aujourd'hui, les lieux humides accueillent des peuplements denses de balsamine, qui mènent une concurrence sévère aux plantes locales. Dans certains sites, les protecteurs de la nature s'emploient à les déraciner pour protéger les espèces locales. La balsamine survit toutefois dans les jardins.

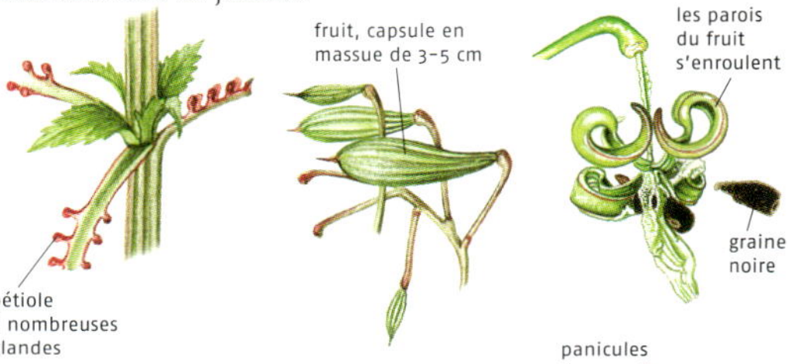

Le saviez-vous ?

La balsamine de l'Himalaya a développé une stratégie pour la dissémination de ses graines. Une telle tension s'accumule dans la capsule que, lorsque celle-ci éclate spontanément ou au toucher, les graines sont projetées jusqu'à 7 m de la plante mère.

Lamier pourpre

Lamium purpureum (lamiacées)

H 15-45 cm mars-oct. annuelle étalée

Le lamier pourpre, ou ortie rouge, pousse très vite et peut produire jusqu'à 4 générations par an. Lorsque les conditions lui sont favorables, il fleurit même en plein hiver. Les fruits (akènes) contiennent une huile nourrissante, qui attire les fourmis, ce qui assure la dissémination des graines.

Habitat *« Mauvaises herbes » des terres cultivées, jardins, vignobles, bords des chemins, décharges, friches. Dans toute l'Europe.*

> ***Feuilles souvent teintées de rouge au soleil.***
> ***Indicateur de sols riches en azote.***
> ***Pousse souvent en groupe.***

Lamier maculé

Lamium maculatum (lamiacées)

H 15-60 cm avr.-sept. vivace

Tout au fond des fleurs de lamier maculé, le nectar abonde, et les bourdons à longue trompe viennent y puiser le liquide sucré à 40 %. Les petits insectes dont la trompe est trop courte transpercent le tube floral sur le côté. Ensuite, ce sont les abeilles qui viennent se servir en profitant de cet orifice artificiel.

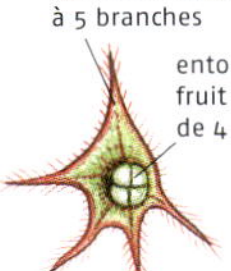

Habitat *« Mauvaises herbes », bois inondés, lisières des forêts, fossés, haies, bords des chemins, clôtures. Stations semi-ombragées. En Europe centrale et du Sud.*

> ***Aspect d'ortie sans les fleurs (p. 289).***
> ***Indicateur de sols riches.***
> ***Décoratif dans les jardins d'agrément.***

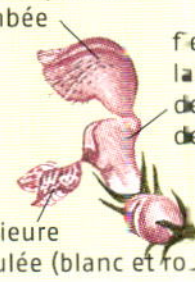

Ortie royale

Galeopsis tetrahit (lamiacées)

H 10-70 cm   juin-oct.   annuelle

Habitat *Terres cultivées, décharges, clairières de forêts, bords des chemins, clôtures, friches. Plaine et montagne. Dans toute l'Europe.*

> ***Fleur à dents typiques.***
> ***Indicateur d'azote.***
> ***Calice épineux.***

L'ortie royale, ou *Galeopsis tetrahit*, se distingue par les 2 dents creuses de la lèvre inférieure de la fleur, qui servent à guider les insectes butineurs. En période de fructification, les animaux s'accrochent aux poils hirsutes du calice, ce qui provoque un mouvement de balancement de la tige élastique et la projection des akènes contenus dans le calice.

Le saviez-vous ?

Dans le ballast sous les voies de chemin de fer, mais aussi dans les carrières, on rencontre fréquemment le Galeopsis à feuilles étroites, *dont les feuilles atteignent 2-5 mm de large. Ses fleurs ressemblent à celles du* Galeopsis tetrahit.

Ballote noire

Ballota nigra (lamiacées)

H 30-100 cm   juin-sept.   vivace

La ballote noire, reconnaissable à son odeur fétide, ressemble un peu à l'ortie (p. 289). On l'utilise en phytothérapie contre les maux d'estomac, les troubles de la ménopause, l'agitation et la coqueluche, mais avec précaution, car elle pourrait être hépato-toxique.

Habitat *« Mauvaises herbes » des chemins, clôtures, décharges, dans les villages. Stations chaudes. Surtout en Europe centrale et du Sud.*

> ***Plante vert foncé, tirant sur le noir***
> ***Les feuilles froissées dégagent une odeur fétide.***
> ***Indicateur d'azote.***

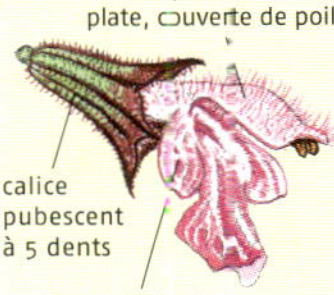

Germandrée petit-chêne

Teucrium chamaedrys (lamiacées)

H 15-30 cm   juill.-août   vivace   ☠

La germandrée a souvent été préconisée contre les troubles digestifs, la goutte et la fièvre. Elle a été utilisée dans les cures d'amaigrissement. Mais plusieurs cas d'intoxication, avec troubles hépatiques et jaunisse, ont été signalés, si bien qu'elle est désormais classée parmi les plantes toxiques.

Habitat *Rochers, coteaux ensoleillés, pelouses et forêts sèches. Sur sols chauds, secs, pauvres, surtout calcaires. En Europe centrale et du Sud.*

> ***Les feuilles froissées dégagent un parfum aromatique.***
> ***Demande de la chaleur.***
> ***Pousse souvent en touffe.***

Mélitte à feuilles de mélisse

Melittis melissophyllum (lamiacées)

H 20-50 cm   mai-juin   vivace

Habitat *Forêts claires, lisières, buissons ensoleillés. Sur sols pierreux, stations chaudes, semi-ombragées. En Europe centrale et du Sud.*

> ***A besoin de chaleur.***
> ***Odeur d'aspérule à l'état sec (p. 98).***
> ***Grandes fleurs labiées.***

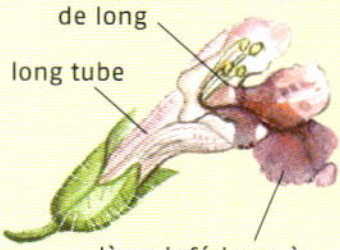

Le nom de la plante vient du grec *melitta*, qui veut dire « abeille ». Toutefois, le doux nectar que renferment ses fleurs n'est pas accessible aux abeilles, car elles ont la trompe trop courte pour atteindre le fond du tube. Seuls les bourdons et les papillons munis d'une longue trompe ont une chance de s'en délecter.

Bétoine officinale

Betonica officinalis (lamiacées)

H 30-100 cm   juill.-août   vivace

Habitat *Prairies marécageuses, pelouses montagneuses maigres, landes. Sur sols humides et stations un peu chaudes. Surtout en Europe centrale et du Sud.*

> ***Feuilles opposées, à grande distance sur la tige.***
> ***Indicateur de sols maigres.***
> ***Longue floraison, attire de nombreux insectes.***

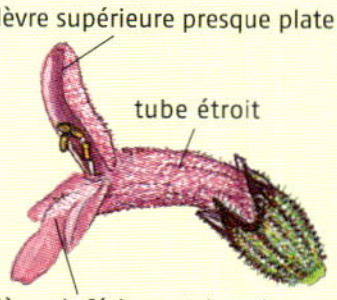

La bétoine officinale contient des tannins, ce qui explique son action antidiarrhéique. Au Moyen Âge, c'était une plante médicinale très prisée, censée protéger des épidémies et des mauvais sorts. Aux XVIe et XVIIe siècles, on pensait qu'aucune maladie ne pouvait résister à son efficacité.

Épiaire des bois

Stachys sylvatica (lamiacées)

H 30–100 cm   juin–sept.   vivace

Son nom est dérivé du mot « épi », que la forme de la fleur évoque. L'épiaire des bois fait partie des rares plantes qui fleurissent même dans les forêts ombragées. Si les insectes butineurs ne se manifestent pas, l'épiaire se féconde elle-même.

Habitat *Forêts, buissons, sources, chemins ombragés. Stations plus ou moins humides, sur sols riches. Dans presque toute l'Europe, en montagne dans le Sud.*

- > ***Fleurs pourpre foncé.***
- > ***Feuilles évoquant l'ortie.***
- > ***Forte odeur désagréable.***

Agripaume cardiaque

Leonurus cardiaca (lamiacées)

H 30–100 cm   juin–sept.   vivace

Les vertus de cette plante, utilisée pour soigner les troubles cardiaques, sont connues depuis le XVe siècle. La médecine moderne emploie l'agripaume cardiaque pour traiter les troubles cardiaques d'origine nerveuse. Cette plante est également cultivée pour favoriser la production de miel, à proximité des ruches.

Habitat *« Mauvaises herbes » croissant sur les murs, dans les haies, les jardins, les clôtures, surtout dans les villages. Sur sols riches. Dans presque toute l'Europe.*

- > ***Plusieurs tiges dressées non ramifiées.***
- > ***A besoin de chaleur.***
- > ***Parfois appelée « queue-de-lion ».***

Origan commun

Origanum vulgare (lamiacées)

H 20-60 cm juill.-sept. vivace

Habitat *Buissons, pelouses sèches, forêts chaudes et claires, coupes claires, bosquets. Dans presque toute l'Europe.*

- ***Le parfum des feuilles écrasées évoque la pizza.***
- ***Les fleurs attirent de nombreux insectes.***
- ***A besoin de chaleur en été.***

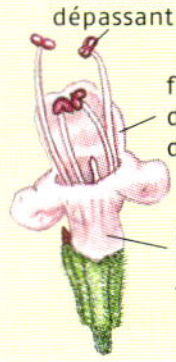

L'origan sauvage peut parfaitement s'utiliser comme plante aromatique, mais celui que l'on trouve dans les magasins provient des régions méditerranéennes, où il est plus riche en composés aromatiques. Selon les croyances populaires, l'origan éloigne les mauvais esprits et le diable.

Le saviez-vous ?

La marjolaine, espèce méditerranéenne proche de l'origan, est aussi une herbe aromatique, souvent employée en charcuterie. Cette plante ne résiste pas aux hivers rigoureux.

Serpolet petit-chêne

Thymus pulegioides (lamiacées)
H 5-40 cm juin-oct. vivace

Cette plante pousse en touffes sur les fourmilières, car les fourmis récoltent ses fruits. Le serpolet petit-chêne est un remède contre les infections des voies respiratoires, mais il est beaucoup plus rarement employé en phytothérapie que le thym (*Thymus vulgaris*) (voir ci–dessous).

Habitat *Pelouses et prairies maigres, bosquets, rochers, fourmilières. Plante pionnière dans toute l'Europe, en montagne jusqu'à plus de 2 000 m.*

> ***Forte odeur aromatique, parfois citronnée.***
> ***Feuilles persistantes.***
> ***A besoin de chaleur et de soleil.***

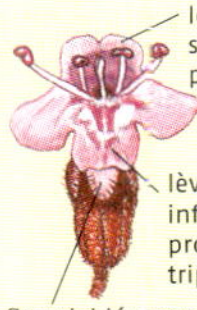

Thym

Thymus vulgaris (lamiacées)
H 10-30 cm avr.-juin vivace

Dans l'Antiquité, les Grecs faisaient brûler du thym en guise d'encens pour servir d'offrande, d'où l'origine du nom grec (*thyein*, « fumer »). Le thym était également symbole de mort, puisque l'on pensait que l'âme des défunts se retirait dans les fleurs des plantes odorantes. Aujourd'hui, le thym est employé comme remède contre la toux et comme herbe aromatique dans la cuisine provençale.

Habitat *Buissons ensoleillés et stations sèches sur terrains calcaires. Pousse à l'état sauvage à l'ouest du bassin méditerranéen, jusqu'en Italie, cultivée ailleurs.*

> ***Souvent en touffe de plusieurs plants.***
> ***Cultivée comme plante aromatique et médicinale.***
> ***Odeur typique***

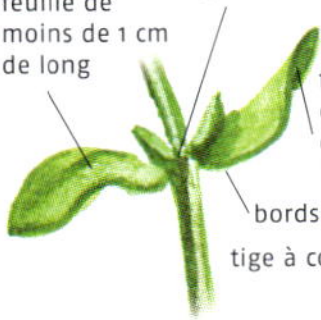

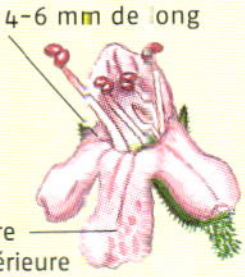

Digitale pourpre

Digitalis purpurea (scrophulariacées)

H 40-150 cm juin-août bisannuelle ☠

Habitat *Chemins et clairières de forêts, forêts de montagne, coupes claires. Sur sols peu calcaires, ensoleillés ou semi-ombragés. Surtout en Europe de l'Ouest.*

> ***Souvent en touffes.***
> ***Mortelle.***
> ***Les taches colorées de la fleur imitent des anthères pour attirer les bourdons.***

Selon la mythologie nordique, les elfes se coiffent d'une digitale pour danser au clair de lune. La digitaline, utilisée à un dosage très précis, peut soigner les troubles cardiaques. Cette vertu a été découverte au XVIIIe siècle par un médecin anglais, William Withering. La digitaline était surtout employée contre les abcès et les ulcères.

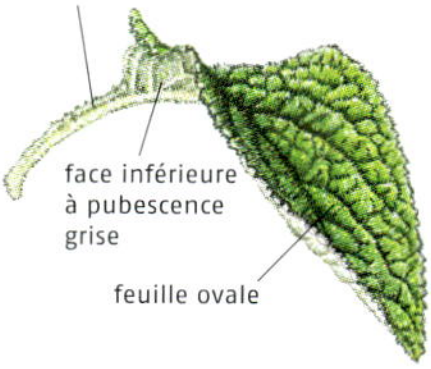

Le saviez-vous ?

L'épi de digitale se termine parfois par une fleur inhabituelle, la « pélorie » (du grec pelôros, *« monstre »), dans laquelle les pétales forment une grande coupe.*

Mélampyre des champs

Melampyrum arvense (scrophulariacées)
H 15-50 cm juin-sept. annuelle (☠)

Les fruits renferment des graines noires qui rappellent les grains de blé, d'où son nom populaire de « blé des vaches ». Lorsque les méthodes de tri étaient moins perfectionnées, la présence de mélampyre dans le blé donnait à la farine une teinte bleutée. Le nom grec *Melampyrum* signifie d'ailleurs « blé noir ».

Habitat *Champs de céréales, bosquets, haies et chemins ensoleillés. Sur sols plutôt secs et riches, dans presque toute l'Europe.*

> ***Visible de loin avec ses épis rouges.***
> ***Les graines sont transportées par les fourmis.***
> ***Parfois présent dans les mélanges de fleurs sauvages.***

Euphraise rouge

Odontites verna (scrophulariacées)
H 10-45 cm mai-oct. annuelle

Comme beaucoup de scrofulaires, l'euphraise rouge est une plante semi-parasite. Elle possède de la chlorophylle, mais, afin d'accéder plus facilement à l'eau et aux nutriments, elle plonge ses racines parasites dans celles d'autres plantes. Pour pomper ces substances, elle doit exercer une forte aspiration, aussi se fane-t-elle très vite quand on la cueille.

Habitat *Bords des chemins, lisières des forêts, pâturages. Sur stations chaudes l'été, également sols piétinés. Dans toute l'Europe.*

> ***Semi-parasite.***
> ***Supporte les sols salins.***
> ***Forme souvent des touffes.***

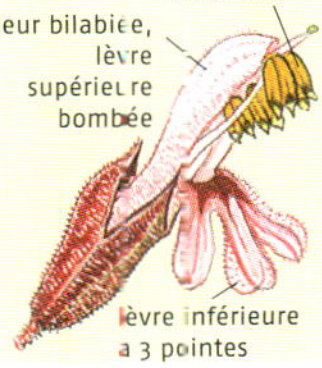

Lathrée écailleuse

Lathraea squamaria (orobanchacées)

H 10-30 cm mars-mai vivace

Habitat *Bois inondés, ravins. Souvent en petites touffes, de la plaine jusqu'en montagne moyenne, dans presque toute l'Europe.*

> ***Plante charnue, sans chlorophylle.***
> ***Stations ombragées ou semi-ombragées.***
> ***Demande un sol humide.***

La lathrée écailleuse est un parasite qui vit sur des plantes résistantes comme l'aulne, le noisetier et le peuplier. Elle plonge ses suçoirs dans les racines de la plante hôte pour y puiser ce dont elle a besoin pour sa croissance : eau, sels nutritifs et substances organiques. N'exigeant pas de lumière, elle peut prospérer dans des lieux très sombres.

Pédiculaire verticillée

Pedicularis verticillata (scrophulariacées)

H 5-20 cm juin-août vivace

Habitat *Pelouses humides de montagne, prairies et pâturages pierreux dans les Alpes, de 1 000 à 2 800 m d'altitude.*

> ***Feuilles disposées en verticilles de 3-4.***
> ***Surtout en stations humides.***
> ***Attire surtout les bourdons.***

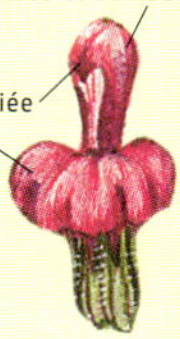

On utilisait jadis la décoction de pédiculaire contre les poux et autres parasites de l'homme et de l'animal. Il existe environ 600 espèces de pédiculaire à travers le monde, dont plus de 20 dans les Alpes. Toutes sont des semi-parasites. La plante possède de la chlorophylle et peut produire des substances nutritives, mais elle prélève l'eau et les sels minéraux par l'intermédiaire d'un hôte, en se greffant sur ses racines.

Orobanche

Orobanche sp. (orobanchacées)

H 20-50 cm juin-juill. annuelle ou vivace selon les espèces

L'orobanche est un parasite. Chaque espèce vit en effet sur un hôte spécifique dont elle prélève l'eau et les nutriments, au moyen de suçoirs mêlés aux racines de la plante. Certaines espèces d'orobanche sont des parasites redoutés des cultures dans le bassin méditerranéen.

Habitat *Plantes reliées aux racines de différentes plantes cultivées ou sauvages. Dans presque toute la France.*

> ***Absence totale de chlorophylle***
>
> ***Aspect évoquant l'orchidée.***
>
> ***Meurt après floraison.***

Centhrante rouge

Centranthus ruber (valérianacées)

H 30-80 cm mai-juin vivace

Seuls les papillons possèdent une trompe assez longue et fine pour aspirer le nectar au fond du long tube. La centhrante, également appelée valériane des jardins, est très appréciée pour sa floraison colorée. Ses racines, comme celles de la valériane (p. 128), ont servi à combattre les dérèglements du sommeil.

Habitat *Sur les murs ensoleillés, les rochers et les éboulis en Europe du Sud. Cultivé et naturalisé dans le bassin méditerranéen.*

> ***Feuilles légèrement glauques.***
>
> ***Fleurs parfois blanches.***
>
> ***A besoin de chaleur.***

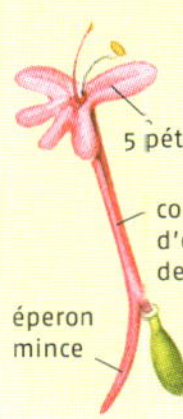

Acanthe à feuilles molles

Acanthus mollis (acanthacées)
H 40–90 cm avr.–août vivace

Habitat *Buissons, friches et terrains vagues dans le bassin méditerranéen (surtout ouest et centre), subspontanée.*

> ***Les feuilles peuvent atteindre 1 m de long.***
> ***Pousse en buissons.***
> ***L'acanthe épineuse est une espèce voisine, mais épineuse.***

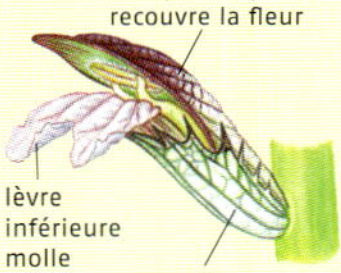

Les fleurs sont constituées de telle façon que seuls les bourdons assez gros pour forcer le passage entre les sépales qui surplombent la fleur et la lèvre inférieure peuvent atteindre le nectar au fond des tubes. L'acanthe molle est souvent cultivée comme plante d'ornement en Europe occidentale.

Le saviez-vous ?

La feuille d'acanthe est un motif très connu en architecture (typique du chapiteau corinthien). On peut encore l'admirer sur de nombreux monuments antiques.

Glaïeul des marais

Gladiolus palustris (iridacées)

H 30-50 cm mai-juin vivace

Le nom latin *gladiolus*, « petit glaive », évoque la forme typique de la feuille de cette plante à bulbe. Les glaïeuls à grandes fleurs cultivés dans nos jardins sont le produit du croisement de différentes espèces, surtout africaines.

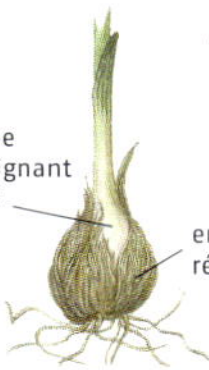

Habitat *Prairies inondées et marécageuses, zones humides des coteaux montagneux. Sur sols humides, occasionnellement inondés. En Europe centrale et du Sud.*

> ***Ne supporte pas les engrais.***
> ***Espèce se raréfiant.***
> ***Le g. des moissons : une espèce méditerranéenne des terres cultivées.***

Gymnadène à long éperon

Gymnadenia conopsea (orchidacées)

H 25-60 cm mai-août vivace

Le long éperon correspond à une particularité des pollinisateurs de cette orchidée : ce sont des papillons diurnes et nocturnes qui peuvent introduire leur mince trompe dans l'orifice de ce tube, qui mesure moins de 1 mm, pour pouvoir aspirer l'abondant nectar, bien visible à contre-jour. Les gymnadènes dégagent un parfum tenace au crépuscule.

Habitat *Prairies marécageuses, pelouses maigres, forêts claires. Sur sols secs ou humides, mais toujours calcaires. Dans presque toute l'Europe.*

> ***Les fleurs dégagent une odeur intense.***
> ***Rarement fleurs blanches.***
> ***Espèce protégée.***

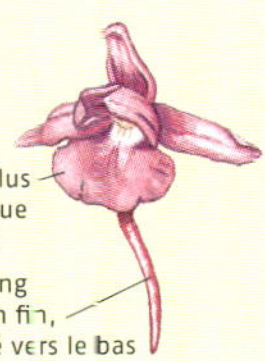

Orchis mâle

Orchis mascula (orchidacées)

H 15-50 cm   mai-juin   vivace

Habitat *Prairies maigres de montagne, pelouses semi-arides, forêts claires, bois inondés, carrières. Dans toute l'Europe.*

- > ***Feuilles parfois unies.***
- > ***Éperon dressé typique.***
- > ***Également appelé « satirion mâle ».***

Les tubercules, toujours par paires, évoquent des testicules. Au Iᵉʳ siècle après J.-C., Dioscuride, savant grec, expliquait que l'on pouvait influencer le sexe d'un enfant en consommant ces tubercules (*orchis*, « testicule »). Jusqu'au XIXᵉ siècle, on a pensé que cette plante pouvait stimuler l'instinct sexuel.

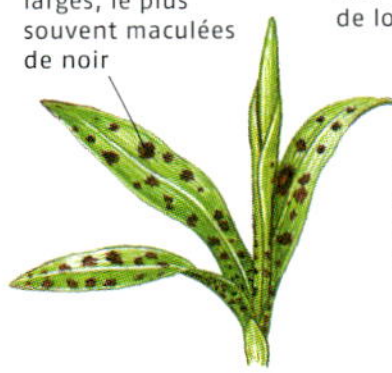

Orchis militaire

Orchis militaris (orchidacées)

H 25-45 cm   mai-juin   vivace

Habitat *Pelouses maigres, bosquets, prairies marécageuses et inondables en bordure des rivières, buissons clairs. Sur sols peu calcaires, riches en humus, en stations assez chaudes. Dans presque toute l'Europe.*

- > ***Pousse souvent en touffe.***
- > ***Consommé par le bétail.***
- > ***Visible de loin.***

L'orchis militaire fait partie des orchidées relativement fréquentes. Il peut coloniser des terrains nouvellement défrichés, comme les bords de routes ou les talus, où il s'installe bien avant les autres espèces d'orchidées.

Orchis maculé

Dactylorhiza maculata (orchidacées)
H 10-60 cm   mai-août   vivace

Comme toutes les orchidées, l'orchis maculé produit des graines minuscules, munies d'une gaine lâche, parfaitement adaptées à une diffusion par le vent, puisqu'elles parcourent jusqu'à 10 km avant de se poser au sol. Mais elles ne contiennent pratiquement pas de réserves nutritives et leur germe, minuscule, ne peut se développer qu'en association avec un champignon.

Habitat *Pelouses maigres humides, marécages et landes. Sur sols plus ou moins humides, riches en humus. Dans presque toute l'Europe.*

> ***Fleurs et forme très variables.***
> ***Sans odeur.***
> ***N'offre aucun nectar aux insectes pollinisateurs.***

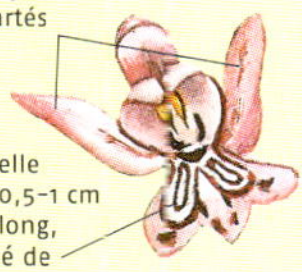

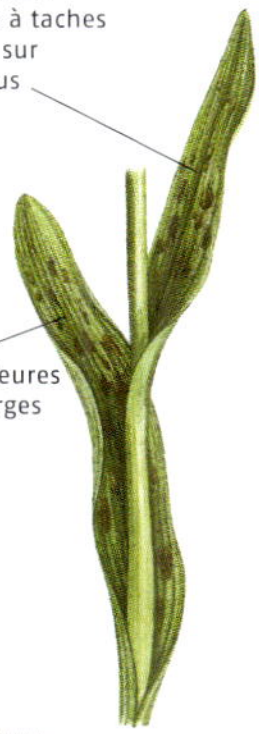

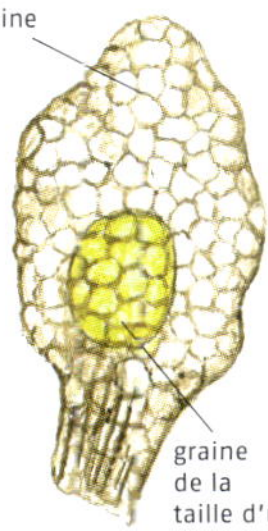

Le saviez-vous ?

L'espèce dactylorhiza a des tubercules digités. La croyance populaire comparait les tubercules sombres avec la main du diable, les tubercules blancs avec celle de Marie. Cette « main claire », récoltée à la Saint-Jean, était censée guérir diverses pathologies

Alliaire officinale

Alliaria petiolata (crucifères)
H 20-100 cm avr.-juin annuelle

Habitat *« Mauvaises herbes » au bord des forêts, haies, dans les jardins, parcs. Stations ombragées. De la plaine à la moyenne montagne. Dans presque toute l'Europe.*

- > ***Sort de terre au début du printemps.***
- > ***Indicateur de sols riches en azote.***
- > ***Reconnaissable à l'odeur de ses feuilles froissées.***

Les amateurs d'ail peuvent broyer les jeunes feuilles d'alliaire et les mélanger à du fromage blanc ou de la salade. Elles ont le goût et l'odeur de l'ail, et sont riches en vitamines A et C. On peut les conserver congelées, mais le séchage leur fait perdre leur arôme.

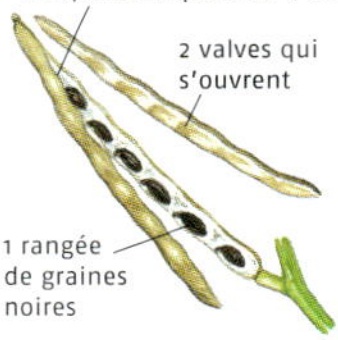

Chou-marin

Crambe maritima (crucifères)
H 30-75 cm mai-juin vivace

Habitat *Dunes des bords de mer, plages à galets. Aime les stations riches en azote. Côtes maritimes de presque toute l'Europe.*

- > ***Odeur typique de chou.***
- > ***Les fruits sont diffusés par la mer.***
- > ***Espèce rare, éviter la cueillette sauvage.***

Le chou-marin fournit un bon légume et il est cultivé, surtout en France et en Angleterre. Son nom scientifique vient du grec *krambê*, qui signifie « chou ».

Raifort

Armoracia rusticana (crucifères)

H 60-120 cm mai-juill. vivace

Le raifort, originaire d'Europe de l'Est, est cultivé depuis des siècles dans nos régions, où il est retourné à l'état sauvage. Son nom signifie « racine forte », au sens de « piquant ». Les racines râpées servent à rehausser le goût des salades, sauces, viandes, etc., mais leur saveur forte ne plaît pas à tous. C'est fraîches qu'elles sont le plus savoureuses. La phytothérapie connaît ses vertus bactéricides, antispasmodiques et antiscorbutiques.

Habitat *« Mauvaises herbes », chemins, décharges, bords des routes, friches, rivages. Sur sols riches. Dans presque toute l'Europe.*

> ***Également appelé « cranson », « radis de cheval ».***
> ***Les racines ont une odeur et un goût fort, piquant.***
> ***Pousse surtout à proximité des villages.***

Le saviez-vous ?

Au Moyen Âge, le raifort et la moutarde étaient les seuls condiments abordables pour la population. La racine râpée produit une odeur forte qui pique les yeux. Il ne faut pas le confondre avec le radis noir ou « raifort des Parisiens ».

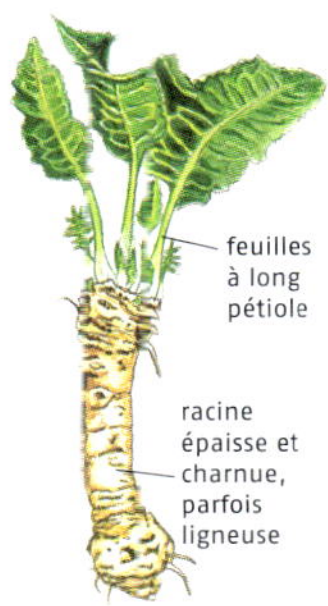

Cresson de fontaine

Nasturtium officinale (crucifères)
H 20-80 cm   mai-oct.   vivace

Habitat *Ruisseaux, fossés et sources d'eau claire, fraîche et courante. Plaines et montagnes, dans presque toute l'Europe.*

> ***Vit parfois totalement immergé.***
> ***Anthères toujours jaunes.***
> ***Tiges creuses, que l'on peut comprimer.***

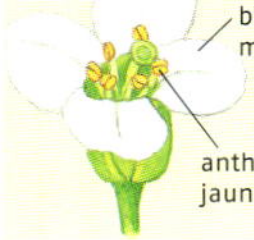

Le cresson de fontaine renferme un hétéroside soufré, de la vitamine A et C, et de nombreux minéraux. Il donne une salade piquante rafraîchissante, mais il doit être lavé avec soin, car il contient souvent de petits organismes aquatiques. Le cresson de fontaine est cultivé en Europe depuis le Moyen Âge, et sa consommation était particulièrement recommandée en hiver, pour pallier le manque de vitamines.

Le saviez-vous ?
La cardamine amère se confond aisément avec le cresson, mais elle a des anthères violettes et les tiges pleines. Également comestible, elle est nettement moins agréable au goût, du fait de son amertume.

Drave printanière

Erophila verna (crucifères)

H 3-15 cm mars-mai annuelle

La drave pousse sur les sols pauvres, peu propices aux cultures. Elle est donc un indicateur de terrains pauvres. Jadis, on pensait que sa floraison abondante annonçait une mauvaise récolte.

Habitat Champs, chemins, murs, chemins de fer, toitures plates, pelouses maigres, terrains sablonneux, gravières, friches. Dans toute l'Europe.

- **Plante de courte durée.**
- **Les feuilles se fanent avant maturation des fruits.**
- **Dimensions très variables.**

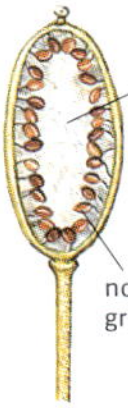

Capselle, bourse-à-pasteur

Capsella bursa-pastoris (crucifères)

H 2-70 cm janv.-déc. annuelle ou bisannuelle

La bourse-à-pasteur doit son nom à la ressemblance entre ses fruits en forme de cœur et les bourses que portaient les bergers au Moyen Âge. En Chine, c'est un légume apprécié, en Europe, une plante médicinale préconisée contre les troubles menstruels et l'épistaxis (saignement du nez).

Habitat « Mauvaises herbes » des champs cultivés, décharges, friches, jardins et bords des chemins. Plaines et montagnes, dans toute l'Europe.

- **Indicateur de sol riche en azote.**
- **Demande beaucoup de lumière.**
- **Fleurit et fructifie même sous la neige.**

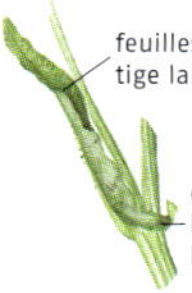

Tabouret des champs

Thlaspi arvense (crucifères)

H 10-50 cm   avr.-août   annuelle

Les fruits arrondis à larges ailes évoquent une pièce de monnaie, d'où le nom d'« herbe aux écus », également donné à la plante. Ce sont les larges ailes qui permettent au vent d'emporter les fruits mûrs et de les diffuser dans la nature. Les graines, qui contiennent de l'essence de moutarde, étaient jadis pressées pour donner une huile comestible et de combustion. Les feuilles, dont le goût rappelle le raifort ou la moutarde, sont consommées en salade ou dans les soupes.

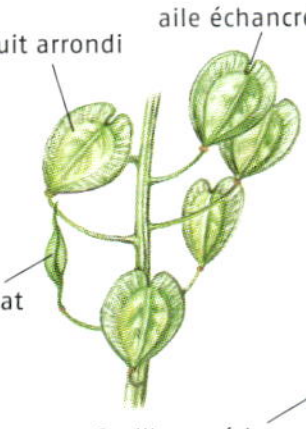

Habitat *Mauvaises herbes des terres cultivées, vignes, décharges, friches. Sur sols riches. Dans toute l'Europe.*

> ***La plante froissée dégage une odeur d'ail.***
> ***Se reconnaît à ses fruits typiques.***
> ***Très courante.***

Daphné garou

Daphne gnidium (thyméléacées)

H 50-200 cm   juin-oct.   arbrisseau ☠

Le nom daphné vient du grec et signifie « laurier ». En effet, les daphnés portent souvent des feuilles persistantes semblables à celles du laurier. Dans la mythologie grecque, Daphné était une nymphe, aimée d'Apollon, que Zeus métamorphosa en buisson.

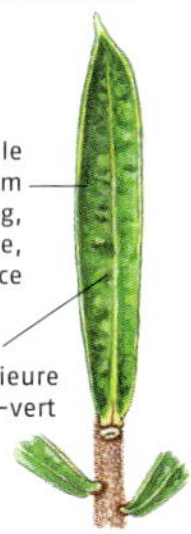

Habitat *Buissons secs en zone côtière, forêts. Bassin méditerranéen.*

> ***Porte souvent fleurs et fruits en même temps.***
> ***Les feuilles vivent 1 an.***
> ***Le simple contact cutané peut être toxique.***

Câprier commun

Capparis spinosa (capparacées)

H 30-150 cm avr.-oct. arbrisseau

Dans l'Antiquité, on utilisait les câpres contre les sciatiques et les crampes, mais aussi comme condiment. Les boutons floraux, tout comme les fruits, peuvent être conservés dans le sel, le vinaigre ou l'huile ; ils ont un arôme piquant particulier. Cependant, les fruits sont plus utilisés, car ils sont plus savoureux. Ils entrent dans la composition de recettes traditionnelles, comme la raie aux câpres.

Habitat *Rochers, murs, friches, terrains vagues, bords des chemins. Bassin méditerranéen.*

> ***Surtout cultivé en France et en Espagne.***
>
> ***Les fleurs ne s'ouvrent que quelques heures.***
>
> ***Plante grimpante.***

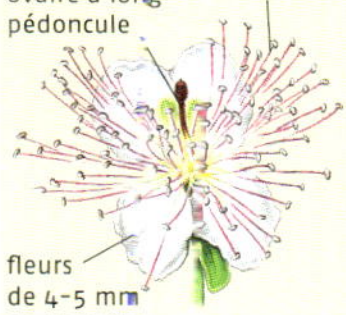

Le saviez-vous ?

Les fleurs éphémères du câprier jouent un rôle dans la Bible. Dans l'Ecclésiaste, Salomon évoque la câpre comme un symbole de l'impermanence et du vieillissement.

Circée de Paris

Circaea lutetiana (onagracées)

H 20-70 cm juin-août vivace

Habitat *Forêts, chemins forestiers, buissons, bois inondés. Sur sols humides. Dans presque toute l'Europe.*

- > ***Indicateur de sol riche.***
- > ***Fleurit aussi à l'ombre.***
- > ***Les fleurs attirent les syrphes.***

La circée a des fruits en forme de massue couverts de soies crochues, qui leur permettent de s'accrocher aux animaux et aux vêtements, et, ainsi, de se diffuser dans la nature. Circée est le nom d'une sorcière de la mythologie grecque, et cette plante s'appelle aussi « herbe aux sorcières ».

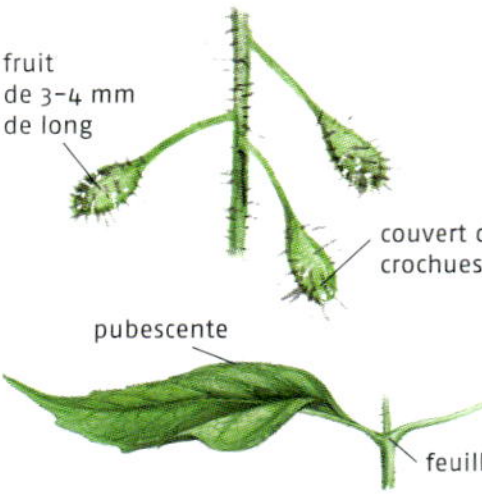

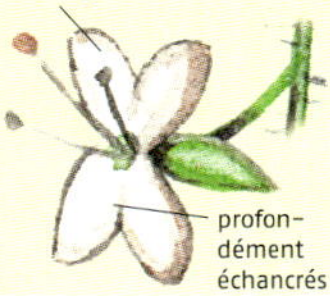

Cornouiller de Suède

Cornus suecica (cornacées)

H 5-25 cm mai vivace

Habitat *Marais, landes à végétation basse. Sur sols tourbeux. Europe du Nord, Allemagne du Nord.*

- > ***Feuilles rouges en automne.***
- ***Souche rampante.***
- > ***A besoin de fraîcheur en été.***

Le cornouiller de Suède est présent dans quelques stations d'Europe centrale, comme reliques de l'ère glaciaire. Durant la dernière période glaciaire, les cornacées étaient plus largement répandues. Les espèces voisines forment des buissons ou des arbustes.

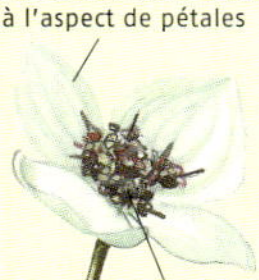

Plantain moyen

Plantago media (plantaginacées)

H 10-45 cm   mai-sept.   vivace

Le nom *plantago* signifie en latin « plante des pieds ». Les feuilles en rosette enfoncées dans le sol évoquent en effet l'empreinte d'un pied. De plus, cette plante résiste au piétinement. Si l'on déchire les feuilles ou leur pétiole, des fils minces apparaissent. Ce sont les vaisseaux qui irriguent et nourrissent la plante, et qui se détachent facilement sur le plantain moyen.

***Habitat** Pelouses semi-arides, prairies et pâturages maigres, gazons, chemins, bords des routes. Surtout stations ensoleillées. Dans presque toute l'Europe.*

> ***Fréquent sur sols piétinés.***
> ***Fleurs odorantes.***
> ***Parasite du gazon, l'herbe meurt sous la rosette.***

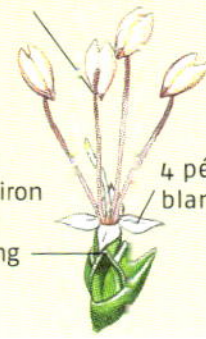

97

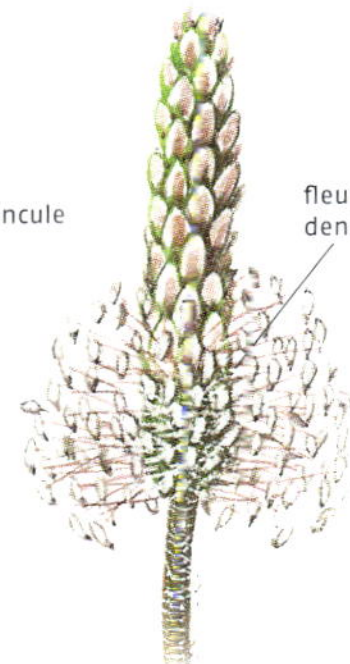

Le saviez-vous ?

Les graines de plantain deviennent visqueuses par temps humide et collent aux semelles. Le grand plantain a ainsi été introduit en Amérique du Nord. Les Indiens l'ont d'ailleurs appelé « empreinte de l'homme blanc », car il poussait dans son sillage.

Aspérule odorante, belle-étoile

Galium odoratum (rubiacées)

H 15-30 cm   mai-juin   vivace   (☠)

Habitat *Forêts de feuillus et mixtes à sous-bois denses. Stations ombragées. Dans presque toute l'Europe.*

> ***L'une des plantes les plus courantes des forêts de feuillus.***
> ***Couvre-sol décoratif.***
> ***Utilisé dans les sachets de senteur.***

L'aspérule odorante, que l'on a utilisée pour aromatiser des boissons comme le « maitrank », dégage un parfum prononcé lorsque la plante est récoltée et mise à sécher. Cet arôme repose sur la présence de coumarine. Les plantes les plus aromatiques sont celles qui sont prêtes à fleurir. Veillez cependant à les consommer avec modération : de fortes doses provoquent en effet des maux de tête et des troubles digestifs.

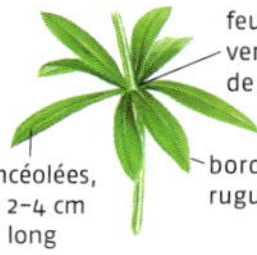

Gaillet commun

Galium mollugo (rubiacées)

H 25-100 cm   mai-sept.   vivace

Habitat *Prairies, lisières des forêts et buissons, bords des chemins. Surtout sur sols riches. Dans toute l'Europe.*

> ***Espèce à formes variables.***
> ***Très florifère.***
> ***S'appuie sur d'autres plantes.***

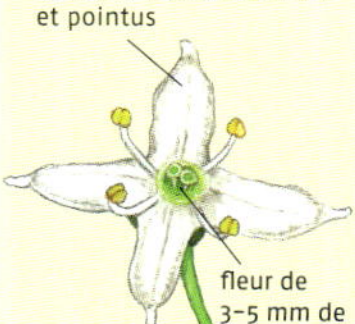

Le gaillet commun a été exploité pour le colorant rouge de ses racines. La laine traitée à l'alun prenait après macération dans le gaillet une teinte rouge qui résistait à la lumière. On s'en servait aussi pour colorer les œufs de Pâques.

Gaillet gratteron

Galium aparine (rubiacées)

H 60-200 cm juin-oct. annuelle

Les tiges minces, trop faibles, ne peuvent supporter le poids de la plante, mais elles peuvent s'accrocher grâce à leurs aiguillons renversés. Elles grimpent alors sur la végétation voisine pour accéder à la lumière. Elles se fixent aussi au pelage des animaux et aux vêtements des hommes, pour se déposer un peu plus loin.

Habitat *« Mauvaises herbes » des haies, lisières des forêts, rivages, terres cultivées et décharges, lieux habités. Dans toute l'Europe.*

> ***Indicateur de sols riches en azote.***
>
> ***Les fruits et les rameaux s'accrochent.***
>
> ***Les fruits fournissent un succédané de café.***

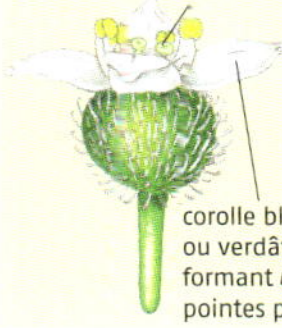

99

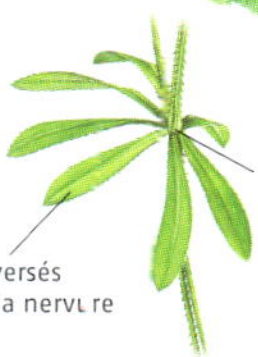

Le saviez-vous ?

Nous avons tous transporté sur nos chaussettes ou nos lacets les fruits du gratteron, munis de soies crochues, ou débarrassé les poils du chien de ces petites boules. Un moyen de transport moderne pour une plante discrète.

Plantain d'eau

Alisma plantago-aquatica (alismacées)
H 30-100 cm   juill.-août   vivace   (☠)

***Habitat** Rives inondées et peu escarpées des lacs, mares, cours d'eau lents, fossés, roselières. Dans toute l'Europe.*

> ***La plante dépasse habituellement de l'eau.***
> ***Également dans les mares d'agrément.***
> ***Tiges florales sans feuilles.***

Le plantain d'eau a une sève qui irrite la peau et peut donner des boutons. Les fleurs ne s'ouvrent que l'après-midi, tandis que celles du plantain d'eau lancéolé (*Alisma lanceolatum*) ouvrent leur corolle le matin. Elles sont visitées par les syrphes.

Hydrocharis des grenouilles

Hydrocharis morsus-ranae (hydrocharitacées)
H 15-30 cm   juin-août   vivace

***Habitat** Nageant souvent parmi d'autres plantes dans les plans d'eau (lacs) ou cours d'eau tranquilles. Dans toute l'Europe.*

> ***A besoin de chaleur en été.***
> ***Demande une eau riche en substances nutritives.***
> ***La feuille évoque un petit nénuphar.***

Les feuilles sont échancrées à la base en forme de haricot (réniformes). Comme les grenouilles se posent volontiers sur ces feuilles, on pensait autrefois que c'étaient elles qui les mordaient, d'où le nom latin de la plante, *morsus ranae*. En réalité, les grenouilles sont plutôt carnassières et s'attaquent aux petits animaux posés sur les feuilles.

Stratiote faux-aloès

Stratiotes aloides (hydrocharitacées)

H 15-45 cm   mai-août   vivace

Les feuilles de cette plante ressemblent à celles de l'aloès, une plante médicinale aux larges feuilles charnues, d'où son nom. Quant au mot grec *stratiotes*, qui signifie « soldat », il est en rapport avec la forme des feuilles qui ressemblent à des épées. En hiver, la plante est entièrement submergée ; les feuilles et la fleur unique n'apparaissent qu'au printemps.

Habitat *Surtout eaux stagnantes et riches en substances nutritives, mares, eaux usées, zones protégées. Dans presque toute l'Europe.*

- > ***Peut former d'importants peuplements.***
- > ***Également « faux-aloès ».***
- > ***Étamines et styles sur des plantes séparées.***

Le saviez-vous ?

L'æschne verte est une libellule qui ne pond ses œufs que sur le stratiote faux-aloès. Sa survie dépend de la protection des zones humides favorables à cette plante.

Calla des marais

Calla palustris (aracées)

H 15-30 cm mai-sept. vivace ☠

Habitat *Rives des mares, trous d'eau en forêt, étangs, marais. Surtout stations ombragées. Europe du Nord et centrale.*

> ***Plantée dans les mares d'agrément.***
> ***Souvent en touffes denses.***
> ***Les fleurs au parfum désagréable attirent mouches et petits coléoptères.***

Calla, en grec, signifie « beauté » et fait référence à la grande bractée, appelée spathe, qui entoure le spadice. La racine forme un rhizome épais, que l'on peut comparer à un serpent. Riche en amidon, il servait autrefois à nourrir les porcs. En Russie, on le transformait en farine pour en faire du pain. La plante contient des substances piquantes et irritantes pour la peau.

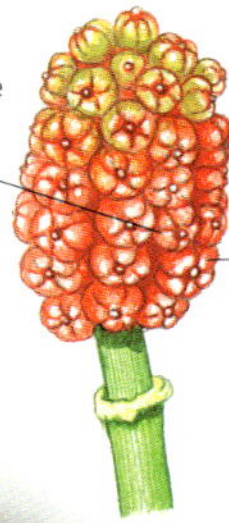

Le saviez-vous ?

La calla, ou arum des fleuristes, est issue d'une plante africaine proche de la calla des marais. Dans le sud de l'Europe, sur les îles des Canaries et à Madère, elle est naturalisée.

Sagittaire à feuilles en flèche

Sagittaria sagittifolia (alismacées)

H 30-100 cm juin-août vivace

Cette plante hiverne sous la forme de tubercules qui se forment en automne. Ces derniers, très nourrissants, peuvent être cuits ; ils ont un goût de noisette. La sagittaire est cultivée à des fins alimentaires en Chine, mais en Europe, cet usage a été abandonné. La médecine populaire recommandait ses tubercules pour favoriser la cicatrisation et combattre la peur de l'eau.

Habitat *Dans les cours d'eau tranquilles et riches en substances nutritives et les fossés. Bords de mare. Dans presque toute l'Europe.*

> **Plante aquatique et palustre.**
>
> **Vit également submergée.**
>
> **Doit son nom à la forme de la feuille.**

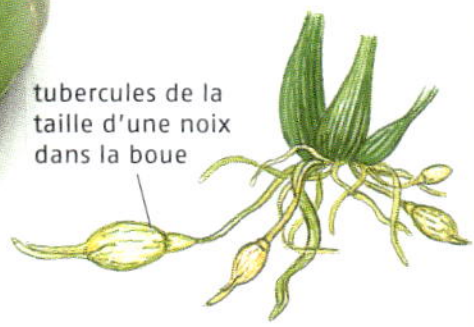

Maianthème à deux feuilles

Maianthemum bifolium (liliacées)

H 5-20 cm mai-juin vivace ☠

Ses baies sucrées sont très toxiques pour l'homme. En revanche, les oiseaux s'en régalent et répandent les graines. Le maianthème vit dans les stations basses ombragées. En montagne, il supporte davantage de lumière et pousse également dans les prés. La plante fleurie possède deux feuilles, alors que les tiges non fleuries n'en ont qu'une.

Habitat *Forêts de feuillus ou de résineux pauvres en espèces, marais, pelouses alpines. Stations ombragées. Surtout Europe centrale et du Nord.*

> **Fleurs minuscules odorantes.**
>
> **Forme de feuille typique.**
>
> **Très toxique, comme le muguet.**

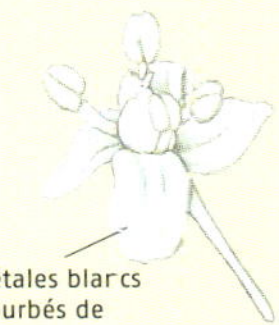

Renoncule à feuilles d'aconit

Ranunculus aconitifolius (renonculacées)

H 20-50 cm mai-juill. vivace ☠

Habitat *Bord des ruisseaux, sources, prairies humides engraissées, forêts claires humides. En montagne jusqu'à plus de 2 000 m. Europe centrale et du Sud.*

> ***Surtout sur sols siliceux (sable, granit en décomposition).***
> ***La renoncule à feuilles de platane, semblable, pousse sur sols calcaires.***

Le bétail évite de brouter la renoncule à feuilles d'aconit. Comme cette plante prospère sur les bouses, elle se répand facilement et peut couvrir de grandes zones dans les alpages. Les mouches attirées par les fleurs blanches viennent récolter le nectar à la base des pétales.

Renoncule des rivières

Ranunculus fluitans (renonculacées)

H 50-600 cm juin-août vivace ☠

Habitat *Cours d'eau rapides, ruisseaux et rivières riches en oxygène. Surtout en Europe centrale.*

> ***Fait apparaître des tapis de fleurs blanches sur les rivières.***
> ***A besoin d'une eau fraîche.***
> ***Toutes les feuilles sont immergées.***

Les denses peuplements de renoncules des rivières sont souvent utilisés par les poissons pour y frayer. Avec ses longues feuilles finement découpées, la plante est parfaitement adaptée aux eaux courantes. Ses feuilles opposent en effet une très faible résistance au courant et ne sont donc pas abîmées, mais seulement rincées. Ainsi, la plante peut absorber par la surface les sels nutritifs et les gaz.

Hellébore noir

Helleborus niger (renonculacées)

H 5–25 cm déc.-mars vivace ☠

La poudre de tubercule séchée servait autrefois de tabac à priser. L'hellébore était en outre réputé contre les maladies mentales et la mélancolie, et également comme purge. Toutefois, les botanistes des XVIe et XVIIe siècles connaissaient sa toxicité et recommandaient la prudence. Plus tard, l'hellébore a été utilisé comme cardiotonique et comme diurétique. Aujourd'hui, on a renoncé à ses usages médicinaux en raison des risques d'empoisonnement.

Habitat *Forêts de feuillus, pinèdes, buissons. Sur sols calcaires. Souvent plantée dans les jardins alpins. Alpes, montagnes d'Europe du Sud-Est.*

> ***Également rose de Noël.***
> ***Autres espèces et hybrides dans les jardins.***
> ***Les pétales restent sur la plante après floraison.***

Le saviez-vous ?

En l'an 600 avant J.-C., l'hellébore joua un rôle important dans une guerre grecque. Solon, qui assiégeait la ville de Kirra, ordonna que l'on jetât des racines d'hellébore dans le fleuve alimentant la ville en eau potable. Les habitants, saisis de fortes diarrhées, furent mis hors d'état de combattre.

Phytolaque

Phytolacca americana (phytolaccacées)

H 100-350 cm juill.-oct. vivace, buissonnante

Habitat *Friches, terres cultivées abandonnées. Stations riches, chaudes et ensoleillées. Région méditerranéenne.*

> ***Originaire d'Amérique.***
> ***Parfois plantée dans nos jardins.***
> ***Les baies fraîches sont laxatives.***

106

Les baies rouge-noir contiennent un jus rouge intense dont on tire un colorant ou une encre, mais qui déteint à la lumière. Il a été utilisé pour renforcer la teinte des vins clairets, ce qui explique la culture de la phytolaque dans les régions viticoles. Considérée comme une falsification du vin, cette pratique aurait été punie de peine de mort sur ordre de Louis XIV.

Le saviez-vous ?

Depuis quelques années, une espèce de phytolaque est utilisée en Afrique. On a en effet découvert qu'elle pouvait aider dans la prophylaxie de la bilharziose, une maladie tropicale dangereuse, transmise à l'homme par un mollusque d'eau douce. Les baies de Phytolaque ont la propriété de détruire ce mollusque.

Céraiste des glaciers

Cerastium uniflorum (caryophyllacées)
H 2-6 cm   juill.-août   vivace

Le nom grec évoque le caractère cornu du fruit. Parmi les espèces de céraiste d'Europe, le Céraiste à fleur solitaire, ou céraiste des glaciers, est celui qui vit le plus en altitude : on peut le rencontrer jusqu'à 3 500 m.

Habitat *Éboulis rocheux, roches siliceuses, surtout au-dessus de l'étage forestier. Montagnes, des Alpes aux Carpates.*

> ***Pousse dans les éboulis, qu'il stabilise.***
> ***Attire les insectes.***
> ***Pelouses visibles de loin.***

Stellaire holostée

Stellaria holostea (caryophyllacées)
H 15-30 cm   avr.-mai   vivace

Les feuilles rigides, souvent recourbées vers l'arrière, s'appuient les unes sur les autres, ou encore sur d'autres plantes, pour permettre à la plante de se développer en hauteur, malgré ses tiges très fines. Appréciée pour sa floraison précoce, la stellaire holostée est souvent plantée dans les jardins.

Habitat *Forêts claires à végétation herbeuse en sous-bois, haies, lisières des forêts, bords des chemins, sentiers forestiers. Dans presque toute l'Europe.*

> ***Souvent en grandes touffes.***
> ***A besoin de lumière.***
> ***Tige cassante.***

Mouron des oiseaux

Stellaria media (caryophyllacées)

H 3-40 cm   jan.-déc.   annuelle

Habitat *« Mauvaises herbes » des jardins, terres cultivées, friches, bords des chemins, rives, pots de fleurs. Dans toute l'Europe.*

> ***« Mauvaise herbe » présente mondialement.***
> ***Indicateur d'azote.***
> ***Bon aliment pour les oiseaux en cage.***

Chaque fleur donne un fruit, même si elle n'a pas été visitée par un insecte. Ainsi, théoriquement, une plante peut donner jusqu'à 15 000 graines qui, lorsque les plantes sont arrachées, continuent de mûrir et peuvent germer au compost. Mais la stellaire n'est pas seulement une « mauvaise herbe », on peut aussi la consommer en légume ou en salade, ou encore en nourrir les oiseaux.

Silène enflé

Silene vulgaris (caryophyllacées)

H 15-50 cm   mai-sept.   vivace

Habitat *Éboulis rocheux, fentes rocheuses, bords des chemins, bosquets, chemins de fer, prairies arides. Dans toute l'Europe.*

> ***Autre nom : « claquet ».***
> ***Plante pionnière.***
> ***Fleurs souvent orientées dans la même direction.***

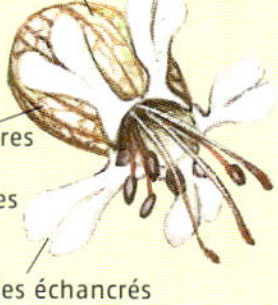

Le calice enflé en forme d'outre a donné son nom à l'espèce. Il demeure sur la plante après la floraison, le vent s'y engouffre et secoue les graines des capsules. Les feuilles et les jeunes pousses peuvent être cuisinées en légumes.

Renouée du Japon

Fallopia japonica (polygonacées)

H 100-200 cm juill.-sept. vivace

La renouée du Japon a été introduite en Europe, en 1825, comme plante ornementale dans les parcs. En 1847, les Pays-Bas lui ont décerné la médaille de « Plante nouvelle intéressante ». Également cultivée comme fourrage et pour stabiliser les coteaux, cette espèce, après s'être rapidement naturalisée, est devenue très envahissante. Elle pousse très vite et ne tolère aucune autre plante à proximité, menaçant ainsi la survie des espèces locales sur les bords des rivières et des ruisseaux.

Habitat *Plantée, naturalisée ou subspontanée sur les rives et dans les forêts humides. Sur sols riches. Dans presque toute l'Europe.*

> ***Originaire d'Asie orientale.***
> ***Peut former de vastes buissons.***
> ***Menace les plantes locales.***

Le saviez-vous ?

Les fragments de racines sont emportés par le courant, ce qui favorise la dissémination de la renouée du Japon. L'hiver, seules les racines subsistent, aussi les berges colonisées par cette plante sont-elles très exposées à l'érosion.

109

Rossolis à feuilles rondes

Drosera rotundifolia (droséracées)

H 5-20 cm juill.-août vivace

Habitat *Marécages d'altitude et de plaines acides, landes humides. Stations humides très pauvres, non calcaires, tourbes acides. Dans presque toute l'Europe.*

> ***Menacée par la raréfaction des zones humides.***
> ***Plante insectivore.***
> ***Feuilles collantes.***

Les nombreuses gouttelettes sur les tentacules brillent comme de la rosée et ont donné à la plante son nom d'origine latine : *ros solis*, « rosée du soleil ». Il s'agit en fait d'une substance visqueuse contenant des enzymes. Lorsqu'un insecte se pose sur une feuille, il y reste collé. Ses mouvements stimulent alors les tentacules, qui, au bout de 1 à 2 minutes, se recourbent vers lui. La proie est alors digérée par les enzymes, apportant à la plante l'azote dont elle se nourrit.

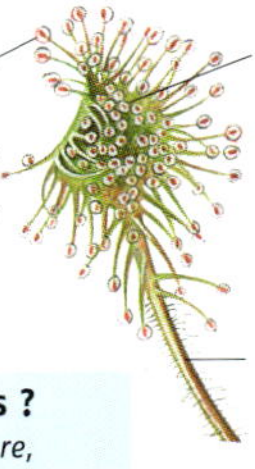

Le saviez-vous ?

Nettement plus rare, le rossolis à longues feuilles présente des feuilles allongées verticales. Les différentes espèces que l'on trouve dans le commerce sont souvent originaires d'Afrique ou d'Asie.

Pyrole uniflore

Pyrola uniflora (pyrolacées)

H 5-10 cm   mai-juill.   vivace   (☠)

La pyrole uniflore ne porte qu'une fleur par tige, inclinée vers le bas. C'est surtout une plante de montagne, mais son aire de répartition s'est étendue avec les plantations d'épicéas.

Habitat *Forêts de résineux, stations ombragées, sols tourbeux. Surtout Europe du Nord et montagnes d'Europe centrale.*

> ***Fleur liée aux forêts de résineux.***
> ***Pousse en groupes épars.***
> ***Feuilles persistantes.***

Orpin blanc

Sedum album (crassulacées)

H 8-20 cm   juin-sept.   vivace

L'orpin blanc est parfaitement adapté à son environnement. Ses feuilles charnues stockent de l'eau et sont couvertes d'une couche cireuse pour éviter l'évaporation. Lorsqu'elles se détachent de la tige, elles racinent très facilement et donnent de nouvelles plantes.

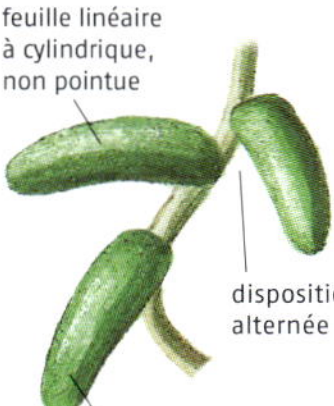

Habitat *Plante pionnière sur les roches, murs, toitures gravillonnées, pelouses sèches, friches pierreuses. Dans presque toute l'Europe.*

> ***A besoin de beaucoup de soleil.***
> ***Plante peu exigeante.***
> ***Autre nom : « trique-madame ».***

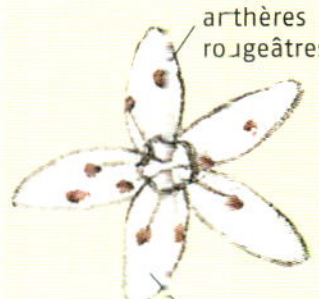

Saxifrage granulé

Saxifraga granulata (saxifragacées)
H 15-30 cm   mai-juin   vivace

Habitat *Prairies, pelouses maigres, bosquets herbeux, toitures gravillonnées. Sur sols peu calcaires. Dans presque toute l'Europe.*

> ***Feuilles persistantes en hiver.***
> ***Autre nom : « casse-pierre ».***
> ***Ne pousse généralement pas sur les pierres.***

Au Moyen Âge, on croyait que les bulbilles que l'on trouvait parmi les racines étaient une preuve que cette plante pouvait agir contre les calculs biliaires et urinaires. Selon une autre interprétation, le nom de « casse-pierre » évoque l'environnement rocheux dans lequel poussent les saxifrages.

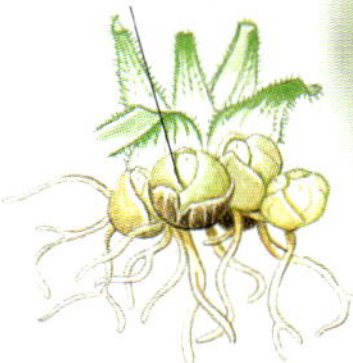

Saxifrage aizoon

Saxifraga paniculata (saxifragacées)
H 10-40 cm   mai-juill.   vivace

Habitat *Dans les fentes rocheuses, au sommet des rochers et sur les pelouses rocailleuses des montagnes d'Europe. Sur sols secs, surtout calcaires.*

> ***Forme souvent de grandes touffes.***
> ***Pousse au soleil ou à mi-ombre.***
> ***Feuilles en rosette persistantes.***

Les feuilles au bord denté sont dotées de pores, situés entre les dents, qui secrètent de l'eau. La saxifrage aizoon poussant sur des sols calcaires, cette eau est chargée de calcaire, et c'est donc un moyen pour la plante de l'éliminer. Après évaporation, le calcaire se dépose sur les feuilles en formant de petites écailles qui sont lavées par la pluie.

Parnassie des marais

Parnassia palustris (parnassiacées)

H 10-25 cm juill.-sept. vivace

Les cils glanduleux des écailles de la fleur brillent comme s'ils étaient couverts de nectar, afin d'attirer les insectes. Les fleurs en coupelles attirent néanmoins les mouches, car elles offrent un espace protégé, où les larges pétales étalés concentrent les rayons du soleil.

Habitat *Marais de faible altitude, sources, prairies marécageuses, pelouses maigres et éboulis humides. Jusqu'à 2 500 m d'altitude. Dans presque toute l'Europe, au Sud uniquement en montagne.*

> ***Les fleurs dépassent souvent les plantes voisines.***

> ***Pousse en touffe (plante cespiteuse).***

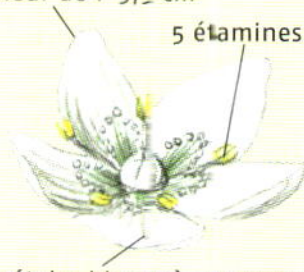

113

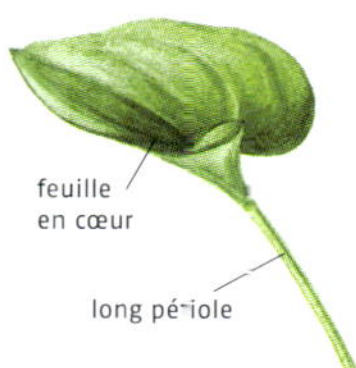

Le saviez-vous ?

L'eau produite à partir de la parnassie des marais est utilisée, après distillation, pour fabriquer un collyre aux vertus apaisantes.

Bryone dioïque

Bryonia dioica (cucurbitacées)

H 200-400 cm   juin-sept.   vivace, plante grimpante ☠

Habitat *Haies, clôtures, décharges, chemins. Sur sols riches et stations chaudes. En Europe centrale et du Sud.*

> ***Plants mâles et femelles distincts.***
> ***La racine a une odeur désagréable.***
> ***La bryone blanche a des fruits noirs.***

Les bryones contiennent des substances qui irritent fortement la peau et les muqueuses. L'intoxication provoque vertiges, vomissements, coliques, diarrhées, troubles rénaux et spasmes. Les racines ont d'ailleurs été employées pour provoquer des avortements, non sans danger. Le remède est censé agir contre la goutte, la fièvre et les attaques d'apoplexie. Une rondelle de racine, posée comme un pansement, aiderait à extraire les éclisses et épines des plaies.

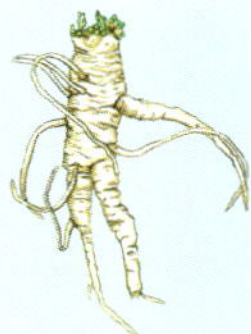

Le saviez-vous ?

Au Moyen Âge, des charlatans sculptaient des formes humaines dans les racines de bryone et les vendaient comme talismans prétendument à base de Mandragore (p. 165). Cette fraude était passible de la peine de mort.

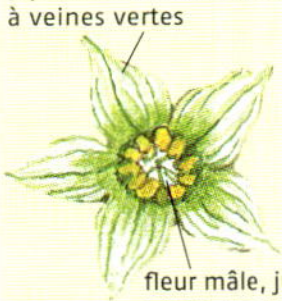

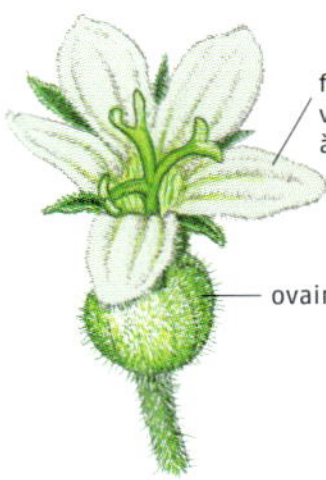

Reine-des-bois

Aruncus dioicus (rosacées)
H 80-150 cm   juin-juill.   vivace

Les jeunes pousses peuvent être consommées en légume. Les graines, très légères, se déplacent sous l'effet du plus petit souffle. Employée comme plante ornementale dans les plates-bandes ombragées et les sous-bois, la reine-des-bois est également appréciée en fleur coupée.

Habitat *Ravines boisées, forêts ombragées et humides de montagne, surtout en bordure des ruisseaux. De la plaine à la montagne. Montagnes d'Europe centrale.*

> ***Plants mâles et femelles distincts.***
> ***Plante ornementale des parcs et jardins.***
> ***Également appelée « barbe-de-bouc ».***

Fraisier des bois

Fragaria vesca (rosacées)
H 5-20 cm   mai-juin   vivace

Les fraises des bois ont un goût plus prononcé que les variétés cultivées à gros fruits. Même en petite quantité, elles changent le goût d'une confiture de fruits rouges. Différents cultivars sont dérivés de *Fragaria vesca*.

Habitat *Coupes forestières, forêts claires, chemins et lisières des forêts, bosquets, jusqu'en haute montagne. Dans toute l'Europe.*

> ***Couvre souvent de grands espaces.***
> ***Indicateur de sols riches en azote.***
> ***Les fruits contiennent 10 % de sucre.***

Reine-des-prés

Filipendula ulmaria (rosacées)

H 50-150 cm juin-août vivace (☠)

Habitat *Bords des fossés, prairies humides, ruisseaux, sources, buissons des rivages, bois inondés. Dans toute l'Europe.*

> ***Les fleurs dégagent une forte odeur d'amande.***
> ***Compose des bouquets odorants.***
> ***Pousse souvent en grosses touffes.***

116

La reine-des-prés a été employée pour sucrer et parfumer l'hydromel (boisson alcoolisée à base de miel). Ses fleurs calment la fièvre en cas de rhume. Au début du XIXe siècle, on en a extrait pour la première fois la salicine, une substance que l'on avait également isolée de l'écorce de saule. Aujourd'hui, l'acide acétylsalicylique, ou aspirine, qui a ainsi été découvert, est devenu un remède antalgique, antipyrétique et anti-inflammatoire très courant.

Le saviez-vous ?
Le nom de l'aspirine est dérivé de « spirée ulmaire », l'autre appellation de la reine-des-prés. Elle est cultivée comme plante ornementale.

Pain de coucou

Oxalis acetosella (oxalidacées)
H 5-12 cm avr.-mai vivace (☠)

Le goût acide du pain de coucou est dû à l'acide oxalique et à ses sels, oxalates de calcium et de potassium. Ces substances ingérées en grande quantité irritent l'estomac et produisent des calculs rénaux. Jadis, les oxalates étaient employés pour blanchir le linge et combattre les taches de sang et de rouille. Le pain de coucou peut croître dans des stations extrêmement ombragées, par exemple à l'entrée des grottes.

Habitat *Forêts. Sur sols frais à humides, marécageux. En montagne, jusqu'à plus de 2 000 m d'altitude. Toute l'Europe, au Sud seulement en montagne.*

> ***C'est la plante à fleurs qui supporte le plus d'ombre.***
> ***Souvent en grandes touffes.***
> ***Goût acide.***

Le saviez-vous ?

Les trois folioles sont reliées au pétiole par des articulations et peuvent effectuer des mouvements : la nuit et en cas d'ensoleillement, elles se replient en position « de sommeil » ; sous lumière diffuse, elles s'étalent à l'horizontale.

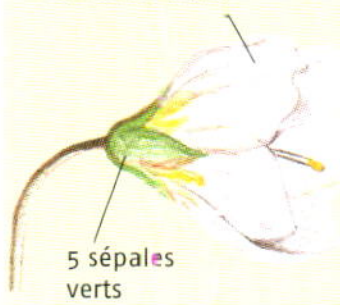

Grande astrance

Astrantia major (apiacées)

H 30-90 cm juin-août vivace

Habitat *Buissons, pelouses alpines, forêts inondées, ravins, lisières des forêts. Montagnes d'Europe centrale et du Sud, dans les Alpes jusqu'à plus de 2 000 m.*

- > **A besoin d'un climat frais et humide.**
- > **Pousse seule ou en groupes lâches.**
- > **Plante d'ornement originale.**

La grande astrance se distingue par ses inflorescences en forme d'étoile, à l'origine de son nom. Pour les jardins humides et ombragés, il existe des variétés à ombelles et feuilles encore plus décoratives.

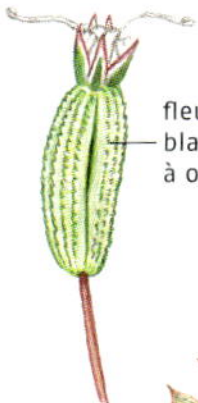

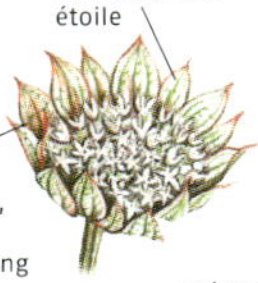

Cerfeuil sauvage

Anthriscus sylvestris (apiacées)

H 60-150 cm mai-août vivace

Habitat *Prairies engraissées, bords des chemins, lisières herbeuses. De la plaine à la montagne. Dans toute l'Europe.*

- > **Indicateur de sols engraissés.**
- > **Fleurit avant les autres ombellifères blanches.**
- > **Attire beaucoup d'insectes.**

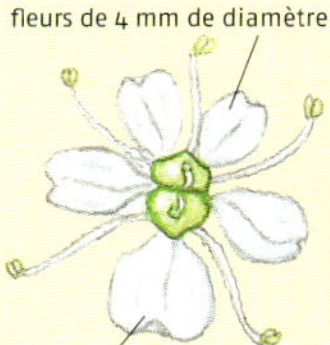

Au printemps, les prairies fortement engraissées se transforment souvent, grâce au cerfeuil sauvage qu'accompagne souvent le bouton-d'or (p. 218), en une mer de fleurs blanches et jaunes. Contrairement au cerfeuil des jardins, le cerfeuil sauvage ne dégage pas un arôme très agréable et ne peut être utilisé comme condiment. À la lumière du soleil, la sève de cette plante provoque parfois des réactions cutanées semblables à des coups de soleil.

Grande ciguë

Conium maculatum (ombellifères)

H 80-180 cm juin-sept. bisannuelle ☠

L'intoxication avec la grande ciguë, à l'odeur d'urine de souris, provoque des brûlures dans la bouche, des troubles de la vision et des paralysies. La mort survient par paralysie respiratoire, le plus souvent en conscience. Dans l'Antiquité, cette plante était utilisée pour exécuter la peine de mort. C'est ainsi que Socrate, le célèbre philosophe grec, est mort après en avoir consommé.

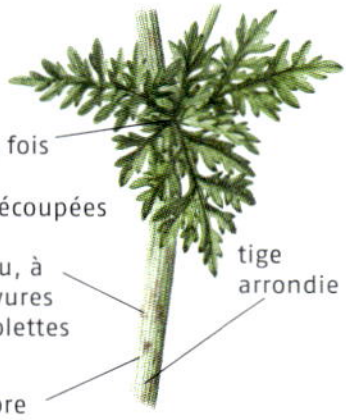

Habitat *« Mauvaises herbes » des fossés, décharges, et bords des chemins dans les villages. Stations chaudes en été. Dans presque toute l'Europe..*

> ***Pousse souvent en touffes.***
> ***Indicateur de sols riches en azote.***
> ***Tige tachetée typique.***

Cumin des prés

Carum carvi (ombellifères)

H 30-80 cm mai-juill. bisannuelle

Des grains de cumin ont été retrouvés dans des cités préhistoriques, témoignant d'une utilisation culinaire très ancienne. Le cumin est réputé pour ses vertus digestives, antispasmodiques et carminatives, mais aussi emménagogues et galactogènes.

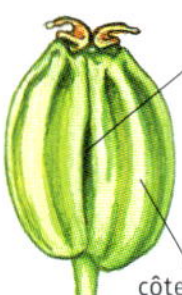

Habitat *Prairies et pâturages, surtout en moyenne et haute montagne, bords des chemins. Sur sols assez riches. Dans presque toute l'Europe.*

> ***Préfère les climats frais.***
> ***Les fruits ont une odeur typique, même avant maturité.***
> ***Fleurit souvent à nouveau en août-septembre.***

Ciguë aquatique

Cicuta virosa (apiacées)

H 60-120 cm juill.-sept. vivace ☠

Habitat *Rives des mares, étangs en voie d'assèchement, fosses. En eau peu profonde ou sur sols inondés. Surtout en Europe du Nord et du Centre.*

> ***Souvent en eau peu profonde.***
> ***Grosse racine typique.***
> ***Les feuilles froissées dégagent un parfum épicé.***

À cause de son odeur, cette plante a souvent été cause d'intoxications, car on la confondait avec le céleri, le panais ou le persil. À tel point que le roi de Prusse avait ordonné son éradication. Le poison de la ciguë aquatique, ou ciguë vireuse, provoque des crampes, des pertes de connaissance et la mort.

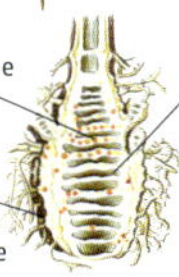

Aegopode podagraire

Aegopodium podagraria (apiacées)

H 50-90 cm juin-juill. vivace

Habitat *Forêts humides, lisières des forêts, berges, jardins, parcs. De la plaine à la montagne. Dans presque toute l'Europe.*

> ***Également appelé « herbe-aux-goutteux ».***
> ***Souvent en grandes touffes.***
> ***Indicateur de sols riches.***

Le nom *aegopodium*, d'origine grecque, signifie « pied de chèvre », car la forme de la feuille évoque l'empreinte de cet animal. La médecine populaire recommande l'aegopode podagraire en infusion contre la goutte et les rhumatismes. On en fait également des pansements contre les hémorroïdes. Les jeunes tiges et les feuilles peuvent être consommées en soupe ou comme légume.

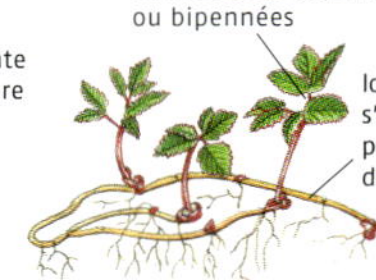

Carotte commune

Daucus carota (apiacées)

H 30-100 cm juin-sept. bisannuelle

La carotte est comestible et fait partie des plus anciennes plantes cultivées. La racine de la carotte sauvage est fine, sucrée et parfumée. Celles des formes cultivées sont plus vigoureuses. Les carottes doivent être récoltées la première année, car, la deuxième année, leurs racines deviennent dures et ligneuses. Elles sont riches en carotène, dont l'organisme tire la vitamine A, en vitamines B et C, et aussi en sucres.

Habitat *Prairies, friches, bords des chemins, carrières de pierre, chemins de fer. Sur sols plutôt secs, souvent calcaires. Dans presque toute l'Europe.*

- > ***Demande des stations claires, ensoleillées.***
- > ***Les fruits secs restent visibles en hiver.***
- > ***Plante décorative dans les jardins d'ornement.***

Le saviez-vous ?

Les zones noires au centre des fleurs de carotte jouent un rôle dans la pollinisation. Ces fleurs sont visitées par des mouches, qui se posent de préférence là où se trouvent d'autres mouches. Les trous noirs leur font croire que des congénères sont déjà là.

Angélique des bois

Angelica sylvestris (apiacées)

H 80-150 cm juill.-sept. vivace

***Habitat** Bois inondés, forêts humides, rivages, prairies humides, lisières des forêts. De la plaine à la montagne. Dans toute l'Europe.*

- **Odeur et saveur légèrement aromatiques.**
- **Aime la mi-ombre.**
- **Les tiges mortes restent dressées tout l'hiver.**

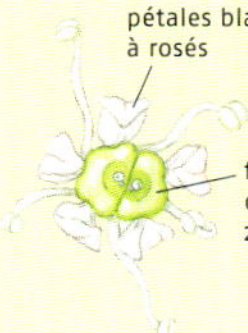

L'angélique doit son nom aux nombreux bienfaits que lui attribue la médecine populaire. On l'utilisait contre la toux et les troubles digestifs. Aujourd'hui, elle n'est plus exploitée. L'angélique sylvestre était aussi employée comme plante aromatique, pour rehausser le goût des plats. On consommait aussi sa tige confite.

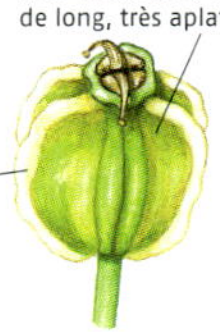

Berce commune

Heracleum sphondylium (apiacées)

H 50-150 cm juin-sept. vivace (☠)

***Habitat** Prairies, friches, fossés, lisières des bois. Sur sols frais et riches. Dans toute l'Europe.*

- **Souvent en grandes touffes dans les prairies grasses.**
- **Également appelée « patte-d'ours ».**
- **Fruits dispersés par le vent.**

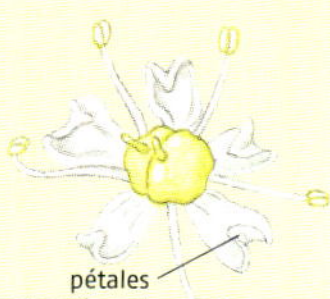

Les fleurs du pourtour de l'ombelle possèdent de plus grands pétales, pour accentuer leur attraction sur les insectes. Le contact avec cette plante peut provoquer des réactions cutanées, comme avec la berce du Caucase (p. 123), mais généralement moins fortes.

Berce du Caucase

Heracleum mantegazzianum (apiacées)

H 200-350 cm juill.-sept. vivace ☠

Originaire du Caucase, cette espèce de berce a été introduite en Europe vers 1900 pour orner les parcs et les jardins. Les apiculteurs l'apprécient car elle nourrit les abeilles. Aujourd'hui, la berce du Caucase est jugée dans certains lieux un peu envahissante. En raison de sa taille, elle empêche en effet la végétation locale de se développer. De plus, sa toxicité est problématique.

Habitat *Rivages, bords des routes, coupes forestières. Souvent isolée. Naturalisée dans presque toute l'Europe.*

> ***Également appelée « berce géante ».***
> ***La plus grande apiacée d'Europe centrale.***
> ***Pétales profondément échancrés.***

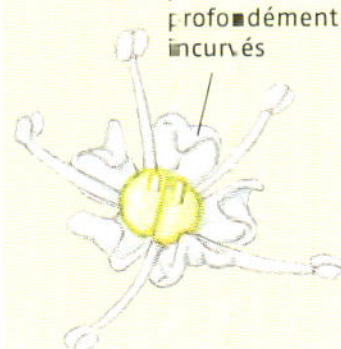

Le saviez-vous ?
Sous l'effet du soleil, la sève de la berce du Caucase qui entre en contact avec la peau provoque une inflammation avec cloques, comme une brûlure. La guérison est lente et laisse souvent des traces de pigmentation brune.

les tiges mortes et les ombelles desséchées restent dressées

Dompte-venin

Vincetoxicum hirundinaria (asclépiadacées)
H 30-120 cm mai-août vivace ☠

Lisières des bois, forêts de pins claires, talus pierreux, pelouses rocailleuses. Surtout sols calcaires. Dans presque toute l'Europe.

> ***Forme des buissons vert foncé.***
> ***L'été, a besoin de soleil et chaleur.***
> ***Puise l'eau profondément dans le sol.***

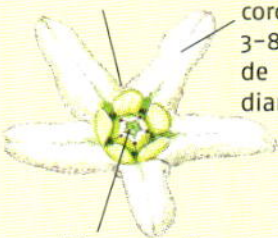

Sur les talus peu stabilisés, le dompte-venin sert à consolider le sol car ses racines sont fortes et profondes. On a également utilisé ses tiges pour leurs longues fibres solides. Le dompte-venin contient des substances toxiques qui provoquent paralysies et crampes.

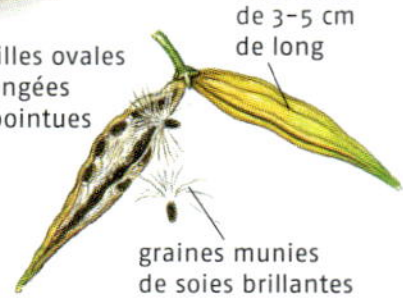

Cuscute du thym

Cuscuta epithymum (convolvulacées)
H 20-60 cm juill.-sept annuelle

Habitat *Plante grimpante parasite de nombreuses petites plantes, comme le thym, l'ajonc, les bruyères. Dans presque toute l'Europe.*

> ***Plante parasite, dénuée de chlorophylle.***
> ***Ne possède ni feuille ni racine.***
> ***Plusieurs espèces semblables.***

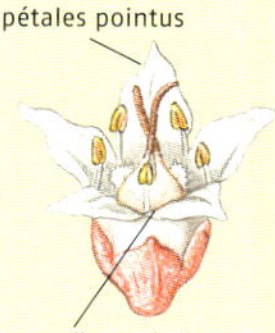

Cette plante presque fantomatique, qui s'accroche à d'autres plantes, a été considérée comme relevant de la sorcellerie. La cuscute du thym puise l'eau et les nutriments dont elle a besoin sur la plante qu'elle parasite.

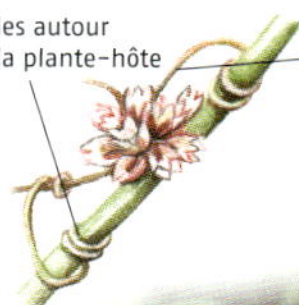

Datura

Datura stramonium (solanacées)
H 30-120 cm juin-oct. annuelle ☠

Les Indiens connaissaient les vertus du datura, ou pomme épineuse : selon la dose, cette plante provoque des hallucinations, un violent délire, l'engourdissement et la mort par paralysie. Elle servait lors des rituels, mais aussi comme poison violent. L'utilisation prolongée du datura peut entraîner des troubles chroniques.

Habitat *« Mauvaises herbes » des décharges, déblais, bords des chemins. Indicateur d'azote, supporte la présence de sel. Surtout en Europe du Sud.*

> ***Originaire d'Amérique centrale.***
> ***Les fleurs s'ouvrent le soir et fleurissent une journée.***
> ***Elles ont une odeur désagréable.***

Liseron des haies

Calystegia sepium (convolvulacées)
H 100-300 cm juin-sept. vivace (☠)

Les tiges s'enroulent dans le sens inverse des aiguilles d'une montre autour d'autres plantes, de clôtures, etc. Il leur faut environ 2 h pour produire un tour. Cette plante peut servir à habiller les grilles, mais, comme elle est très envahissante, les jardiniers lui préfèrent souvent l'ipomée, ou volubilis des jardins.

Habitat *Rivages, forêts inondées, haies, clôtures, bords des chemins. Sur sols humides et riches. Dans toute l'Europe.*

> ***Fleurs ouvertes même la nuit, fermées par mauvais temps.***
> ***Attire surtout les papillons de nuit.***

Liseron des champs

Convolvulus arvensis (convolvulacées)

H 20-80 cm juin-sept. vivace

Habitat *Champs, vignobles, jardins, décharges, bords des chemins, friches. Dans toute l'Europe.*

> ***Fleurs ouvertes un seul jour, de 7 h à 14 h.***
> ***Racines et stolons peuvent s'étendre jusqu'à 2 m de profondeur.***
> ***A besoin de lumière.***

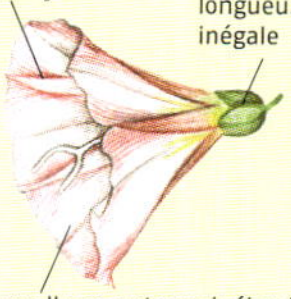

Le liseron des champs est une « mauvaise herbe », souvent difficile à extirper, qui s'enroule autour des plantes jusqu'à les étouffer. Même les pesticides n'en viennent pas à bout. Cette plante repousse toujours rapidement, car il est presque impossible d'éliminer ses parties souterraines. Des petits fragments suffisent à redonner naissance à une nouvelle plante.

Trèfle d'eau

Menyanthes trifoliata (ményanthacées)

H 15-30 cm mai-juill. vivace (☠)

Habitat *Mares en voie d'assèchement, étangs, marais, tourbières, prairies inondées. Europe centrale et du Nord, dans le Sud en montagne.*

> ***Goût très amer.***
> ***Feuilles ressemblant au trèfle, mais familles différentes.***
> ***Surtout sur sols peu calcaires.***

Comme beaucoup de plantes amères, le trèfle d'eau a jadis été prescrit contre la fièvre. Cette plante ne contient pourtant pas de substances antipyrétiques. En revanche, une infusion de trèfle d'eau ouvre l'appétit et favorise la digestion. Cette plante sauvage, menacée par la raréfaction des zones humides, est protégée.

Raiponce en épi

Phyteuma spicatum (campanulacées)

H 30-80 cm mai-juill. vivace

Les feuilles et les racines de la raiponce en épi ont été consommées en salade et comme légume. La médecine populaire en conseillait l'infusion contre les calculs biliaires.

La raiponce se reproduit par gravité, ses graines germant à proximité de la plante mère, là où elles sont tombées. Les racines de la plante peuvent se consommer crues ou cuites (saveur plus douce), leur goût évoque celui de la châtaigne et du panais.

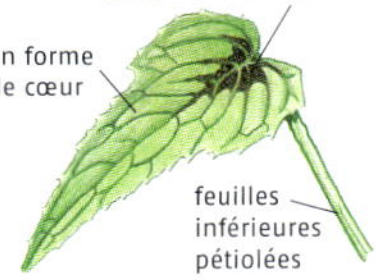

Habitat *Forêts à sous-bois herbeux, prairies de montagne. Sur sols riches, de la plaine jusqu'à plus de 2 000 m d'altitude. Dans presque toute l'Europe.*

> ***Cette raiponce donne aussi des fleurs bleues.***
> ***Parfois sans fleurs dans les zones ombragées.***
> ***Tache noire typique sur les feuilles.***

Hièble

Sambucus ebulus (caprifoliacées)

H 60-150 cm juin-juill. vivace ☠

Il faut éviter de confondre les baies de l'hièble avec celles du sureau noir, car elles sont très toxiques, et provoquent, même après cuisson, nausées, vomissements, diarrhées, vertiges et troubles cardiaques. Le sureau noir (*Sambucus nigra*) possède un tronc et des branches ligneuses, contrairement à l'hièble.

Habitat *Parmi les buissons sur les coupes forestières, les chemins forestiers, les chemins de fer et les bosquets, bois inondés. Dans presque toute l'Europe.*

> ***Odeur désagréable.***
> ***Indicateur de sols riches en azote.***
> ***Souvent en grandes touffes.***

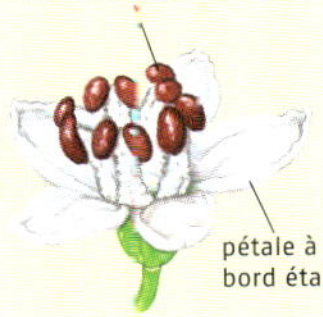

Valériane officinale

Valeriana officinalis (valérianacées)
H 40-100 cm   mai-août   vivace

Habitat *Prairies humides, rivages, fossés, bois humides Sur sols humides à inondés. Dans presque toute l'Europe.*

- ***Espèce de forme très variable.***
- ***Les fleurs ont une odeur différente de celle des racines séchées.***
- ***La plante fraîche n'attire pas les chats.***

Au Moyen Âge, la valériane était employée contre la peste. Ses racines étaient censées éloigner les mauvais esprits par leur odeur ; elles protégeaient également des mites. Au milieu du XVIIIe siècle, un médecin anglais introduisit la valériane comme calmant. Depuis, on l'utilise contre les troubles nerveux et les problèmes de sommeil. Une espèce voisine, la valériane celte (*Valeriana celtica*), qui pousse dans les Alpes, sert à parfumer les savons.

Le saviez-vous ?

La racine contient plusieurs substances médicinales. L'odeur pénétrante, qui rappelle celle de la transpiration, ne se manifeste que lorsque la racine est séchée. Cette odeur excite les chats, car elle ressemble à celle des chattes en chaleur.

Nénuphar blanc

Nymphaea alba (nymphaeacées)
H 50-250 cm juin-août vivace ☠

Le nénuphar blanc détient dans notre flore le record de la longueur des pétioles et pédoncules (jusqu'à 3 m) et de la taille des fleurs. Les tiges renferment des flotteurs remplis d'air qui permettent aux feuilles et aux fleurs d'atteindre la surface de l'eau. Dans la mythologie grecque, les nymphes sont les déesses de la nature.

Habitat *Mares, eaux dormantes, étangs, cours d'eau tranquilles, de 1-3 m de profondeur. Dans presque toute l'Europe.*

> ***Également dans les jardins.***
> ***Les fleurs ne s'ouvrent que le jour.***
> ***Les feuilles sont recouvertes d'une couche de cire imperméable.***

Trientalis d'Europe

Trientalis europaea (primulacées)
H 5 -20 cm mai-juill. vivace

Le trientalis était très répandu en Europe lorsque le climat était plus froid. Il subsiste aujourd'hui comme relique de l'ère glaciaire. Il se distingue par sa fleur en forme d'étoile à sept branches.

Habitat *Forêts de pins moussues, forêts de bouleaux marécageuses, prairies humides. Sur sols maigres et acides. Europe du Nord et du Centre.*

> ***Aime la pénombre.***
> ***Le trientalis sans fleur ressemble à la mercuriale vivace (p. 294).***
> ***Pousse en touffes peu denses.***

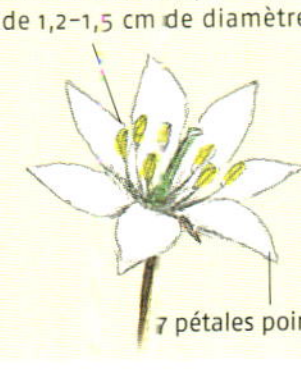

Anémone des bois

Anemone nemorosa (renonculacées)

H 10 -25 cm   mars-mai   vivace   ☠

Habitat *Forêts de feuillus et résineux, buissons, prairies de montagne. Sur sols frais et humides. Dans presque toute l'Europe.*

> ***Indicateur de sols riches.***
> ***Peut recouvrir de grands espaces au printemps.***
> ***Les fleurs cueillies se fanent rapidement.***

L'anémone des bois, ou anémone sylvie, est une plante de printemps qui profite de la lumière, avant que les feuilles des arbres ne dispensent trop d'ombre. Dès le mois de mai ou juin, après la fructification, les parties aériennes disparaissent, et l'anémone des bois se retire sous terre jusqu'au printemps suivant. Elle se multiplie par ses graines, mais aussi par ramifications des racines. Un même plant peut ainsi donner une centaine de fleurs.

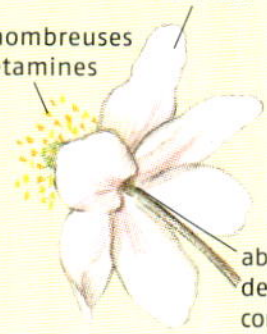

Le saviez-vous ?

La nuit et par mauvais temps, les anémones se referment et s'inclinent vers le sol. Dès que la lumière revient, elles s'ouvrent. Les pétales continuent de croître et la fleur s'agrandit.

Anémone silvestre

Anemone sylvestris (renonculacées)

H 15- 35 cm avr.-juin vivace ☠

La couleur blanche des fleurs n'est pas seulement due à un colorant, mais aussi à des interstices remplis d'air qui reflètent la lumière. Si l'on appuie fortement sur la fleur, on expulse l'air, et les pétales deviennent alors vitreux. Le pollen des anémones, que les insectes atteignent facilement, attire abeilles, mouches et coléoptères. Les fruits à longs poils situés au bout du pédoncule sont pour leur part facilement transportés par le vent.

Habitat *Forêts de pins ou de feuillus claires, lisières des forêts, bosquets, pelouses semi-arides. Surtout sur sols peu calcaires. Europe centrale*

> ***A besoin de beaucoup de chaleur et lumière.***
> ***Toute la plante est velue.***
> ***Plante protégée, à ne pas cueillir.***

Le saviez-vous ?

Dans les montagnes d'Europe centrale et du Sud pousse une autre espèce, l'anémone à fleur de narcisse, dont les fleurs, plus petites, sont regroupées par 3-8.

Dryade à huit pétales

Dryas octopetala (rosacées)

H 5-15 cm   mai-août   vivace

Habitat *Éboulis rocheux, pierriers, forêts de pins claires. Europe du Nord, montagnes d'Europe centrale et du Sud, jusqu'à 2 500 m d'altitude.*

> ***Buisson nain à tiges rampantes.***
> ***Peut vivre jusqu'à 100 ans.***
> ***Également dans les rocailles.***

À la fin de la dernière ère glaciaire, la dryade à 8 pétales était très répandue en Europe. Aujourd'hui, elle subsiste dans les débris rocheux datant du glaciaire. Les fleurs se tournent vers le soleil comme une parabole, et leur centre atteint alors une température plus élevée, attirant les insectes. Dans la mythologie grecque, les dryades sont des nymphes.

Ficoïde à cristaux

Mesembryanthemum crystallinum (aizoacées)

H 20-80 cm   févr.-juin   annuelle ou bisannuelle

Habitat *Déserts salins proches des côtes, marais salants. Stations ensoleillées. Introduite d'Afrique du Sud au XVIIIe siècle. Bassin méditerranéen.*

> ***Les fleurs ne s'ouvrent que le midi, en plein soleil.***
> ***Également appelée « mésambryanthème à cristaux ».***
> ***Fait des réserves d'eau.***

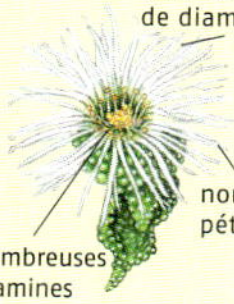

Cette plante a été cultivée pour la production de soude, car elle a la capacité d'extraire du sol les sels et les minéraux, pour les stocker dans ses tissus mucilagineux. La ficoïde à cristaux est parfois consommée en salade ou en soupe, et la cosmétologie s'intéresse de plus en plus aux extraits de cette plante.

Pâquerette

Bellis perennis (astéracées)
H 5-15 cm jan.-nov. vivace

La nuit et par temps frais, la pâquerette reste fermée. Les fleurs en languette de l'extérieur se replient vers l'intérieur, protégeant ainsi les fleurs tubulaires du cœur. Les petits fruits sont dispersés par le vent, la pluie, ou par les animaux de passage auxquels ils se fixent. Ils sont également consommés par les vers de terre et rejetés plus loin. Les fleurs en bouton peuvent agrémenter des salades à des fins décoratives ou être mises à macérer comme des câpres (p. 95).

Habitat *Pelouses des jardins et des parcs, prairies, pâturages. Sur sols riches et ensoleillés. Dans presque toute l'Europe.*

> **Peut couvrir de grandes étendues.**
> **Fleurit même en hiver.**
> **L'une des fleurs sauvages les plus connues.**

Le saviez-vous ?
Les jardineries, surtout au printemps, proposent des formes cultivées de pâquerettes, avec de grosses inflorescences de teintes vives. Ces cultivars ont beaucoup plus de fleurs en languette que la forme sauvage.

133

Grande marguerite

Leucanthemum vulgare (astéracées)

H 20-70 juin-oct. vivace

***Habitat** Prairies, pâturages, pelouses semi-arides, champs, friches, rochers. De la plaine à la haute montagne. Dans presque toute l'Europe.*

- > ***Peut couvrir de grands espaces.***
- > ***Très décorative en bouquet.***
- > ***Également dans les salades.***

Depuis toujours, on « effeuille » la marguerite pour connaître l'avenir. Dans le *Faust* de Goethe, Gretchen veut ainsi savoir : « Il m'aime un peu, beaucoup, à la folie, pas du tout... » Cette plante est également appelée « reine-de-mai ». Le nom grec signifie « fleur blanche », le nom latin (*margarita*) « perle ». Marguerite de France, épouse d'Henri IV, faisait orner ses vêtements de trois marguerites brodées.

Matricaire inodore

Tripleurospermum perforatum (astéracées)

H 10-45 cm juin-oct. annuelle ou bisannuelle

***Habitat** « Mauvaises herbes » des décharges, bords des chemins et des routes, bandes médianes des autoroutes, champs. Dans toute l'Europe.*

- > ***Couvre souvent de grands espaces.***
- > ***Sans odeur, même froissée.***
- > ***Également appelée « matricaire inodore ».***

La camomille vraie (page suivante) et la matricaire inodore sont souvent voisines, et on les confond aisément. L'absence d'odeur et le capitule bombé permettent toutefois de distinguer la matricaire inodore, plus grande que la camomille. Sans vertus thérapeutiques, la matricaire sert à composer des bouquets de fleurs des champs.

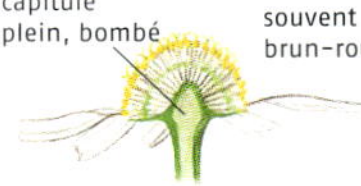

Camomille vraie

Matricaria recutita (astéracées)
H 15-40 cm mai-août annuelle

Habitat *Champs de céréales chemins, décharges, bords des routes. Sur sols riches. Dans toute l'Europe.*

> **Forte odeur évoquant l'ananas.**
> **Se reconnaît aux capitules creux.**
> **Souvent en grandes touffes.**

Au XVIe siècle, la camomille était très appréciée pour ses vertus thérapeutiques. On la prescrivait contre de nombreuses affections, et surtout en gynécologie. Aujourd'hui encore, on l'utilise pour son action anti-inflammatoire et antispasmodique. Elle est cultivée sur de grandes étendues, en particulier en Europe de l'Est et en Égypte.

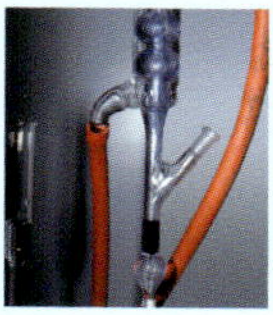

Le saviez-vous ?
L'huile essentielle est d'un beau bleu intense. Autrefois, on éloignait les insectes en plaçant les sommités sèches entre les piles de linge.

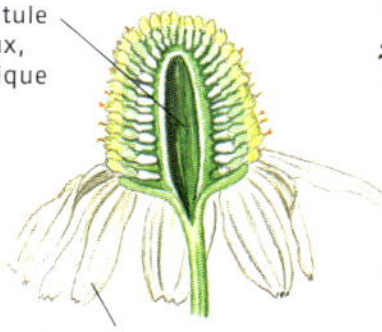

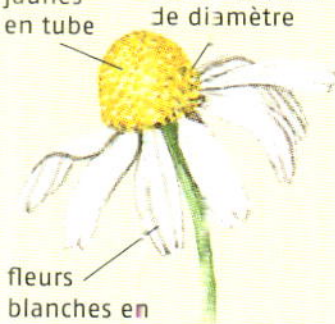

Grande camomille

Tanacetum parthenium (astéracées)
H 30-60 cm juin-août vivace (☠)

Habitat *Friches, bords des chemins, haies, décharges. Stations chaudes. Dans presque toute l'Europe.*

> ***Dégage une odeur aromatique de camphre.***
> ***Revêt des formes diverses.***
> ***Plante d'ornement.***

La grande camomille est originaire du sud-est de l'Europe. Elle a été introduite comme plante d'ornement dans nos jardins. On l'a utilisée dans les affections gynécologiques et comme plante abortive (en grec, *parthenos* signifie « vierge »). Aujourd'hui, c'est un remède contre la migraine. On en tire aussi une poudre contre les insectes, qu'elle intoxique par contact. Chez l'homme, le contact avec la peau peut provoquer des allergies.

Le saviez-vous ?
Il existe de nombreuses formes cultivées de grande camomille. Les languettes blanches sont parfois absentes, et les fleurs jaunes en tube peuvent être très nombreuses (variétés « doubles »).

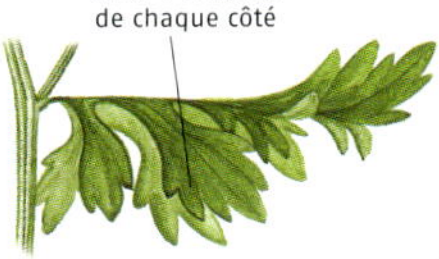

Galinsoga à petites fleurs

Galinsoga parviflora (astéracées)

H 10-60 cm   mai-oct.   annuelle

Originaire d'Amérique du Sud, cette plante a été introduite en 1794 au Jardin botanique de Paris, puis, au XIXe siècle, s'est répandue en Europe dans le sillage des armées françaises.

Habitat *« Mauvaises herbes » des champs, décharges, jardins et vignobles. Dans presque toute l'Europe, jusqu'à 700 m d'altitude environ.*

> ***Comestible, le galinsoga entre dans la composition du plat national colombien.***
> ***« Mauvaise herbe » très répandue.***
> ***Très sensible au gel, hiverne sous la forme de graine.***

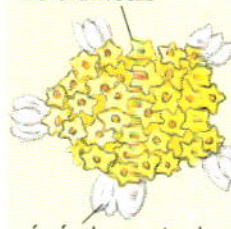

Achillée millefeuille

Achillea millefolium (astéracées)

H 20-120 cm   juin-oct.   vivace

Cette plante doit son nom à Achille, le héros de la guerre de Troie, qui aurait bénéficié de ses vertus curatives. Avec ses huiles essentielles comparables à celles de la camomille vraie (p. 135), elle aide à guérir les plaies et les troubles de la digestion. Les moutons dévorent ses feuilles, mais délaissent les fleurs.

Habitat *Prairies, pâturages, champs, friches, pelouses. Sur sols riches, de la plaine à la haute montagne. Dans toute l'Europe*

> ***Dégage une odeur aromatique lorsqu'on la froisse.***
> ***Feuilles vertes, même en hiver.***
> ***Tiges coriaces, difficiles à cueillir.***

Carline acaule

Carlina acaulis (astéracées)

H 2-60 cm juill.-sept. vivace

Habitat *Prairies et pâturages maigres, coteaux rocailleux, pelouses arides. Montagnes d'Europe centrale et du Sud, aussi en haute altitude.*

> ***A besoin de beaucoup de soleil en été.***
> ***Les fleurs ne s'ouvrent que par temps sec.***
> ***Peut se consommer comme des artichauts.***

La carline apparaît souvent dans les blasons et emblèmes des sociétés de randonnée. Appréciée dans les bouquets secs, on la cultive à cet effet, car elle est protégée. La carline a été utilisée comme remède pour soigner les porcs. Selon une légende, Charlemagne aurait vu cette plante en rêve pendant une épidémie de peste, d'où son nom latin *Carlina*.

Le saviez-vous ?

Par temps humide, les bractées se referment sur le centre, protégeant l'intérieur des capitules. Même séchées, les carlines conservent cette propriété. Ce comportement correspond simplement au degré d'hygrométrie de l'air.

Edelweiss

Leontopodium alpinum (astéracées)

H 5-20 cm juill.-août vivace

Le nom latin *Leontopodium* signifie « pied-de-lion », car les petites fleurs d'un blanc duveteux évoquent les griffes de cet animal. Ce duvet laineux sert à protéger la plante des rayons UV et de l'évaporation. Cultivé en plaine, l'edelweiss a moins de duvet et une couleur plutôt verdâtre.

toute la plante est couverte d'un duvet laineux

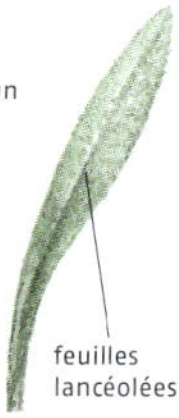

feuilles lancéolées

Habitat *Surplombs rocheux, cimes, pelouses rocailleuses de 1 700 à 3 400 m d'altitude. Montagnes d'Europe centrale et du Sud.*

> ***Également appelé « immortelle des neiges » ou « étoile d'argent ».***
> ***Espèce protégée, à ne pas cueillir.***
> ***Il existe des espèces proches venant de l'Himalaya.***

5-10 petits capitules jaunes

feuilles supérieures disposées en étoile

Muguet

Convallaria majalis (liliacées)

H 10-20 cm mai-juin vivace ☠

fleurs en grappe unilatérale

2 feuilles superposées

tige sans feuille

Le muguet joue un rôle dans la symbolique chrétienne et en médecine. Cette plante contient des substances efficaces contre les troubles cardiaques liés à l'âge, mais elles demandent un dosage très précis, une surdose pouvant être mortelle. Les fleurs de muguet ont été autrefois utilisées pour aromatiser le tabac à priser.

baies rouges toxiques

Habitat *Forêts de feuillus, buissons, prairies de montagne, éboulis rocheux. Dans presque toute l'Europe, dans le Sud uniquement en montagne, jusqu'à 2 200 m.*

> ***Peut couvrir de grandes étendues.***
> ***Fort parfum, utilisé en parfumerie.***
> ***Également dans nos jardins.***

fleur de 5-8 mm de long, penchée

Sceau-de-Salomon odorant

Polygonatum odoratum (liliacées)

H 15-45 cm mai-juin vivace ☠

Habitat *Forêts claires, pierriers près des forêts, lisières des bois. Stations claires à semi-ombragées, dans toute l'Europe.*

> ***Souvent en touffe.***
> ***Fleurs odorantes.***
> ***Baies noir bleuâtre toxiques.***

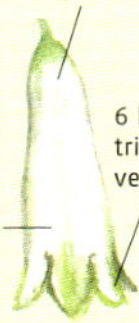

Les tiges une fois fanées laissent sur le rhizome une cicatrice dont l'aspect évoque un sceau – d'où le nom de sceau-de-Salomon –, considéré dans les pays du Levant comme un talisman de sagesse et de magie. Le sceau-de-Salomon était aussi vu comme une plante magique, capable d'ouvrir toutes les portes. En réalité, toute consommation de cette plante toxique est déconseillée.

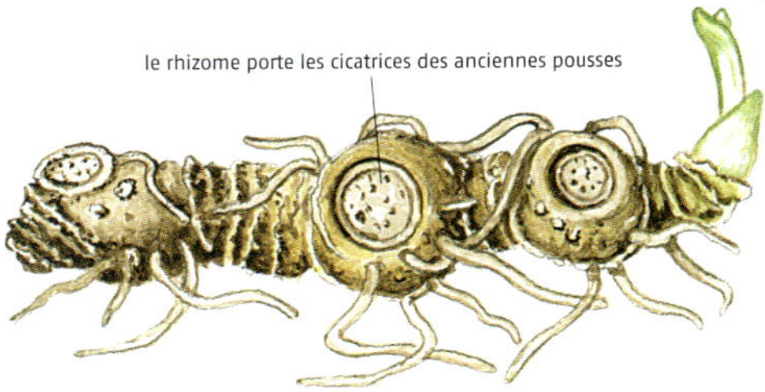

Le saviez-vous ?

Le sceau-de-Salomon multiflore a des fleurs non odorantes, disposées en groupes de 2-5, et une tige arrondie. Cette espèce croît dans les forêts humides.

Phalangère rameuse

Anthericum ramosum (liliacées)
H 30-80 cm   juin-août   vivace

En l'absence de fleurs, cette plante ressemble tout à fait à de l'herbe. De plus, elle pousse souvent dans les prairies, où il est difficile de la distinguer. Les fleurs attirent divers insectes qui accèdent facilement au nectar à la pointe de l'ovaire. La phalangère rameuse est également appelée « herbe à araignée ».

Habitat *Lisières des bois, forêts claires, bosquets. Pelouses semi-arides. Sur sols secs. Dans presque toute l'Europe.*

> ***Aime les stations chaudes.***
> ***Souvent en grandes touffes.***
> ***Plante ornementale des jardins.***

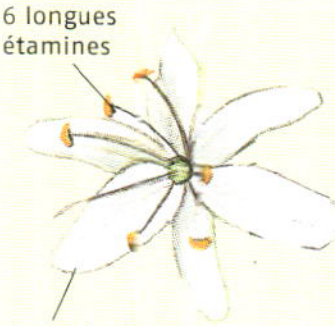

Asphodèle blanc

Asphodelus albus (liliacées)
H 50-120 cm   avr.-juin   vivace   (☠)

Selon la mythologie grecque, l'asphodèle couvre dans le monde souterrain d'immenses prairies où se déroulera le jugement des morts. Autrefois, on plantait l'asphodèle blanc sur les tombes, pour que sa racine riche en amidon serve de nourriture aux défunts. Mais les vivants consommaient également ces racines, grillées ou en farine, en période de disette.

Habitat *Prairies, pâturages sur-exploités, forêts claires, bords des routes. En région méditerranéenne, surtout côtière.*

> ***Racine tubéreuse épaissie.***
> ***Souvent en grands groupes.***
> ***Plante dédaignée par le bétail.***

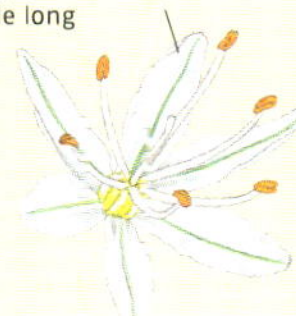

Lis des Alpes

Paradisea liliastrum (liliacées)

H 20-50 cm juin-août vivace

Habitat *Pelouses alpines, prairies, châtaigneraies claires. Sur sols secs de 800 à 2 000 m d'altitude. Alpes, montagnes d'Europe occidentale.*

- > ***Grandes fleurs.***
- > ***Fleurs odorantes.***
- > ***Espèce menacée.***

Le nom scientifique du lis des Alpes est un hommage à Giovanni Paradisi, botaniste italien de la fin du XVIIIe siècle. Également appelée « lis de Saint-Bruno », cette plante est protégée dans la nature, mais on la cultive dans les jardins et pour les bouquets.

Ail serpentin

Allium victoralis (liliacées)

H 30-70 cm juill.-août vivace

Habitat *Pelouses alpines, vires herbeuses, prairies de montagne, au-dessus du niveau des forêts. Montagnes d'Europe centrale et du Sud, de 1 000 à plus de 3 000 m d'altitude.*

- > ***Souvent en grands groupes.***
- > ***Dégage une odeur d'oignon.***
- > ***Également appelé « herbe-aux-sept-chemises ».***

Le bulbe de l'ail serpentin, porté en amulette, est censé protéger des blessures et donner la victoire. Cette croyance repose sur l'aspect du bulbe, dont les enveloppes fibreuses ressemblent à une cotte de mailles. Cette plante a la réputation de protéger contre les sorcières et les mauvais esprits.

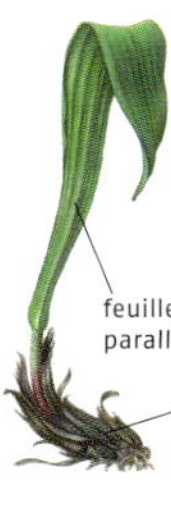

Ail des ours

Allium ursinum (liliacées)
H 20-50 cm   mai-juin   vivace

L'ail des ours, tout comme l'ail officinal, est efficace pour stimuler l'appétit, mais aussi pour lutter contre l'hypertension artérielle et l'artériosclérose. Ses feuilles coupées peuvent aromatiser le fromage blanc ou la soupe au pistou. Les substances actives ne s'exhalent que lorsque la plante est hachée menu ou qu'elle se fane. On peut ainsi reconnaître l'ail des ours à son odeur, à la fin du printemps, surtout par temps chaud.

Habitat *Forêts de feuillus humides à sous-bois herbeux, forêts inondées. Surtout en stations humides. Dans presque toute l'Europe.*

> ***Facile à cultiver au jardin.***
> ***Peut recouvrir de grandes surfaces.***
> ***Odeur typique d'ail.***

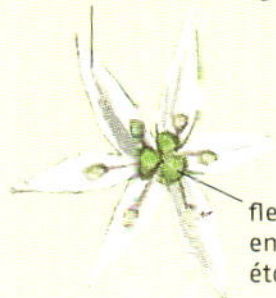

Le saviez-vous ?

La récolte de l'ail des ours devrait être réservée aux personnes qui connaissent bien la plante. En effet, chaque année, la confusion avec le muguet (à droite) ou le colchique (à gauche), tous deux toxiques, provoque des empoisonnements mortels.

Perce-neige

Galanthus nivalis (amaryllidacées)

H 8-20 cm   févr.-mars   vivace   ☠

Habitat *Bois inondés, ravins, forêts humides. Stations semi-ombragées, sur sols humides et riches. Dans presque toute l'Europe.*

> ***Souvent naturalisée.***
> ***Plante de printemps à bulbes souterrains.***
> ***Fleurit souvent dans la neige.***

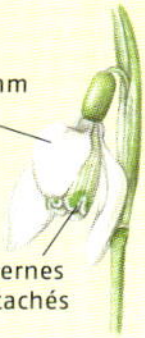

Le perce-neige supporte le gel. Ses fleurs blanches reflètent les UV, ce qui permet aux insectes de les distinguer, même dans la neige. Cette plante toxique provoque des douleurs gastro-intestinales. Toutefois, une substance extraite du perce-neige est utilisée depuis quelques années dans le traitement de la maladie d'Alzheimer.

Nivéole du printemps

Leucojum vernum (amaryllidacées)

H 10-30 cm   févr.-mars   vivace   ☠

Habitat *Bois inondés, ravins, prairies humides en lisières des forêts. Sur sols humides. Surtout en Europe centrale, naturalisée dans le Nord.*

> ***Souvent en petits groupes.***
> ***Fleurs plus larges que celles du perce-neige.***
> ***Odeur de violette.***

La nivéole du printemps, dont la cueillette est interdite dans la nature, fleurit tôt dans les jardins. Elle produit un fruit en forme de figue, suspendu à la tige sous les pétales. Cette plante toxique occasionne des troubles du rythme cardiaque.

Narcisse des poètes

Narcissus poeticus (amaryllidacées)

H 20–60 cm avr.-juin vivace ☠

Narcisse a la même racine grecque que « narcotique », ce nom évoquant l'odeur enivrante de la fleur. Le narcisse des poètes doit son nom au poète latin Ovide, qui en a donné une description précise. À la base du long tube étroit, la fleur secrète un nectar que seuls les papillons à trompe assez longue peuvent atteindre. Les syrphes qui visitent également les narcisses récoltent un pollen nourrissant.

Habitat *Pelouses alpines, forêts de montagne claires à feuillage caduque. Bassin méditerranéen, centre de la France.*

> ***Cette espèce a donné naissance à de nombreux cultivars.***

> ***Dégage un parfum d'œillet.***

> ***Les peuplements sauvages sont protégés.***

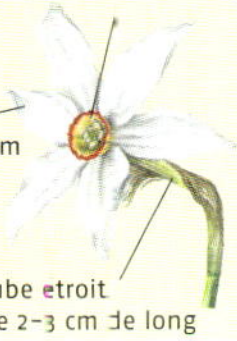

Le saviez-vous ?

La teinte de la trompette interne est due au carotène, le pigment de la carotte. Cette trompette émet une odeur plus intense que le reste de la plante, permettant aux insectes de trouver facilement l'entrée du tube étroit.

Vératre blanc

Veratrum album (liliacées)

H 50-150 cm juin-août vivace ☠

Habitat *Pelouses alpines et pacages, prairies marécageuses et forêts humides. Montagnes d'Europe centrale et du Sud, jusqu'à 200 m d'altitude.*

> ***Le bétail évite de manger cette plante.***
> ***Visible de loin.***
> ***En l'absence de fleur, confusion possible avec la grande gentiane (p. 233).***

La racine était utilisée dans l'Antiquité sous la forme d'une poudre à priser, qui n'était pas sans danger. On pensait à l'époque que l'action de priser nettoyait le cerveau, renforçait l'intelligence et permettait, en outre, de confirmer la vérité. D'où le nom latin de la plante, *veratrum*, « vérité ». Les alcaloïdes mortels peuvent traverser la barrière cutanée intacte.

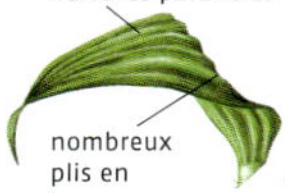

Dame-d'onze-heures

Ornithogalum umbellatum (liliacées)

H 10-30 cm avr.-mai vivace ☠

Habitat *Vignobles, pelouses des parcs, prairies, buissons, parterres d'arbres en ville. Pousse souvent en groupe. Europe centrale et du Sud.*

> ***Les fleurs ne s'ouvrent que par temps ensoleillé.***
> ***Renferme des alcaloïdes qui agissent sur le cœur.***
> ***Belle plante d'ornement.***

Ornithogale signifie textuellement « lait d'oiseau », car cette fleur a la couleur du blanc d'œuf. De plus, la plante contient une substance mucilagineuse qui évoque le blanc d'œuf cru. L'ornithogale fait partie des fleurs de Bach, sous son nom anglais « Star of Bethlehem ».

Scille officinale

Urginea maritima (liliacées)

H 50-150 cm   août-oct.   vivace   ☠

Quoique toxique, la scille officinale est utilisée comme plante médicinale depuis l'Antiquité. Son bulbe, très toxique pour les rongeurs, servait à fabriquer du raticide et à combattre les insectes nuisibles dans les cultures. Selon une croyance de la Grèce antique, un bulbe suspendu au-dessus de la porte permettait d'éloigner les mauvais esprits.

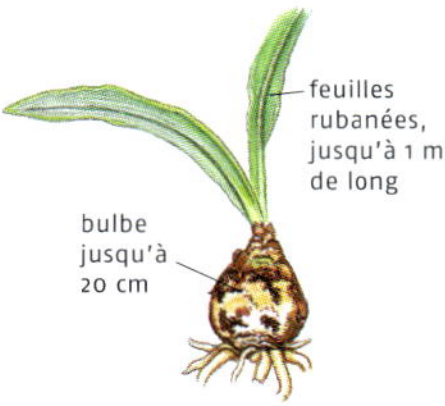

Habitat *Prairies, coteaux pierreux et secs en bord de mer, friches, terrains vagues, garrigues, plages sablonneuses. Région méditerranéenne.*

> ***Fleurit en automne.***
> ***Le bulbe émerge du sol.***
> ***Ne sort qu'après la sécheresse de l'été.***

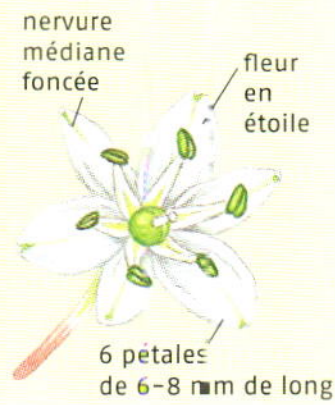

Crocus printanier

Crocus vernus (liliacées)

H 5-15 cm   févr.-mai   vivace   (☠)

Les feuilles se terminent par une pointe renforcée, qui sert à traverser la couche neigeuse. Dès que le soleil disparaît derrière les nuages, les fleurs se ferment. Celles-ci sont parfois striées de violet clair ou lilas. Chaque année, le crocus forme un nouveau bulbe sur l'ancien. Les racines permettent de l'ancrer à la bonne profondeur.

Habitat *Pelouses et prairies alpines, jusqu'à 2 800 m d'altitude. Sur sols humides, supporte les sols engraissés. Montagnes d'Europe centrale et du Sud.*

> ***Souvent en groupes.***
> ***Fleurit juste après la fonte des neiges.***
> ***Nombreuses autres espèces de crocus autour de la Méditerranée.***

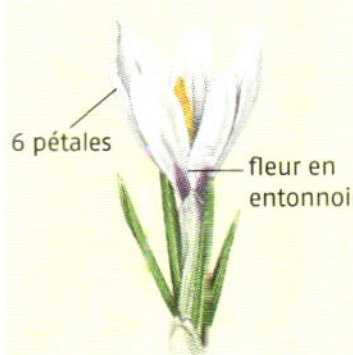

Trèfle blanc

Trifolium repens (fabacées)

H 15-45 cm mai-sept. vivace

Habitat *Prairies, parcs, chemins, jardins, champs, friches. Sur sols riches, dans toute l'Europe.*

- ***Plante rampante.***
- ***Supporte les sols salins et piétinés.***
- ***Le trèfle sauvage a rarement 4 feuilles.***

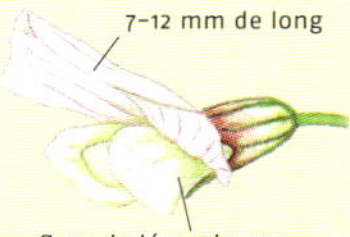

La feuille de trèfle est l'emblème de l'Irlande. Selon la légende, saint Patrick se serait servi de la feuille de cette plante pour expliquer le mystère de la Sainte Trinité. Les Irlandais fêtent la Saint-Patrick, le 17 mars, avec un bouquet de trèfle. Le trèfle est également le symbole des trois grades de la religion celtique (druides, bardes, ovates).

Lycope d'Europe

Lycopus europaeus (labiées)

H 20-130 cm juill.-sept. vivace

Habitat *Rives, fossés. Terrains humides, parfois inondés, riches. Dans presque toute l'Europe.*

- ***Souvent parmi les roseaux.***
- ***A besoin d'eau.***
- ***Feuilles de forme particulière.***

Les points rouges sur la fleur attirent les insectes, surtout les syrphes, qui jouent le rôle de pollinisateurs. Cette plante agit sur la thyroïde, elle est donc utilisée dans des préparations qui peuvent atténuer les troubles liés à une légère hyperthyroïdie.

Lamier blanc

Lamium album (lamiacées)
H 20–50 cm   avr.-oct.   vivace

La racine grecque du nom du lamier blanc, *lamos*, signifie « bouche », en référence à la forme de la fleur. L'infusion de cette plante est réputée soulager les maux de gorge et rhino-pharyngites, ainsi que la toux. La médecine populaire recommande en outre ses fleurs contre les troubles de la ménopause.

Habitat *« Mauvaise herbe » des chemins, haies, lisières des forêts, clôtures, fossés, murs, tas de fumier et fosses à lisier. Dans presque toute l'Europe.*

> ***Indicateur de sols riches en azote.***
> ***Souvent en compagnie du lamier maculé*** *(p. 75).*

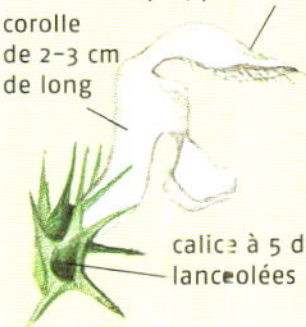

Le saviez-vous ?

Le tube des fleurs de lamier est gorgé d'un nectar très sucré. C'est la raison par laquelle les fleurs de lamier blanc attirent donc les insectes d'une part, mais aussi les enfants qui aiment les sucer.

Euphraise officinale

Euphrasia officinalis (scrophulariacées)

H 2-45 cm mai-oct. annuelle

L'euphraise officinale doit son nom de « casse-lunettes » à ses vertus médicinales contre les affections oculaires. On comparait d'ailleurs cette jolie fleur à des yeux aux longs cils. Cette plante est toujours utilisée par la médecine populaire, car elle contient des substances anti-inflammatoires.

Habitat *Prairies et pelouses maigres, prairies marécageuses, pelouses alpines. De la plaine à 2 300 m d'altitude. Dans presque toute l'Europe.*

> ***Indicateur de sols maigres.***
> ***Revêt des formes variées.***
> ***Sa présence en masse diminue les rendements des prairies et pâturages.***

Le saviez-vous ?

L'euphraise naine, espèce voisine mais à fleurs jaunes, pousse principalement en altitude, sur les pelouses alpines. Ses fleurs sont plus petites.

Linnée boréale

Linnaea borealis (caprifoliacées)

H 5-15 cm juill.-août sous-arbrisseau

La linnée boréale était l'une des plantes favorites de Carl von Linné, le célèbre botaniste suédois, à l'origine de la classification des végétaux que nous connaissons. C'est pourquoi elle porte son nom. Linnea est par ailleurs un prénom féminin courant en Suède.

Habitat *Forêts de résineux claires, éboulis rocheux. Sur sols acides, rampant souvent sur la mousse ou parmi les rhododendrons. Europe du Nord, Alpes.*

> ***Dégage une légère odeur de vanille.***
> ***Tiges filiformes rampantes, jusqu'à 4 m.***
> ***Feuilles persistantes en hiver.***

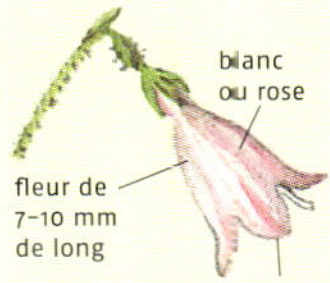

Céphalanthère pâle

Cephalanthera damasonium (orchidacées)

H 30-60 cm mai-juin vivace

Les fleurs de cette orchidée restent souvent à demi ou complètement fermées, et ne s'ouvrent que brièvement, lorsque la température est suffisamment élevée. Elles ne contiennent pas de nectar, mais les côtes saillantes du labelle servent éventuellement de nourriture aux insectes.

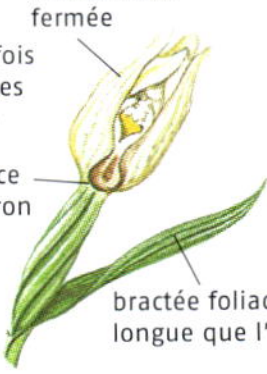

Habitat *Forêts moyennement denses. Stations ombragées mais suffisamment chaudes. Europe centrale et du Sud.*

> ***Ne fleurit qu'au bout de 10 ans environ.***
> ***La céphalanthère à feuilles étroites est une espèce voisine.***

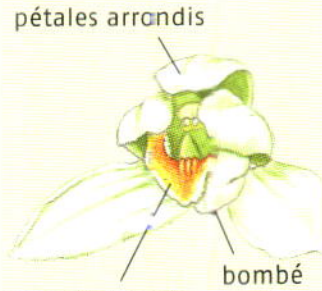

Lunaire vivace

Lunaria rediviva (crucifères)
H 30-140 cm mai-juill. vivace

Habitat *Forêts de montagne et ravines ombragées, versants forestiers. Sur sols humides et riches, et éboulis rocheux. Dans toute l'Europe.*

> ***Rarement à fleurs blanches.***
> ***Demande une humidité importante de l'air.***
> ***De la même famille que la monnaie-du-pape.***

La lunaire tire son nom de la Lune, en référence à ses fruits argentés et brillants. Le vent les secoue et fait tomber les graines au sol. En forêt, les tiges subsistent souvent durant tout l'hiver, avec leurs lunes argentées qui dansent dans le vent. Les fleurs à l'odeur de violette attirent les papillons nocturnes et les abeilles.

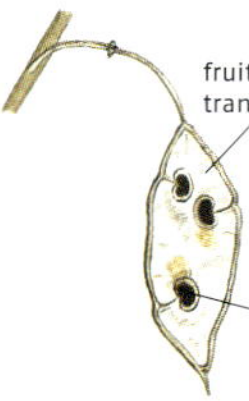

Le saviez-vous ?

La lunaire vivace, plus connue sous le nom de « monnaie-du-pape », est originaire du pourtour méditerranéen. Avec ses fruits très décoratifs, de forme presque circulaire, elle entre souvent dans la composition de magnifiques bouquets séchés.

Cardamine des prés

Cardamine pratensis (crucifères)

H 10–60 cm   avr.–juin   vivace

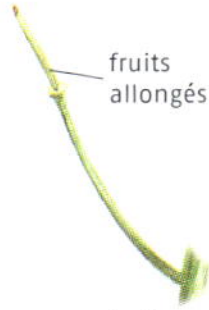

Habitat *Prairies humides, marécageuses ou inondées, bois inondés, rivages, forêts humides. Sur sols frais et riches. Dans presque toute l'Europe.*

La cardamine des prés, ou cresson des prés, commence à fleurir au premier chant du coucou. Cette plante porte souvent des larves de cicadelle écumeuse, qui produisent les « crachats de coucou », un amas liquide et visqueux composé d'excréments. La cardamine se multiplie par ses graines, mais aussi par des rejets au niveau des feuilles inférieures, qui se forment lorsque les feuilles entrent en contact avec le sol humide ou la mousse.

Le saviez-vous ?

Dans le langage populaire, les amas visqueux produits par la cicadelle écumeuse sont appelés « crachats de coucou ». On imaginait en effet que le coucou en était responsable. En réalité, c'est l'enveloppe protectrice des larves de cicadelle.

> ***Goût fort (de cresson).***
> ***Feuilles radicales en rosette, souvent persistantes***
> ***Forme de grandes prairies violettes au printemps.***

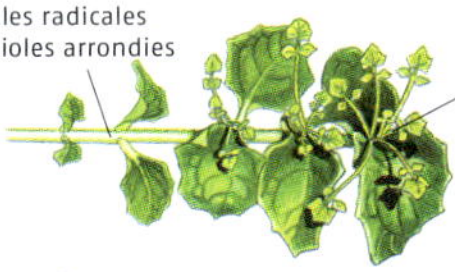

Gentiane ciliée

Gentianella ciliata (gentianacées)

H 7-30 cm   août-oct.   bisannuelle, buissonnante

Habitat *Pelouses maigres, pâturages rocailleux, lisières des bois. Sur sols calcaires en Europe centrale et dans les montagnes d'Europe du Sud, jusqu'à 2 500 m d'altitude.*

> ***Fleurs sur la tige.***
> ***Fleurs à odeur de violette.***
> ***Espèce menacée et protégée.***

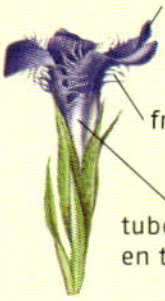

Les fleurs de gentiane ne s'ouvrent que le jour, par beau temps. La nuit et par temps de pluie, elles restent fermées. Ces mouvements de la fleur s'effectuent par étirement de la corolle. Les fleurs de gentiane ciliée ont un diamètre de 2-3 cm, quand elles sont jeunes, et atteignent ensuite 5 cm. Ces fleurs sont pollinisées par des bourdons et des papillons diurnes à longue trompe.

Véronique petit-chêne

Veronica chamaedrys (scrophulariacées)

H 15-40 cm   mai-juill.   vivace

Habitat *Haies, lisières des buissons et des forêts, prairies, bord des chemins, forêts de chênes claires et sèches. Dans toute l'Europe.*

> ***2 rangées de poils sur la tige.***
> ***Stations ensoleillées ou mi-ombragées.***
> ***Donne un beau gazon fleuri.***

La véronique petit-chêne, ou fausse germandrée, a des fleurs qui se fanent très vite. Il est donc inutile de les cueillir : après quelques minutes, les corolles violettes tombent les unes après les autres.

Véronique filiforme

Veronica filiformis (scrophulariacées)

H 5-30 cm   mars-juin   vivace

La véronique filiforme, originaire du Caucase, a été introduite comme plante d'ornement, en particulier pour décorer les tombes. Elle est revenue progressivement à l'état sauvage et, depuis 1930, s'est naturalisée dans nos régions. Cette plante robuste occupe facilement de grands espaces. Dans les prairies, elle mène une rude concurrence aux espèces locales, même si on l'apprécie dans les parcs et jardins pour son aspect très décoratif.

Habitat *Prairies, pâturages, pelouses et parcs. Aime les stations chaudes, légèrement ombragées, où l'air est humide. Europe du Nord et du Centre.*

> ***Tiges et pédoncules très minces.***
> ***Port bas à rampant.***
> ***Supporte le pacage et le piétinement.***

Le saviez-vous ?

La véronique filiforme se multiple particulièrement bien dans les pelouses décoratives lorsqu'elles sont régulièrement tondues. Les parties de la véronique ainsi répandues donnent de nouvelles plantes.

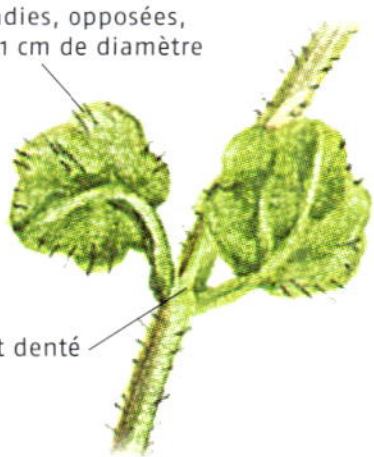

Véronique germandrée

Veronica teucrium (scrophulariacées)

H 20-80 cm   mai-juill.   vivace

Habitat *Buissons, pelouses maigres, bords des chemins, forêts claires de chênes ou de pins. Sur sols plutôt secs. Europe centrale et du Sud.*

- > ***Fleurs souvent bleu vif.***
- > ***Souvent en sujet isolé.***
- > ***A besoin de chaleur et de soleil.***

La véronique germandrée est très décorative dans les jardins de plantes sauvages ensoleillés. La véronique officinale, ou thé de l'Europe, est appréciée comme infusion dépurative.

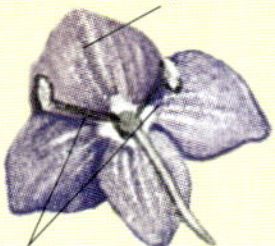

Succise des prés

Succisa pratensis (dipsacacées)

H 15-80 cm   juill.-sept.   vivace

Habitat *Prairies marécageuses, pelouses maigres de montagne, prairies humides. Marais jusqu'à 1 500 m d'altitude. Dans presque toute l'Europe.*

- > ***Indicateur de sols pauvres.***
- > ***A besoin de suffisamment d'humidité.***
- > ***Souvent en groupes épars.***

Cette plante est également appelée « mors-du-diable » (on raconte en effet que la souche de la plante aurait été mordue par le diable). Elle était employée par les herboristes contre les abcès, les affections pulmonaires et comme dépuratif.

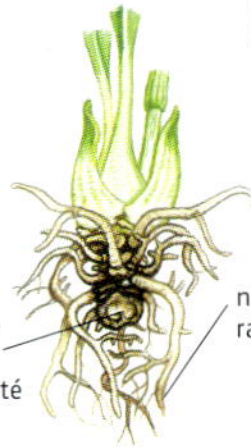

Cardère sauvage

Dipsacus fullonum (dipsacacées)
H 70-200 cm juill.-août bisannuelle

Dans la cupule située à la base des feuilles s'accumule de l'eau, d'où l'autre joli nom de la cardère sauvage : « cabaret-des-oiseaux ». Les insectes qui s'y noient constituent un apport d'azote pour la plante. Dans le capitule, les fleurs situées à mi-hauteur s'épanouissent en premier, puis c'est au tour des fleurs du haut et du bas.

Habitat *« Mauvaises herbes » des bords des chemins, talus, rives et friches. Sur sols riches. Relativement fréquente.*

> ***Les plantes séchées restent dressées tout l'hiver.***
> ***Souvent en grandes touffes.***
> ***Indicateur de sols argileux.***

Le saviez-vous ?

La cardère cultivée (Dipsacus sativus) a longtemps été utilisée pour carder la laine et les lainages, car elle possède des bractées recourbées, plus rigides et plus solides, idéales pour cette opération. Aujourd'hui rare, elle se rencontre encore en Europe centrale et du Sud.

Nigelle de Damas

Nigella damascena (renonculacées)

H 10-50 cm   mai-juin   annuelle

Habitat *Sur terres cultivées, friches et terrains vagues, en région méditerranéenne. Plante décorative des jardins.*

- ***Fruits décoratifs dans les bouquets séchés.***
- ***Les graines froissées dégagent une odeur de fraise.***
- ***Également appelée « cheveu-de-Vénus ».***

Les abeilles se posent sur les pétales et font ensuite le tour de la fleur en récoltant le nectar dans des réceptacles de forme complexe. La nigelle *Nigella sativa*, ou cumin noir, fournit une huile très appréciée et des graines qui parfument le pain turc. Cette nigelle ne possède pas de feuilles vertes sous la fleur.

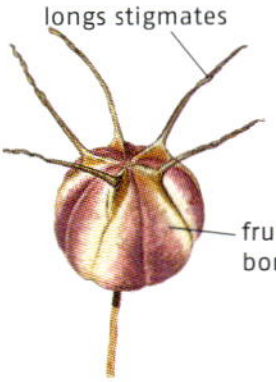

Lavande de mer

Limonium vulgare (plombaginacées)

H 20-50 cm   août-sept.   vivace

Habitat *Marais salants côtiers de la mer du Nord, de la Baltique et de l'Atlantique. Sur sols salins.*

- ***Toutes les feuilles sont basales.***
- ***En touffe couvrant de grandes étendues.***
- ***Cultivée pour la fabrication de bouquets séchés.***

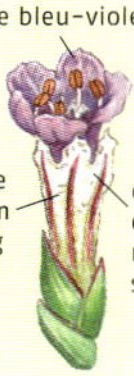

Pour s'adapter aux marais salants, la lavande de mer possède des glandes qui rejettent le sel. Celui-ci sèche alors sur les feuilles, les couvrant de petits cristaux qui sont lessivés par la pluie. Cette plante est également appelée « saladelle ».

Lin cultivé

Linum usitatissimum (linacées)
H 30-60 cm juin-juill. annuelle

Le lin a longtemps fourni une matière première textile très importante en Europe, aux côtés de la laine. On le tissait pour réaliser des vêtements, du linge de maison, des voiles de bateaux. Aujourd'hui, le coton, plus souple, est plus largement employé. Cependant, le lin est encore cultivé pour ses fibres, mais aussi pour ses graines et l'huile qu'on en extrait. L'huile de lin entre dans la composition des peintures.

Habitat *Champs, décharges. Surtout sur sols riches. Cultivé en Europe centrale et du Sud, rarement naturalisé.*

> **Donne de magnifiques champs de fleurs bleues.**
> **Les fleurs sont déjà fanées à midi.**
> **Feuilles trinervées.**

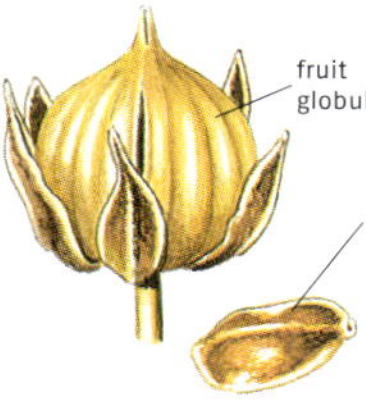

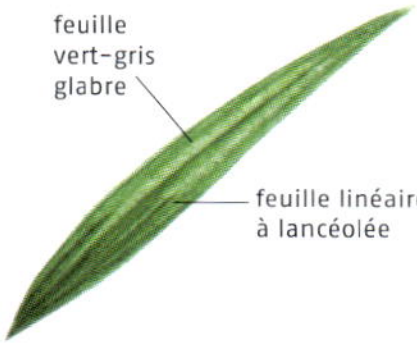

Le saviez-vous ?
Semblable, le lin vivace a des bourgeons pendants et pousse à l'état sauvage en Europe du Sud. On le sème aussi dans nos jardins d'agrément. Ses fleurs s'ouvrent tôt le matin, vers 6 h, et se ferment l'après-midi.

Géranium des prés

Geranium pratense (géraniacées)

H 20-60 cm juin-août vivace

Habitat *Prairies grasses, bords des fossés, buissons le long des routes. Sur sols riches, surtout calcaires. Dans presque toute l'Europe.*

> ***Feuilles palmatilobées à 7 lobes.***
> ***Souvent en groupes.***
> ***Le géranium des bois est semblable, mais à fleurs plutôt mauves.***

La base du fruit renferme 5 graines et un appendice, le « bec de grue », qui joue un rôle important dans leur dissémination. En séchant, il se tend comme un ressort. Quand il se détend, les graines sont projetées jusqu'à 2 m de la plante mère.

Panicaut de mer

Eryngium maritimum (apiacées)

H 20-60 cm juin-août. bisannuelle, buissonnante

Habitat *Dunes et sols sablonneux de toute l'Europe.*

> ***Ressemble à un chardon, mais fait partie des ombellifères.***
> ***Espèce protégée, car menacée.***
> ***Étamines très saillantes.***

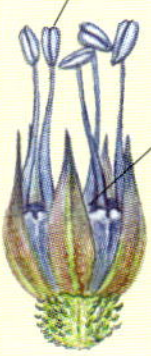

Les tiges florales ont longtemps été cueillies par les touristes pour composer des bouquets séchés. Également appelé « chardon bleu » ou « chardon Roland des dunes », le panicaut de mer aurait des vertus aphrodisiaques.

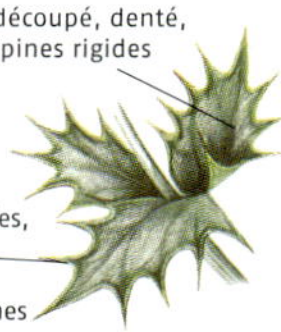

Chardon bleu des Alpes

Eryngium alpinum (apiacées)
H 30-80 cm   juill.-août   vivace

Les imposantes bractées se referment la nuit et par temps humide sur la fleur. Elles attirent les insectes pollinisateurs et protègent les capitules des prédateurs, mais pas des humains. Ces fleurs si splendides en bouquets séchés sont très prisées, mais leur cueillette est interdite, car l'espèce est protégée.

Habitat *Pelouses alpines, pierriers, buissons. Sur sols calcaires entre 1 500 et 2 500 m d'altitude, dans les Alpes et le nord des Balkans.*

> ***Également appelé « reine-des-Alpes ».***
> ***Appartient aux apiacées, bien qu'il ressemble à un chardon.***
> ***Visible de loin.***

Le saviez-vous ?
Le culentro est une épice extraite d'un panicaut d'Amérique centrale. Ses feuilles fraîches finement hachées ont un goût fort et piquant, un peu comme la coriandre. On l'utilise dans la cuisine des Caraïbes et du Viêtnam.

Gentiane de Clusius

Gentiana clusii (gentianacées)

H 5-10 cm mai-août vivace

Habitat *Pelouses maigres et rocailleuses, pelouses alpines d'Europe, entre 1 200 et 2 800 m d'altitude. Sols peu calcaires.*

> ***L'une des fleurs des Alpes les plus connues.***
> ***La gentiane acaule, ou gentiane de Koch, est semblable, avec des fleurs striées de vert olive à l'intérieur.***

Les fleurs sont translucides vers le bas et divisées en 5 loges à la base. Les bourdons s'y engouffrent, guidés par la lumière, et aspirent le nectar. C'est une erreur d'illustrer les bouteilles d'alcool de gentiane par des gentianes bleues, alors que cette boisson est fabriquée avec de la gentiane jaune (p. 233).

Gentiane à feuilles d'asclépiade

Gentiana asclepiadea (gentianacées)

H 30-80 cm juill.-sept. vivace

Habitat *Prairies marécageuses, forêts de montagne, lisières des bois. Sur sols humides, également à l'ombre. Montagnes d'Europe centrale et du Sud, jusqu'à 2 200 m d'altitude.*

> ***Forme souvent plusieurs tiges fleuries.***
> ***Également appelée « gentiane asclépiade ».***
> ***Était utilisée pour éloigner les sorcières.***

Le nom de la plante fait référence à la ressemblance de ses feuilles avec celles de l'asclépiade. Dans les forêts ombragées, les feuilles sont disposées sur deux rangées, horizontalement, pour mieux capter la lumière zénithale. Dans les stations bien éclairées, leur disposition est aléatoire.

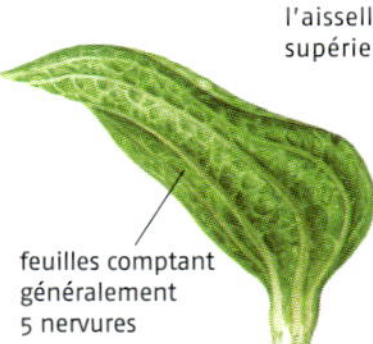

Gentiane printanière

Gentiana verna (gentianacées)

H 5-20 cm   mars-août   vivace

Les fleurs d'un bleu si pur sont rares dans la nature. Le bleu étant symbole de fidélité, cette gentiane lui est souvent associée. Les fleurs sont sensibles aux écarts de température, à la pluie et au vent : elles se ferment par mauvais temps et lorsque la température descend en dessous de 10 °C.

Habitat *Pelouses maigres, pacages à ovins, marécages. Sur sols plutôt calcaires. Montagnes d'Europe centrale et du Sud.*

> ***Souvent en groupes.***
> ***Fleurit parfois une seconde fois en automne.***
> ***Cette gentiane est la première de la saison.***

Petite pervenche

Vinca minor (apocynacées)

H 15-20 cm   avr.-mai   vivace   ☠

La petite pervenche était plantée dans les jardins au Moyen Âge, d'où elle s'est naturalisée. Elle se divise presque exclusivement par stolons, et produit rarement des graines. Sa diffusion est donc liée à l'action des hommes, et les gisements forestiers indiquent des lieux qui ont été colonisés.

Habitat *Forêts de feuillus abritant de nombreuses espèces, surtout près d'anciennes habitations. Sur sols riches. Europe centrale et du Sud.*

> ***La tige peut progresser, au sol, de 2 m en un an.***
> ***Couvre souvent de grandes étendues.***
> ***Supporte les stations ombragées.***

Douce-amère

Solanum dulcamara (solanacées)

H 30-200 cm   juin-août   buisson   ☠

Habitat *Buissons humides, fossés, rivages des cours d'eau, forêts d'aulnes, coupes forestières. Surtout sur sols humides ou inondés. Dans presque toute l'Europe.*

> ***Porte souvent les fleurs et les fruits en même temps.***
> ***Pousse un peu en vrille.***
> ***Feuilles très variables, ovales ou lobées.***

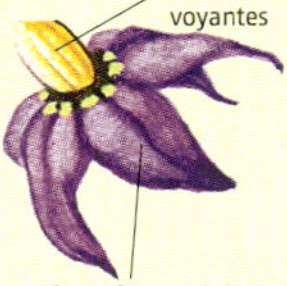

Toute la plante est toxique et peut provoquer des crampes et une paralysie respiratoire. Il est très dangereux de vouloir vérifier si les fruits sont bien doux d'abord et amers ensuite, comme le laisse supposer le nom de la plante. Des extraits de *Dulcamara* sont utilisés pour combattre l'eczéma.

Morelle de Linné

Solanum sodomaeum (solanacées)

H 50-300 cm   mai-sept.   vivace   ☠

Habitat *Naturalisée dans la région méditerranéenne, le long des chemins, dans les décharges et sur les plages de sable.*

> ***Fleurs et fruits souvent présents en même temps.***
> ***Originaire d'Afrique du Sud.***
> ***Buisson très épineux.***

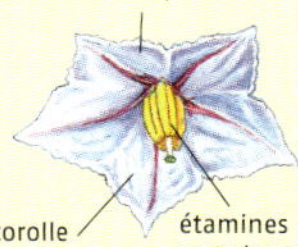

La morelle de Linné, ou « pomme de Sodome » est symbole de fausseté et d'hypocrisie, car ses fruits, très toxiques, sont appétissants. Il existe en Afrique un autre pommier de Sodome, *Calotropis procera*, fréquent dans les zones arides. Dans la Bible, les villes de Sodome et Gomorrhe ont été détruites par Dieu, à cause de leurs péchés.

Mandragore officinale

Mandragora officinarum (solanacées)

H 10-20 cm fév.-mai ☠

De nombreuses légendes sont rattachées à cette plante. On croyait par exemple que posséder une racine de mandragore apportait la richesse et la chance en amour. Les Anciens lui attribuaient diverses vertus magiques. Riche en alcaloïdes, la mandragore a des propriétés mydriatiques et hallucinogènes.

Habitat *Friches, décharges, oliveraies, bords des chemins. Stations ensoleillées en basse altitude. Bassin méditerranéen.*

> ***Plante magique au nom célèbre.***
> ***Peut atteindre 50 ans.***
> ***Les feuilles évoquent l'épinard ou la bette.***

Le saviez-vous ?

Selon la forme de la racine, on distinguait des mandragores mâles et femelles. Ces racines étaient conservées précieusement, revêtues d'étoffes et nourries. Ainsi, elles conféraient à son propriétaire une force invincible.

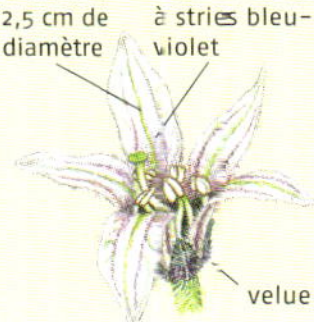

Polémoine bleue

Polemonium caeruleum (polémoniacées)
H 30-80 cm juin-juill. vivace

Habitat *Sauvage dans les prairies humides, le long des ruisseaux et des rivières. Naturalisée sur les chemins et les murs. Sur sols humides. Europe du Nord et centrale.*

- ***Fleur décorative fréquente dans les jardins de campagne.***
- ***Également à fleurs blanches.***
- ***Fleurs sauvages protégées.***

Le nom allemand de cette plante, *Himmelsleiter*, évoque une échelle dressée vers le ciel, en référence aux feuilles, disposées en échelle le long de la tige. Cette plante est de la même famille qu'une fleur de jardin originaire d'Amérique, le phlox. La polémoine était cultivée dans les jardins d'Europe du XVIe au XIXe siècle.

Phacélie à feuilles de tanaisie

Phacelia tanacetifolia (hydrophyllacées)
H 30-70 cm juin-oct. annuelle

Habitat *Originaire de Californie. Plantée en Europe et naturalisée dans les friches chaudes en été, sur les bords des chemins, dans les vignes.*

- ***Produit de magnifiques champs de fleurs bleues.***
- ***Les feuilles ressemblent à celles de la tanaisie (p. 251).***
- ***N'a pas de parasites dans nos contrées.***

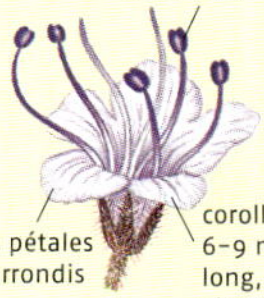

Les champs de phacélie offrent aux abeilles une abondance de nectar, et fournissent un excellent engrais vert ou un bon fourrage pour le bétail. Depuis quelques années, les agriculteurs utilisent de plus en plus cette culture. La phacélie se diffuse d'elle-même à partir de ces cultures, mais ne persiste souvent que quelques années à l'état sauvage.

Grémil pourpre-violet

Lithospermum purpurocaeruleum (boraginacées)

H 30-60 cm avr.-juin vivace ☠

Habitat *Forêts ensoleillées et clairières, lisières des bois et des buissons, sur sols secs et plats. Europe centrale et du Sud.*

> ***La teinte de la fleur vire du pourpre au bleu.***
> ***A besoin de chaleur.***
> ***Pousse également à l'ombre, mais sans fleurs.***

Chaque fleur donne naissance à un fruit blanc ou brun clair à quatre parties, renfermant chacune une graine très dure. Logées dans le calice, elles ne tombent au sol qu'en hiver, lorsque la plante se dessèche. Le grémil se multiplie aussi par ses tiges rampantes, qui s'enracinent et forment des pelouses denses.

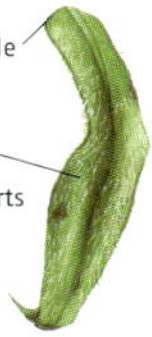

Myosotis des marais

Myosotis scorpioides (boraginacées)

H 10-100 cm mai-sept. vivace

Habitat *Prairies humides, fossés, rivages, bois inondés. Sur sols humides, de la plaine à la montagne. Dans presque toute l'Europe.*

> ***A besoin d'eau.***
> ***Le centre jaune de la fleur attire les insectes.***
> ***Les fleurs virent du pourpre au bleu.***

Le myosotis, encore appelé « Ne-m'oubliez-pas », est en poésie et dans les légendes populaires la fleur des amoureux. Plante aphrodisiaque, elle permet en effet de garder le souvenir de l'être aimé. Ses fleurs qui se régénèrent durant toute la saison ont été choisies comme symbole d'un amour sans cesse renouvelé. Elles ont également été comparées à des yeux.

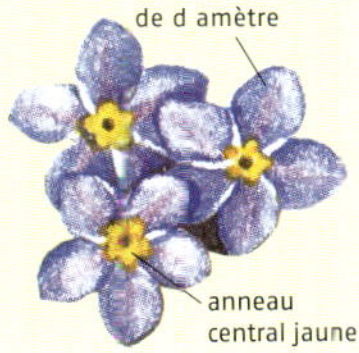

Buglosse officinale

Anchusa officinalis (boraginacées)

H 30-80 cm   mai-août   bisannuelle, buissonnante ☠

Habitat *« Mauvaises herbes » des bords des chemins, friches et décharges. Sur sols sablonneux ou graveleux, en stations ensoleillées. Dans presque toute l'Europe.*

> ***Les fleurs sont tout d'abord rouge carmin.***
> ***A besoin de chaleur.***
> ***Les racines s'enfoncent profondément dans le sol.***

Les feuilles à pubescence rugueuse évoquent une langue de bœuf. Cette plante a été recommandée, tout comme la consoude (p. 49), dans le traitement des hématomes, des maladies osseuses et articulaires, et aussi contre la toux. Toutefois, elle contient des substances hépato-toxiques et cancérigènes, aussi est-il préférable d'éviter toute application.

Pulmonaire officinale

Pulmonaria officinalis (boraginacées)

H 10-30 cm   mars-mai   vivace

Habitat *Forêts à sous-bois herbeux, buissons, lisières des bois. Sur sols plutôt humides, de la plaine à la montagne. Dans presque toute l'Europe.*

> ***Pousse à l'ombre ou à mi-ombre.***
> ***Les fleurs virent du rouge au bleu.***
> ***Également dans les jardins de fleurs sauvages.***

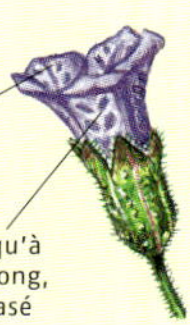

Tout comme l'intérieur des poumons, les fleurs changent de teinte. Selon leur teneur en oxygène, elles apparaissent en effet rouges ou bleues. De plus, les motifs sur les feuilles évoquent le tissu pulmonaire, ce qui explique l'origine de son nom. Cette plante a été employée contre les affections pulmonaires, comme la tuberculose.

Bourrache officinale

Borago officinalis (boraginacées)

H 20-70 cm   avr.-sept.   annuelle

La bourrache est cultivée dans les potagers, pour agrémenter salades vertes et concombres. Dans l'Antiquité, cette plante était censée rendre fort et joyeux. Au XVIe siècle, elle était employée comme cardiotonique. Aujourd'hui, la phytothérapie utilise l'huile extraite de ses graines pour soigner les névrodermites.

Habitat *Terres cultivées, friches, terrains vagues, bords des chemins et décharges. Stations ensoleillées et chaudes. En Méditerranée.*

- ***Longue floraison.***
- ***En Europe centrale, parfois naturalisée.***
- ***Odeur et goût de concombre.***

Le saviez-vous ?

Le fruit de la bourrache est formé de 4 akènes qui portent de petits tubercules riches en substances nutritives. Les fourmis recueillent les fruits pour se nourrir des tubercules et favorisent ainsi la dissémination de la bourrache.

Verveine officinale

Verbena officinalis (verbénacées)

H 30-100 cm juill.-sept. annuelle buissonnante

Habitat *Décharges, prairies, bords des chemins, murs, fossés. Sur sols relativement secs ou humides. Dans presque toute l'Europe.*

> ***Attire les abeilles.***
> ***Indicateur d'azote.***
> ***Fleurs très discrètes.***

La verveine officinale était un porte-bonheur dans l'Antiquité. On lui attribuait des pouvoirs magiques, comme de renforcer le fer et d'éloigner la foudre. Cette action sur le fer a une explication scientifique : la verveine, ou toute autre plante, ajoutée à du fer en fusion, a une action durcissante sur le métal, grâce au carbone qu'elle contient.

Jasione des montagnes

Jasione montana (campanulacées)

H 10-45 cm juin-août annuelle à bisannuelle

Habitat *Pelouses sèches sablonneuses peu calcaires, dunes, pitons rocheux, buissons clairs, lisières. Sur sols dégagés. Dans presque toute l'Europe.*

> ***Les pétales des jeunes fleurs sont soudés.***
> ***Plante d'aspect très délicat.***
> ***Convient aux jardins de fleurs sauvages.***

Contrairement à ce que laisserait penser son nom, la jasione n'est pas une plante de montagne. Ses racines pénètrent jusqu'à 1 m de profondeur, ce qui leur permet de puiser suffisamment d'eau dans les sols sablonneux.

Raiponce noire

Phyteuma nigrum (campanulacées)

H 20-50 cm mai-juill. vivace

La corolle est ouverte par 5 fentes longitudinales. Au début, les 5 pétales restent soudés à leur extrémité, comprimant les anthères, ce qui provoque la libération du pollen rouge foncé. Ensuite, les pétales se séparent et les stigmates se développent. La raiponce noire attire les abeilles et les syrphes.

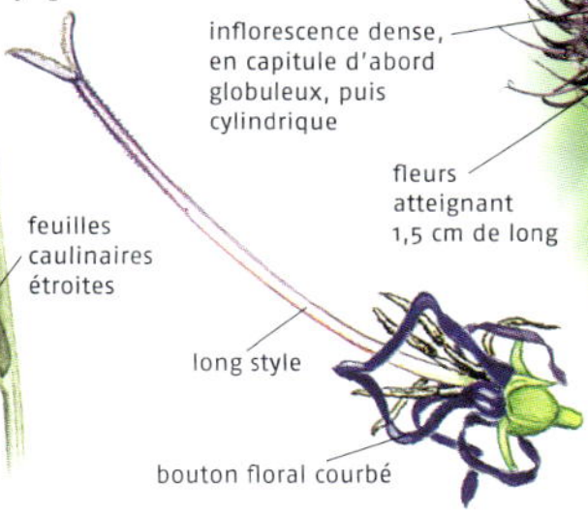

Habitat *Forêts mixtes, pelouses alpines. Surtout en moyenne montagne, sur roches siliceuses. Europe moyenne.*

> ***C'est la plus sombre des raiponces.***
> ***Le capitule floral s'allonge.***
> ***Fleurit aussi à l'ombre.***

Raiponce orbiculaire

Phyteuma orbiculare (campanulacées)

H 15-60 cm juin-sept. vivace

Le nom raiponce, du latin *rava*, « rave », est dû à la racine renflée et charnue, qui a longtemps été consommée cuite sous la cendre. La forme des boutons floraux explique les noms de « griffe-du-diable » ou « griffe-de-chat », donnés à cette plante dans certains dialectes.

Habitat *Prairies maigres, pelouses rocailleuses, terres calcaires, prairies marécageuses. De la plaine à plus de 2 500 m d'altitude. Europe centrale et du Sud.*

> ***Capitules bleu vif dressés en hauteur.***
> ***Souvent en touffes peu denses.***
> ***A besoin de beaucoup de lumière.***

Campanule étalée

Campanula patula (campanulacées)

H 30-60 cm   mai-juin   bisannuelle

Habitat *Prairies, pâturages, bords des chemins, friches. Sur sols riches et stations ensoleillées. Dans presque toute l'Europe.*

> ***Parmi les campanulacées les plus répandues.***
> ***Aime la chaleur.***
> ***Plantée dans les jardins de fleurs sauvages.***

La nuit et par temps gris, les campanules baissent la tête pour protéger le pollen de la pluie et de la rosée. Par beau temps, elles se redressent et se tournent vers le soleil.

Campanule à feuilles rondes

Campanula rotundifolia (campanulacées)

H 15-30 cm   juin-oct.   vivace

Habitat *Pelouses et prairies maigres, landes, forêts claires. Bords des forêts et des chemins, fentes rocheuses, murailles. Dans presque toute l'Europe, au Sud dans les montagnes.*

> ***Souvent en touffes.***
> ***Indicateur de sols maigres.***
> ***Les racines pénètrent profondément dans les fentes.***

Seules les feuilles radicales sont rondes, mais elles ont généralement disparu lors de la floraison, et il est alors difficile d'identifier la campanule à feuilles rondes. Dans les stations ombragées, elle ne fleurit pas et conserve ses feuilles radicales, les courtes tiges portant juste quelques feuilles caulinaires.

Campanule agglomérée

Campanula glomerata (campanulacées)

H 30-60 cm   juin-sept.   vivace

Le colorant qui donne aux campanules leur belle teinte bleue réagit très vivement à l'acide. Si l'on pose une fleur sur une fourmilière, ou si l'on verse une goutte de vinaigre dessus, elle vire immédiatement au rouge.

Habitat *Pelouses alpines, forêts claires, landes. Jusqu'à 2 800 m d'altitude. Sur sols acides.*

- > ***Fleurs serrées.***
- > ***Rarement, fleurs blanches.***
- > ***Décorative dans les jardins.***

Mâche

Valerianella locusta (valérianacées)

H 5-15 cm   avr.-mai   annuelle

Les graines germent en automne et la plante hiverne sous forme d'une rosette de feuilles qui résiste au gel et donne une salade d'hiver aromatique très appréciable, à haute teneur en minéraux et vitamines. Il semble que la culture de la mâche, ou doucette, n'ait été entreprise qu'au XVIIIe siècle.

Habitat *Champs, friches, vignobles, terrains vagues, buissons des chemins, bords des routes. Dans toute l'Europe.*

- > ***Les fruits attirent les oiseaux.***
- > ***Souvent semé comme salade.***
- > ***Son goût évoque la noisette.***

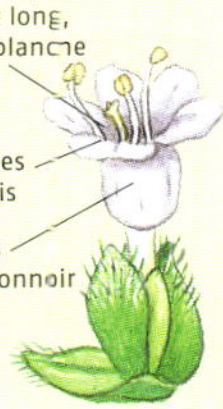

Anémone pulsatille

Pulsatilla vulgaris (renonculacées)

H 5-50 cm avr.-mai vivace ☠

Habitat *Pelouses maigres, forêts calcaires, pinèdes. Sur sols chauds, secs, le plus souvent calcaires et pauvres. Europe occidentale et centrale.*

- > ***Les fleurs se referment la nuit.***
- > ***Les racines s'enfoncent jusqu'à 1 m de profondeur.***
- > ***Bel effet en rocailles.***

Les fleurs qui dansent dans le vent font un peu penser aux cloches des vaches. Les soies plumeuses des fruits s'écartent par temps sec, favorisant la dissémination par le vent. L'anémone (pulsatille) des prés, espèce voisine à fleurs pourpre foncé toujours retombantes, fournit un remède très employé en homéopathie pour traiter les affections des organes sexuels et les rhumes à répétition.

Le saviez-vous ?

L'anémone pulsatille du printemps, qui pousse essentiellement dans les Alpes jusqu'à 3 600 m d'altitude, est entièrement couverte de poils denses et dorés, qui la protègent efficacement contre le gel.

Ancolie commune

Aquilegia vulgaris (renonculacées)

H 40-80 cm   mai-juill.   vivace   ☠

Habitat *Forêts de feuillus claires, buissons, haies, prairies ombragées. Surtout sur sols calcaires. De la plaine à 2 000 m d'altitude. Dans presque toute l'Europe.*

> ***Fleurs parfois roses ou blanches.***
> ***Aime la chaleur.***
> ***Fleur d'ornement dans les jardins.***

Les bourdons à longue trompe se glissent dans la fleur pour sucer le nectar au fond du long éperon. Ceux qui ont la trompe courte percent un petit trou à l'extrémité de l'éperon pour se servir directement, sans féconder la fleur. Ces orifices sont par la suite exploités par les abeilles.

Le saviez-vous ?

Les ancolies cultivées offrent toutes les nuances entre le blanc et le violet foncé. Le nombre de pétales prolongé par un éperon est également plus important, et ils peuvent s'emboîter comme des cornes d'abondance. On trouve aussi des espèces originaires d'Asie et d'Amérique.

Hépatique

Hepatica nobilis (renonculacées)

H 5–15 cm mars–avr. vivace ☠

Habitat *Hêtraies et chênaies à sous-bois herbacés. Indicateur de sol calcaire. Dans presque toute l'Europe.*

> ***Parfois fleurs blanches.***
> ***Les fleurs se referment la nuit et par mauvais temps.***
> ***A besoin de stations chaudes en été.***

Au Moyen Âge, on considérait l'hépatique comme un remède pour le foie, car la forme de ses feuilles évoque celle des lobes de cet organe. Les premiers colons d'Amérique du Nord employaient cette plante pour lutter contre l'hépatite. À ce jour, la science n'a pas confirmé sa quelconque efficacité thérapeutique.

Soldanelle des Alpes

Soldanella alpina (primulacées)

H 5–15 cm avr.-juill. vivace

Habitat *Pelouses alpines, landes dans les montagnes d'Europe du Sud et du Centre, au-dessus de la limite des forêts, jusqu'à 2 000 m.*

> ***Pousse sur les sols humides de neige.***
> ***Hiverne avec des feuilles vertes sous la neige.***
> **Soldanella** ***vient du latin et signifie « sou ».***

La soldanelle fleurit dès la fonte des neiges. Les tiges florales sombres percent souvent la couche neigeuse. Elles se chauffent au soleil et contribuent à faire fondre la neige autour d'elles. Ainsi, la plante peut rapidement relancer son métabolisme et produire des hydrates de carbone.

Aster amelle

Aster amellus (astéracées)

H 20-40 cm juill.-sept. vivace

Les feuilles de l'aster amelle sont généralement dressées. Ainsi, elles sont moins fortement exposées au soleil et moins sujettes au dessèchement. La pilosité leur sert aussi de protection contre l'évaporation. Malgré ces aménagements, l'aster souffre en cas de sécheresse, ses feuilles et ses bourgeons dépérissent.

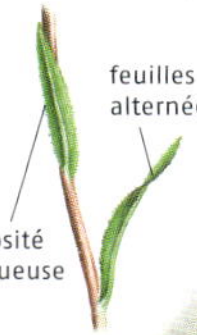

Habitat *Buissons, lisières des chemins, pelouses sèches, pinèdes claires. Sur sols calcaires et stations sèches. Europe centrale et du Sud-Est.*

> ***Attire les mouches et les papillons.***
> ***Fleur ornementale des jardins, avec d'autres asters.***
> ***A besoin d'un sol pauvre.***

Aster maritime

Aster tripolium (astéracées)

H 15-60 cm juill.-sept. bisannuelle

L'aster maritime puise l'eau dans le sol mais aussi le sel, toxique pour son métabolisme. Celui-ci reste stocké dans les feuilles inférieures qui, lorsqu'elles ont atteint une concentration saline trop forte, jaunissent et dépérissent. Elles finissent par tomber et, ce faisant, libèrent la plante de son excès de sel.

Habitat *Marais salants, zones côtières, gisements de sel. Côtes de toute l'Europe.*

> ***Feuilles épaisses et charnues.***
> ***Peut recouvrir de vastes étendues.***
> ***Adaptée aux stations salines.***

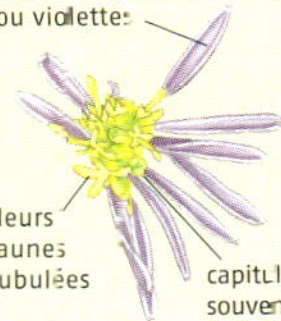

Échinops à tête ronde

Echinops sphaerocephalus (astéracées)

H 60-180 cm   juin-août   vivace

Habitat *Bord des chemins, chemins de fer, friches. Sur stations sèches et chaudes. Europe centrale et du Sud.*

> ***Inflorescence globuleuse.***
> ***Plante très mellifère.***
> ***Les fruits attirent les oiseaux granivores.***

Cette plante, originaire de la Méditerranée et cultivée depuis le XVIe siècle à des fins ornementales, s'est naturalisée. Les inflorescences, d'abord bleues, puis grises ou blanchâtres, attirent les abeilles. Le pollen bleuté leur fait des « culottes bleues » lorsqu'elles visitent l'échinops.

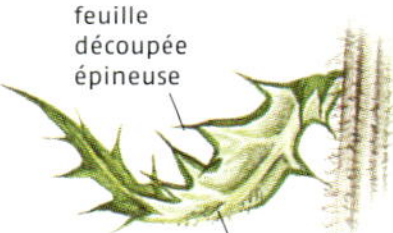

Centaurée des montagnes

Centaurea montana (astéracées)

H 30-60 cm   mai-oct.   vivace

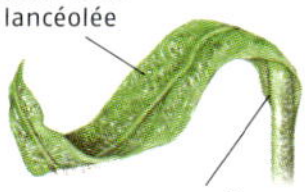

Habitat *Coteaux rocailleux, forêts de montagne et ravines. Montagnes d'Europe centrale et du Sud jusqu'à 2 000 m d'altitude*

> ***La tige semble ailée.***
> ***A besoin d'humidité.***
> ***Cultivée dans les jardins et naturalisée.***

Chez toutes les centaurées, les anthères se rétractent vers le bas au contact, laissant apparaître le pollen jaune. La centaurée des montagnes permet d'observer ce phénomène lorsqu'on tapote le capitule. En quelques secondes, le pollen apparaît. Quelques minutes plus tard, les anthères reprennent leur position initiale.

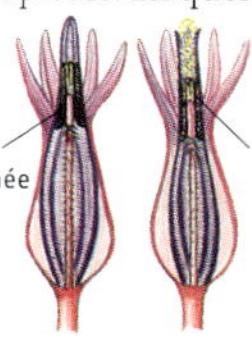

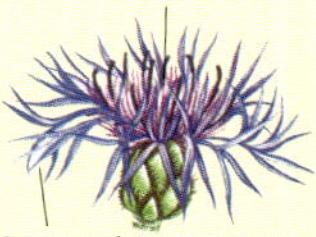

Bleuet des champs

Centaurea cyanus (astéracées)

H 30-60 cm juin-oct. annuelle

Le bleuet des champs était la fleur préférée de Guillaume Ier, empereur de Prusse au XIXe siècle. Ses partisans portaient donc un bleuet à la boutonnière. Le bleuet s'est répandu à travers le monde avec la culture des céréales. Toutefois, avec l'utilisation des engrais et herbicides, et le labour rapide des chaumes, il a fortement régressé depuis une soixantaine d'années.

Habitat *Champs de céréales, décharges. Sur sols peu calcaires. Originaire du Proche-Orient, répandu dans toute l'Europe.*

- > ***A besoin de chaleur.***
- > ***Les fleurs donnent une belle couleur aux infusions.***
- > ***Souvent dans les mélanges de fleurs sauvages à semer.***

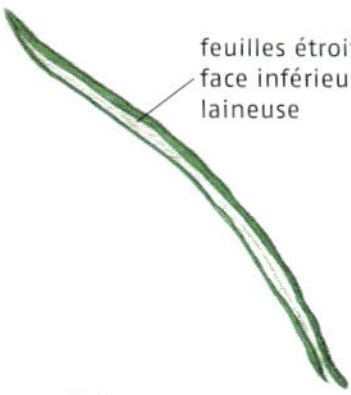

Le saviez-vous ?

Le bleuet est depuis 1967 l'emblème national de l'Estonie et symbolise la résistance contre le communisme. En 1969, lors de la Fête des chanteurs estoniens, les autorités soviétiques avaient fait teindre les bleuets en rouge, pour qu'ils ressemblent à l'œillet socialiste.

Chicorée sauvage

Cichorium intybus (astéracées)

H 30-150 cm   juill.-oct.   vivace

Habitat *Bord des chemins et des routes, décharges, friches, talus des chemins de fer. Sur terrains découverts, stations lumineuses. Dans presque toute l'Europe.*

> ***Contient un suc laiteux.***
> ***Supporte les sols salins.***
> ***Répandue dans le monde entier.***

Les capitules s'ouvrent vers 6 h du matin et se referment vers midi, ou plus tard si le temps est couvert. Le colorant bleu, qui se dissout dans l'eau, pâlit sous la pluie et lorsque la fleur se referme. Les racines torréfiées de la chicorée produisent une boisson utilisée comme succédané de café. La chicorée est un légume sauvage apprécié en Grèce.

Le saviez-vous ?

L'endive (à gauche) et le radicchio (à droite) sont des variétés cultivées de la chicorée sauvage, que l'on consomme en salade.

Muscari négligé

Muscari neglectum (liliacées)

H 15-30 cm avr.-mai vivace

Jusqu'au début du XXe siècle, le muscari négligé était très commun dans les vignes. Aujourd'hui, il s'est raréfié, principalement en raison des labours profonds qui détruisent son bulbe. Cette plante est peu sensible à l'action des herbicides.

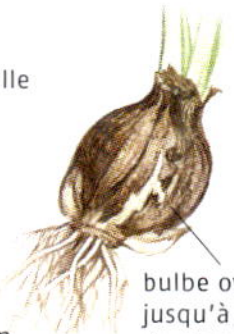

***Habitat** Vignobles, talus ensoleillés, pelouses semi-arides. A besoin de stations chaudes. Europe centrale et au Sud.*

- ***Introduit en Europe centrale en même temps que la vigne.***
- ***Forme souvent des touffes.***
- ***Les fleurs dégagent une odeur de prune.***

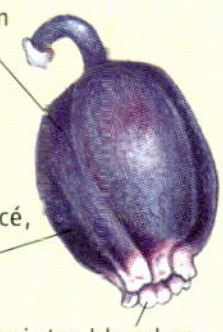

Scille à deux feuilles

Scilla bifolia (liliacées)

H 10-20 cm mars-avr. vivace ☠

Dans la nature, la scille à deux feuilles est menacée par une cueillette excessive. La plante est encore plus endommagée lorsqu'on cueille les feuilles en même temps que la fleur. Dans les jardins, on plante souvent la scille de Sibérie, espèce voisine aux fleurs penchées, originaire de Russie et d'Asie occidentale.

***Habitat** Bois inondés, prairies, forêts de feuillus, vergers en lisière des forêts. Sur sols humides à mi-ombre. Europe centrale et du Sud.*

- ***Pousse souvent en groupe.***
- ***Parfois fleurs roses ou blanches.***
- ***Les 2 feuilles se forment en même temps que la fleur.***

Iris d'Allemagne

Iris germanica (iridacées)

H 30-100 cm   mai-juin   vivace   (☠)

Habitat *Originaire de l'est du bassin méditerranéen. En Europe centrale et du Sud sur les murs, les rochers et les talus. Naturalisée dans les régions viticoles.*

> ***Fleurs parfumées.***
> ***Ne se reproduit pas par graines, mais par division du rhizome.***
> ***Plante appréciée dans les jardins.***

Iris était la déesse de l'arc-en-ciel dans la mythologie grecque et apportait aux hommes et aux mondes inférieurs les messages des dieux. C'est la magnificence de ses couleurs qui serait à l'origine du nom de la plante. La barbe jaune sur les pétales est une imitation de nombreuses étamines.

Le saviez-vous ?

Le rhizome séché de l'iris d'Allemagne a un parfum de violette. On le donnait autrefois à mâchonner aux enfants. Il est également utilisé contre le rhume et en parfumerie.

Aconit napel

Aconitum napellus (renonculacées)

H 50-150 cm juin-août vivace ☠

Habitat *Bois inondés, prairies humides, berges des ruisseaux en moyenne montagne et jusqu'à 2 500 m. Europe centrale.*

L'aconit napel est une plante très toxique, considérée dans l'Antiquité comme l'arsenic végétal. Il suffit d'1 à 2 g pour obtenir une dose mortelle. La mort survient, après de très fortes douleurs, par arrêt cardiaque ou paralysie respiratoire. La victime la plus célèbre de l'aconit est Claude, 4e empereur romain, empoisonné par son épouse. La substance toxique passe la barrière cutanée, il faut donc porter des gants en caoutchouc pour cueillir l'aconit.

- > ***Utilisé pour empoisonner les flèches.***
- > ***Également appelé « casque-de-Jupiter ».***
- > ***L'aconit panaché a des fleurs bleues ou blanches.***

Le saviez-vous ?

Les bourdons visitent les fleurs pour collecter le nectar contenu dans l'éperon des pétales. Si l'on ôte le casque, on découvre les deux longs pétales nectaires. La fleur ressemble alors à un chariot tiré par deux animaux, d'où son nom de « chariot-de-Vénus ».

Pied-d'alouette

Consolida regalis (renonculacées)

H 20-40 cm mai-août annuelle ☠

Habitat *Champs de céréales, plus rarement bord des chemins et décharges. Aime les sols chauds, riches, argilo-calcaires. Europe centrale et du Sud, sud de la Scandinavie.*

> ***La plante paraît frêle.***
> ***En forte régression du fait de l'agriculture intensive.***
> ***Hiverne parfois sous forme de rosettes de feuilles.***

L'éperon est gorgé d'un doux nectar, que seuls les bourdons et autres insectes dotés d'une trompe d'au moins 1,5 mm peuvent atteindre. Aux XVIe et XVIIe siècles, le pied-d'alouette était utilisé comme vulnéraire, pour favoriser les accouchements et aussi comme bain oculaire. Les fleurs sont également employées en teinture végétale.

Le saviez-vous ?

Les pieds-d'alouette cultivés dans les jardins, qui atteignent 1,50 m de haut, sont obtenus par croisement avec des espèces voisines : la dauphinelle des montagnes, des Alpes orientales, le pied-d'alouette à grandes fleurs, de Sibérie, et diverses espèces américaines.

Violette hérissée

Viola hirta (violacées)
H 5-10 cm   avr.-mai   vivace

Si la violette est célèbre pour son parfum agréable, cette espèce, également appelée « violette folle, » n'a pas d'odeur. Après la floraison, les pédoncules se recourbent vers le bas, mettant les fruits directement en contact avec le sol.

Habitat *Forêts et talus, pinèdes claires, buissons, pelouses maigres. Sur sols calcaires, dans presque toute l'Europe.*

> ***Fleurs non odorantes.***
> ***Aime les stations chaudes.***
> ***Forme souvent de grands groupes.***

Violette odorante

Viola odorata (violacées)
H 5-10 cm   mars-avr.   vivace

Les fleurs renferment une huile odorante censée exercer une action apaisante sur le système nerveux. Depuis la fin du XIXe siècle, on fabrique une essence de violette d'origine chimique pour les savons et la parfumerie. La racine de violette recommandée pour les poussées dentaires est en fait une racine d'iris d'Allemagne (p. 182).

Habitat *Bois près des ruisseaux, lisières des forêts, buissons, bords des chemins, parcs, jardins, cimetières. Région méditerranéenne, Europe occidentale et centrale.*

> ***Demande un climat doux.***
> ***Indicateur de sols riches.***
> ***En Europe centrale, plutôt à proximité des villages.***

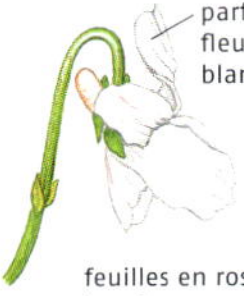

Lupin des jardins

Lupinus polyphyllus (fabacées)
H 100–150 cm   juin-août   vivace   ☠

Habitat *Sur talus et chemins des forêts, parfois semé, parfois naturalisé. Sur sols peu calcaires. Dans presque toute l'Europe.*

- ***Fleurs odorantes.***
- ***Originaire de la côte Pacifique de l'Amérique du Nord.***
- ***Les graines peuvent germer au bout de 50 ans.***

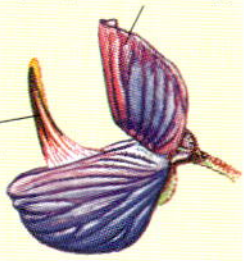

Parmi les lupins des jardins, certains sont riches en substances amères toxiques, d'autres sont plus doux. Les espèces toxiques sont efficaces pour consolider les talus et améliorer le sol. Leurs racines possèdent de petits tubercules, typiques des fabacées, qui abritent des bactéries. Celles-ci jouent un rôle dans le métabolisme de l'azote, ce qui fait de ces plantes un très bon engrais vert. Quant aux variétés douces, elles fournissent un bon fourrage.

Le saviez-vous ?

Dans les jardineries, on trouve de nombreuses variétés de toutes les couleurs. Ces fleurs composent de très beaux bouquets.

Luzerne cultivée

Medicago sativa (fabacées)

H 30-80 cm   juin-sept.   vivace

Le nom de la luzerne vient du provençal *luzano*, « ver luisant », en référence à la teinte claire de ses graines. Originaire de la mer Caspienne, cette plante fourragère est cultivée depuis l'Antiquité. Son rôle économique s'est amplifié lors des guerres menées à cheval, car elle fournit un excellent fourrage. Elle joue toujours un rôle très important dans l'alimentation animale.

Habitat *Prairies maigres, bords des chemins, talus. Sur sols chauds. Souvent semé en mélange avec des graminées. Dans toute l'Europe.*

> ***Appelée aussi « alfalfa ».***
> ***Améliore la qualité des sols.***
> ***Les hybrides ont des fleurs de teinte verte ou noire.***

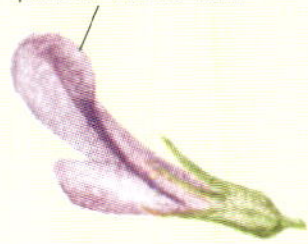

Vesce cracca

Vicia cracca (fabacées)

H 30-120 cm   juin-août   vivace

Les vrilles se tortillent à la recherche d'un support. Quand elles rencontrent un objet, elles s'arrêtent et s'enroulent autour en spirale. La *Vesce cracca* était une « mauvaise herbe » redoutée dans les cultures. Selon un vieux proverbe : « La nielle, le brome et la vesce mettent le paysan sur le flanc. »

Habitat *Prairies, pâturages, champs cultivés, friches, lisières des bois, buissons, berges. Dans toute l'Europe.*

> ***S'accroche par ses vrilles aux autres végétaux.***
> ***Fleurs bleues ou violettes.***
> ***Les oiseaux mangent les graines.***

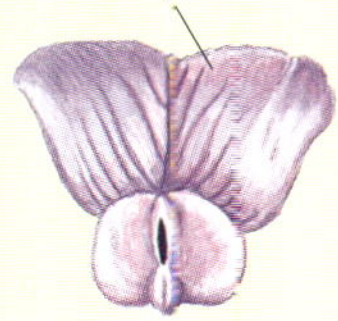

Vesce des haies

Vicia sepium (fabacées)
H 30-60 cm mai-juin vivace

Habitat *Prairies, bords des chemins, friches, buissons, lisières des forêts, clairières. Dans presque toute l'Europe.*

> ***Les fleurs semblent sales.***
> ***Indicateur de sols riches.***
> ***Souvent, présence de fourmis autour des vesces.***

La présence presque constante de fourmis sur les vesces s'explique par une petite dépression sombre située sur la face inférieure des stipules, qui regorge de nectar, source de nourriture appréciée par ces insectes. En contrepartie, la fourmilière éloigne les prédateurs de la vesce, tels que les chenilles.

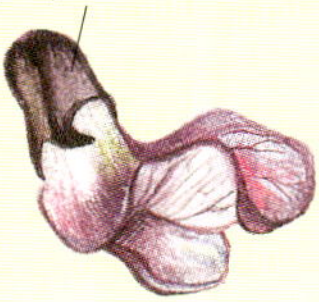

Psoralée bitumineuse

Bituminaria bituminosa (fabacées)
H 20-100 cm avr.-août vivace

Habitat *Bord des chemins, friches, « mauvaises herbes », oliveraies. Surtout sur stations sèches et ensoleillées. Bassin méditerranéen.*

> ***Odeur pénétrante de bitume.***
> ***Fait parfois des fleurs blanches.***
> ***A besoin de chaleur.***

L'odeur de bitume ou d'asphalte de la plante confirme son identification. Les feuilles ont été utilisées comme stimulant, mais aussi contre les affections gynécologiques. Aujourd'hui, l'usage de la psoralée bitumineuse a été abandonné.

Vipérine commune

Echium vulgare (boraginacées)

H 25-100 cm mai-sept. bisannuelle ☠

Les fleurs sont rouges à l'état de bourgeon, puis bleues lorsqu'elles s'épanouissent, ce qui s'explique par une modification de leur taux d'acidité. Les fleurs ouvertes qui restent rosées sont celles qui offrent le plus de nectar aux insectes (surtout aux abeilles). Avec leurs étamines saillantes, les fleurs ressemblent à une tête de vipère. Les poils hérissés assurent une bonne protection contre les prédateurs, au même titre que la toxicité de la plante.

Habitat *« Mauvaises herbes » des bords des chemins, chemins de fer, décharges, rocailles, friches, carrières. Dans toute l'Europe.*

> ***L'inflorescence se déploie de plus en plus lors de la floraison.***
>
> ***Pousse souvent en groupe.***

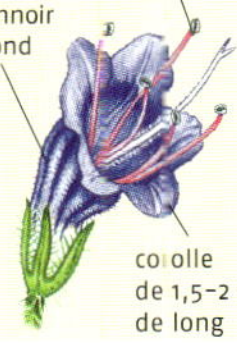

Le saviez-vous ?

Sur les îles Canaries poussent pas moins de 25 espèces différentes de vipérine, dont 24 sont typiques de ces paysages. Elles revêtent des formes très variées, certaines sont annuelles, d'autres buissonnantes, d'autres encore produisent une inflorescence dressée de 3 m de haut.

Gattilier

Vitex agnus-castus (verbénacées)
H 100-600 cm juin-nov. arbuste

Habitat *Côtes et berges des rivières. Préfère les stations ensoleillées et les sols riches. Région méditerranéenne.*

> ***Parfois à fleurs blanches.***
> ***Cultivé en bacs en Europe centrale.***
> ***Dégage une forte odeur aromatique.***

Depuis l'Antiquité, on utilise le gattilier, dédiée à la déesse de la fécondité Héra qui serait née sous cette plante, contre les dysménorrhées (règles douloureuses). Les moines, qui ont introduit cette plante en Europe centrale, auraient utilisé ses fruits moulus, le « poivre des moines », pour leur effet anti-aphrodisiaque. Le nom latin de la plante signifie d'ailleurs « agneau chaste ».

Le saviez-vous ?
Les fruits contiennent des substances qui agissent sur le système hormonal. Des comprimés de gattilier, recommandés pour soigner le syndrome prémenstruel et les règles douloureuses, sont vendus en pharmacie.

Bugle rampante

Ajuga reptans (lamiacées)
H 7-30 cm   mai-août   vivace

Dans certaines régions, la bugle rampante est appelée « herbe de Saint-Laurent », en référence au saint martyr qui fut condamné, selon la légende, à rôtir sur un gril. Son application est en effet recommandée pour apaiser les inflammations cutanées brûlantes. La bugle rampante est une plante décorative qui tapisse les sols.

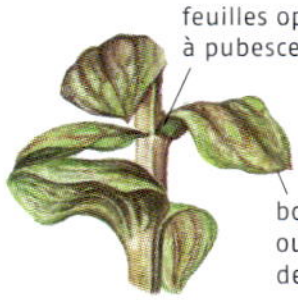

***Habitat** Prairies, pelouses, buissons, forêts à sous-bois, lisières. De la plaine à la montagne, dans presque toute l'Europe.*

> ***Forme des stolons qui rampent sur le sol.***
> ***Feuilles persistantes en hiver.***
> ***Indicateur de sols riches, plutôt humides.***

Bugle de Genève

Ajuga genevensis (labiées)
H 7-30 cm   avr.-juin   vivace

Les fruits portent un appendice gras qui attire les fourmis. Ce sont elles qui assurent le transport des fruits et la dissémination de la plante. La bugle de Genève a été décrite pour la première fois près de cette ville.

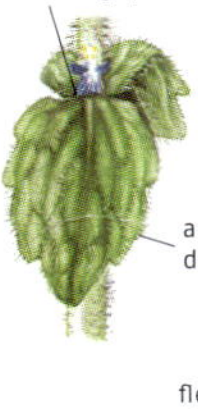

***Habitat** Prairies maigres, buissons, lisières des chemins, forêts sèches. Stations ensoleillées et chaudes, sols calcaires, Europe centrale et du Sud*

> ***Ne produit pas de stolons.***
> ***Tiges velues.***
> ***Plante décorative des jardins.***

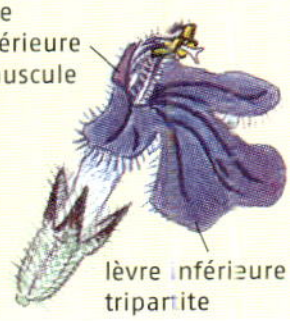

Lierre terrestre

Glechoma hederacea (lamiacées)

H 10-40 cm avr.-juin vivace

Habitat *Prairies, pâturages, pelouses, forêts inondées, lisières des bois, haies, buissons. Sur sols riches. Dans toute l'Europe.*

- ***Tiges rampant loin sur le sol.***
- ***Feuilles persistantes.***
- ***Souvent plante pionnière sur sols nus.***

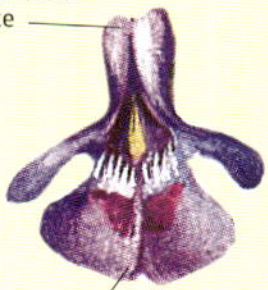

Pour les anciens Germains, le lierre terrestre était une plante médicinale et magique. Cette plante aromatique au goût amer et fort, voire irritant, est toujours utilisée en cas de diarrhée, toux et affections cutanées. On peut en ajouter un peu dans les salades ou le fromage blanc, ou encore le cuisiner comme les épinards. Toutefois, consommé en grande quantité, le lierre terrestre serait toxique pour les chevaux.

Le saviez-vous ?

Le lierre terrestre a été utilisé dans la fabrication de la bière, à la place du houblon. Un célèbre décret sur la pureté de la bière, le « Reinheitsgebot » promulgué en 1516 par Guillaume IV de Bavière, en a prohibé l'emploi.

Brunelle commune

Prunella vulgaris (lamiacées)

H 5-30 cm juin-sept. vivace

Le calice qui entoure les fruits mûrs ne s'ouvre que par temps humide. Lorsqu'il reçoit des gouttes de pluie, il se comprime par le bas, puis se détend, propulsant ainsi les fruits comme une catapulte. Ces fruits humides collent aux semelles.

Habitat *Prairies, pâturages, rivages, chemins forestiers, parcs, pelouses des jardins. Sur sols frais ou humides, stations claires. Dans toute l'Europe.*

> ***Indicateur de sols riches.***
> ***Les fruits secs restent longtemps visibles.***
> ***La brunelle à grandes fleurs a des fleurs atteignant 2,5 cm.***

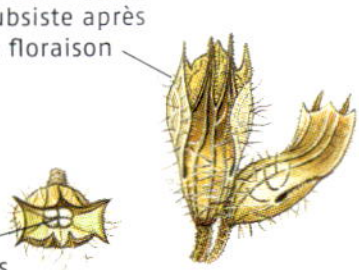

Scutellaire casquée

Scutellaria galericulata (lamiacées)

H 10-40 cm juin-sept. vivace

Dès que la corolle est tombée, le calice se referme et ressemble alors à un casque à visière rabattue. L'écaille qui forme visière joue un rôle de catapulte. Lorsqu'elle est arrosée par la pluie, elle se comprime vers le bas, puis se détend et projette les fruits à la ronde.

Habitat *Rives, fossés, prairies humides, marécages de faible altitude. Sur sols riches et humides, temporairement inondés. Dans toute l'Europe.*

> ***Attire les abeilles.***
> ***Pousse souvent cachée parmi d'autres végétaux.***
> ***Fleurit également en station mi-ombragée.***

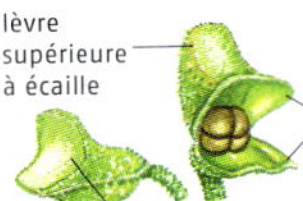

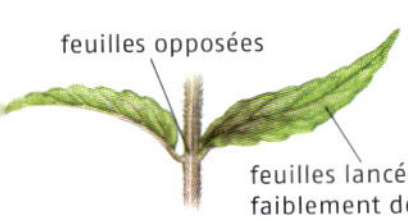

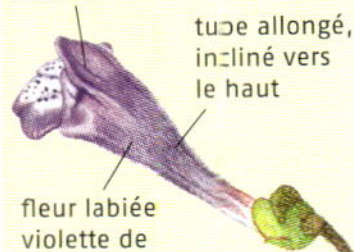

Sauge officinale

Salvia officinalis (lamiacées)

H 20-70 cm   mai-juill.   vivace

Habitat *Pelouses semi-arides, steppes rocailleuses, coteaux pierreux, stations chaudes. Europe du Sud, naturalisée en Europe centrale.*

> ***Tige souvent lignifiée en bas.***
> ***Les feuilles froissées dégagent un arôme puissant.***
> ***Nombreuses formes cultivées.***

La sauge était réputée pour ses vertus médicinales, d'où son nom latin qui signifie « sauf ». Aujourd'hui, elle est employée en gargarismes pour soigner les laryngites et en infusion pour calmer la sudation. Les feuilles de sauge en beignets sont appréciées dans les pays méditerranéens.

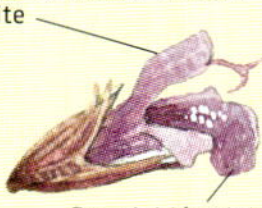

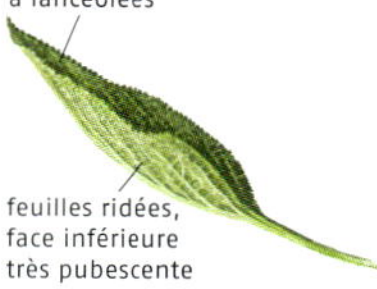

Sauge sclarée

Salvia sclarea (lamiacées)

H 30-120 cm   mai-août   bisannuelle

Habitat *Bord des chemins, coteaux rocailleux, forêts claires. Également cultivée à des fins médicinales et ornementales. Originaire du bassin méditerranéen.*

> ***Forte odeur aromatique résineuse.***
> ***Tiges poisseuses en haut.***
> ***Très élégante dans les jardins.***

Les jeunes feuilles ont été employées au XIXe siècle pour donner au vin blanc un arôme de muscat. Aujourd'hui, cette plante sert toujours à fabriquer des liqueurs et des apéritifs, mais on l'utilise également pour parfumer savons et produits cosmétiques.

Sauge des prés

Salvia pratensis (lamiacées)

H 30-60 cm   mai-août   vivace

Les deux étamines parallèles évoquent des barrières de chemin de fer articulées. Lorsqu'une abeille ou un bourdon s'introduit dans la fleur, il appuie sur sa partie basse. La partie haute comprenant les étamines se rabat alors sur son dos et l'enduit littéralement de pollen. Ensuite, lorsque la fleur mûrit, le stigmate prend la position des étamines rabattues et sert à collecter le pollen apporté par l'insecte.

Habitat *Pelouses maigres et semi-arides, pâturages gras, chemins, bosquets, talus. Stations chaudes, dans toute l'Europe.*

> ***Produit parfois des fleurs blanches.***
> ***1-3 paires de feuilles opposées sur la tige.***
> ***La plante froissée dégage une odeur aromatique.***

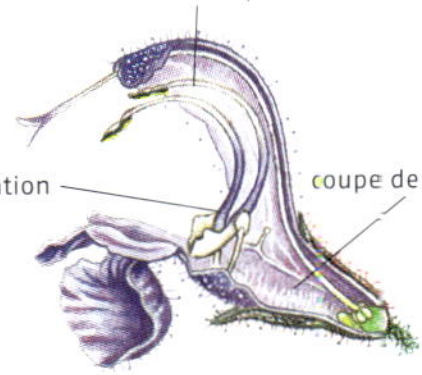

Le saviez-vous ?

Sur ce timbre édité en 1984 qui montre une abeille dans une fleur de sauge, le dessinateur semble ne pas bien connaître le mécanisme : l'abeille est à peine entrée dans la fleur que déjà les étamines sont rabattues sur son dos.

Lavande vraie

Lavandula angustifolia (lamiacées)

H 20–100 cm juin–août vivace

Habitat *Garrigues, terrains calcaires, de la plaine à la montagne. Bassin méditerranéen.*

> ***Forte odeur typique.***
> ***Résiste assez bien aux rigueurs de l'hiver.***
> ***Nombreux cultivars pour les jardins et la production d'huile essentielle.***

Le nom de la lavande vient du latin *lavare*, « laver ». Mais cette plante ne lave pas, elle parfume simplement. La lavande glissée dans la penderie éloigne les mites. Elle est aussi cultivée pour la parfumerie, particulièrement dans le sud de la France.

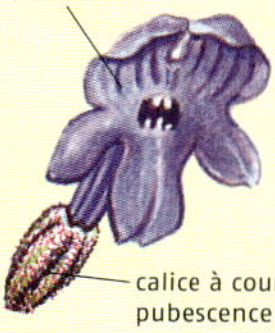

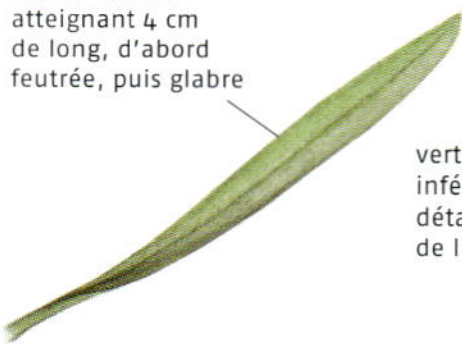

Lavande à toupet

Lavandula stoechas (lamiacées)

H 30–100 cm mars–juin vivace

Habitat *Maquis, bois de chênes-lièges et de pins. Sols siliceux. Bassin méditerranéen.*

> ***Une touffe de bractées violettes attire les insectes.***
> ***Les feuilles ont une odeur de camphre.***
> ***Pour la floraison des balcons et terrasses.***

La lavande à toupet, ou lavande stechade, doit son nom scientifique à un groupe d'îles au large de Marseille, baptisé par les Grecs « Stoechas ». Ces îles d'Hyères étaient tellement recouvertes de lavande que les marins pouvaient s'orienter à l'odeur.

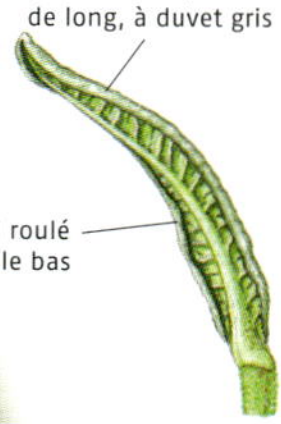

Romarin

Rosmarinus officinalis (lamiacées)
H 50-200 cm   janv.-déc.   buissonnant

Le romarin était considéré comme un allié de la mémoire et un symbole de l'amour. On en tressait autrefois des couronnes pour les fiancés. Dans la pièce de Shakespeare, *Hamlet*, la couronne de romarin symbolise la fidélité. Lors des enterrements, cette plante représente le souvenir des morts et l'espoir de renaissance. Son parfum intense servait aussi à masquer l'odeur des cadavres.

***Habitat** Maquis, garrigues et rocailles du bassin méditerranéen. Cultivée en Europe centrale à des fins médicinales et aromatiques.*

- > ***Les feuilles ressemblent à des aiguilles de pin.***
- > ***Parfum typique.***
- > ***Également plante condimentaire.***

Le saviez-vous ?

Le parfum « Eau de la reine de Hongrie » contient une huile essentielle de romarin distillée dans l'alcool. Il s'agit d'un des premiers parfums de cette sorte, dont la recette date du XIVe siècle. La célèbre eau de Cologne contient également un distillat de romarin.

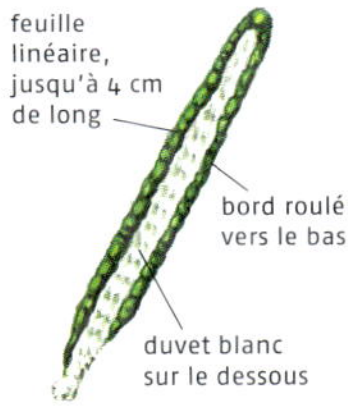

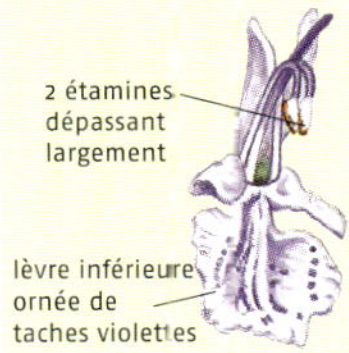

Ruine-de-Rome

Cymbalaria muralis (scrophulariacées)

H 10-40 cm juin-sept. vivace (☠)

Habitat *Murs verticaux, rochers. Sur sols gréseux humides, souvent calcaires dans les fentes. Dans presque toute l'Europe.*

> ***Fleurs tournées vers la lumière.***
> ***Plante d'ornement originaire des régions méditerranéennes.***
> ***Pousse surtout près des habitations.***

Pour une plante qui pousse sur les murs et les parois rocheuses, il est essentiel que les graines ne tombent pas au sol. La plante joue donc elle-même le rôle du jardinier : tandis que les fruits mûrissent, leur tige s'allonge fortement et se détourne de la lumière. Ainsi, les fruits glissent dans les fentes des murs ou de la roche, où les graines peuvent trouver des conditions propices à leur germination.

Le saviez-vous ?

Le nom Cymbalaria *vient du latin* cymbalon, *qui signifie « cymbale », en référence à la forme de la feuille.*
La plante se cultive en décoration sur les rocailles.

Linaire des Alpes

Linaria alpina (scrophulariacées)
H 8–15 cm juin–août vivace

La linaire des Alpes était considérée en Autriche comme une protection contre la sorcellerie, le diable et les lutins. Dans certaines régions, cette plante porte des fleurs violettes unies.

Habitat *Éboulis rocheux humides, pierriers, gravières. Dans les montagnes d'Europe centrale et du Sud, surtout entre 1 200 et 3 800 m d'altitude.*

> ***Visible de loin.***
> ***Demande des stations ouvertes.***
> ***Les tiges rampent parmi les éboulis.***

Globulaire à feuilles cordées

Globularia cordifolia (globulariacées)
H 3–10 cm mai–juill. ☠

Les fleurs minuscules sont réunies en capitules sphériques, d'où le nom de globulaire. Cette plante contient un principe amer qui provoque vomissements, diarrhées, vertiges et collapsus.

Habitat *Éboulis calcaires secs, bandes rocheuses, pelouses rocailleuses. Dans les montagnes d'Europe centrale et du Sud, des vallées jusqu'à 2 800 m d'altitude.*

> ***Feuilles persistantes.***
> ***Peut former des tapis plats sur la roche.***
> ***Contribue à fixer les éboulis rocheux.***

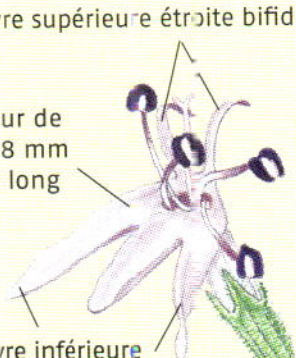

Grassette commune

Pinguicula vulgaris (lentibulariacées)

H 5-15 cm   mai-juin   vivace

Habitat *Marais et tourbières, sources, pelouses irriguées. Stations claires. Europe du Nord, Europe centrale en montagne jusqu'à plus de 1 600 m d'altitude.*

- ***Plante carnivore.***
- ***La grassette des Alpes a des fleurs blanches.***
- ***Disparaît lorsque les terres sont engraissées ou drainées.***

Les grassettes capturent de petits animaux qui constituent un apport supplémentaire en azote. Les feuilles produisent une sécrétion visqueuse dans laquelle les mouches, coléoptères et araignées s'engluent. Quand les insectes sont plus gros, elles se replient sur elles-mêmes pour les retenir prisonniers. La proie est ensuite digérée par une enzyme. Les produits solubles sont absorbés par la feuille.

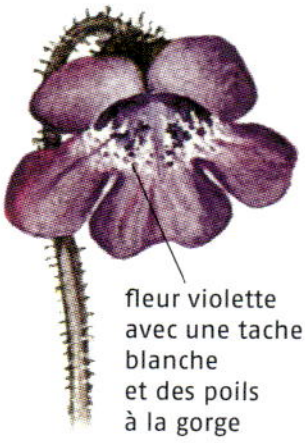

Le saviez-vous ?

Les feuilles de grassette ont été employées pour faire cailler le lait frais. Elles contiennent en effet de la présure, comme celle qu'on extrait de l'estomac des veaux ou du gaillet jaune (p. 214). La grassette est une plante rare et menacée.

Knautie des champs

Knautia arvensis (dipsacacées)

H 30-80 cm   juill.-août   vivace

La knautie des champs s'appelle aussi « scabieuse des champs », ou encore « langue-de-vache », « oreille-de-lièvre » ou « oreille-d'âne ». En allemand, elle porte le nom de « fleur des veuves », car la teinte de ses fleurs rappelle le mauve des habits de deuil.

Habitat *Prairies, pelouses semi-arides, bords des chemins et des forêts, terres cultivées. Sur sols riches et stations chaudes. Dans presque toute l'Europe.*

> ***Fleurs odorantes.***

> ***Les capitules attirent de nombreux insectes.***

> ***Rarement, à fleurs blanches.***

fleurs en capitules plats de 2-4 cm de diamètre

corolles des fleurs externes beaucoup plus grandes

feuilles supérieures pennatilobées

feuilles opposées

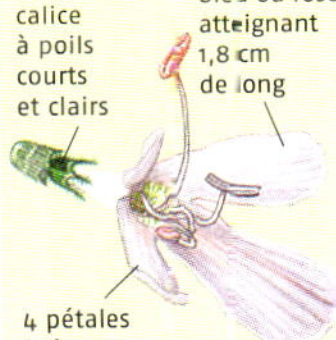

calice à poils courts et clairs

corolle violet-bleu ou rose, atteignant 1,8 cm de long

4 pétales inégaux

Scabieuse colombaire

Scabiosa columbaria (dipsacacées)

H 25-60 cm   juill.-nov.   vivace

Le nom de la scabieuse vient du latin *scabies*, « gale », car cette plante était employée, surtout aux XVIe et XVIIe siècles, contre la teigne et diverses maladies de peau. La scabieuse, de la famille des cardères, est une plante ornementale appréciée dans les jardins sauvages.

Habitat *Prairies maigres ensoleillées, pelouses, lisières, pinèdes claires. Sur sols secs, le plus souvent calcaires. Surtout Europe centrale et du Sud.*

> ***Ne supporte pas les engrais.***

> ***S'enracine jusqu'à 1,5 m de profondeur.***

> ***Les fruits s'envolent par vent fort.***

fleurs en capitules plats de 1,5-3,5 cm de diamètre

pétales des fleurs externes nettement plus longs

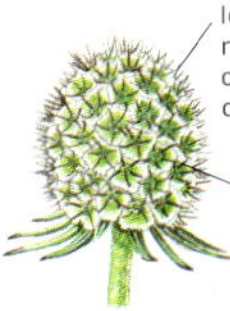

longs poils noirs faisant office de calice

capitule fructifère

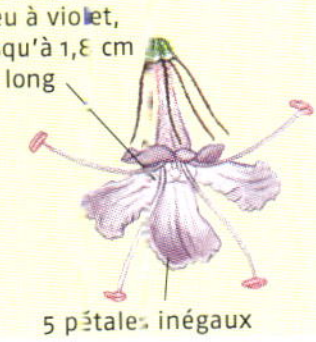

corolle lilas bleu à violet, jusqu'à 1,8 cm de long

5 pétales inégaux

Chélidoine

Chelidonium majus (papavéracées)

H 30-70 cm avr.-oct. vivace ☠

Habitat « Mauvaises herbes » des bords des chemins, lisières des bois, haies, murs, dans les jardins abandonnés, plutôt en station ombragée ou à mi-ombre. Dans presque toute l'Europe.

> ***Souvent en grandes touffes.***
> ***Proche des habitations.***
> ***Fane au soleil.***

La chélidoine possède un latex orange qui a été utilisé contre la jaunisse et les troubles hépato-biliaires. C'est une des rares plantes dont les vertus médicinales confirment la théorie des « signatures » : des préparations issues de la chélidoine sont encore à l'heure actuelle prescrites en phytothérapie pour favoriser le fonctionnement du foie et de la vésicule biliaire.

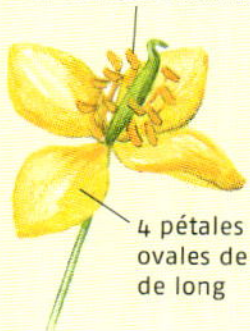

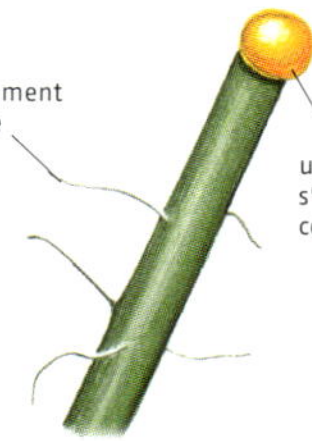

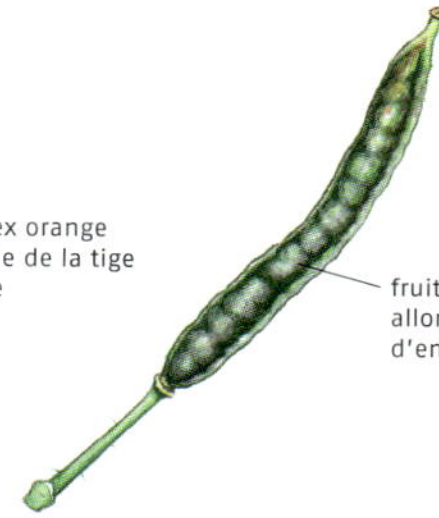

Le saviez-vous ?

La chélidoine est aussi appelée « herbe aux verrues ». Pour soigner les verrues, il est recommandé de faire s'égoutter régulièrement le latex sur la verrue, en épargnant la peau environnante.

Glaucière jaune

Glaucium flavum (papavéracées)

H 30-90 cm   avr.-sept.   bisannuelle, buissonnante ☠

La glaucière jaune se distingue des vrais pavots (p. 19 et 20) par sa capsule glabre, très longue, mais aussi par le fait que ses pétales sont enroulés dans le bouton floral, et non fripés comme chez ces derniers. Les pétales se déroulent dès que les sépales hérissés de poils sont tombés.

Habitat *Stations ouvertes, friches, bords des routes, décharges, surtout zones côtières. Région méditerranéenne et jusqu'en Europe centrale.*

> ***Contient un latex jaune.***
> ***Supporte les sols un peu salins.***
> ***Les sépales tombent lorsque la fleur se déploie.***

Barbarée commune

Barbarea vulgaris (crucifères)

H 30-90 cm   mai-juill.   bisannuelle

La barbarée doit son nom à sainte Barbe, patronne des sapeurs-pompiers. Ses feuilles peuvent d'ailleurs être récoltées le jour de la Sainte-Barbe, le 4 décembre. Cette récolte hivernale était importante pour l'alimentation, car ces feuilles étaient une source de vitamine C, rare en cette saison.

Habitat *« Mauvaises herbes » des chemins, bords des ruisseaux et rivières, terres cultivées, coupes forestières, éboulis terreux, gravières. Dans presque toute l'Europe.*

> ***Feuilles persistantes.***
> ***Plante comestible riche en vitamines A et C.***
> ***Saveur piquante et amère de cresson.***

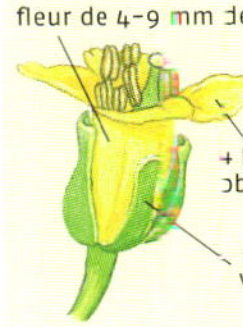

Pastel des teinturiers

Isatis tinctoria (crucifères)

H 40-120 cm mai-juill. bisannuelle ou vivace (☠)

Habitat *« Mauvaises herbes » des bords des chemins, carrières, chemins de fer et friches. Dans presque toute l'Europe.*

> ***Souvent en colonies.***
> ***Plante d'origine asiatique.***
> ***A besoin de chaleur et de lumière.***

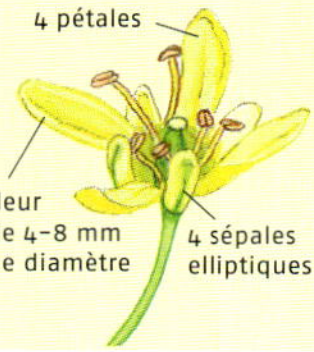

Les Grecs et les Romains utilisaient déjà les feuilles de pastel pour fabriquer une teinture indigo. Au Moyen Âge, cette plante jouait un rôle très important en teinturerie. Les feuilles fraîches ne suffisaient pas, il fallait les faire fermenter et y ajouter de l'urine décomposée pour obtenir un bain dans lequel les textiles étaient plongés. Au sortir de la teinture, le tissu était jaune-vert, puis virait au bleu exposé à l'air. Le pastel était aussi connu comme plante médicinale.

Le saviez-vous ?

Le pastel des teinturiers, le waide, ou guède, a subi au sortir du Moyen Âge la concurrence de l'indigotier. Malgré des décrets qui protégeaient le waide, c'est l'indigotier qui prit le dessus au XVIIe siècle. En 1897 fut produit pour la première fois de l'indigo synthétique.

Drave faux-aizoon

Draba aizoides (crucifères)

H 3-10 cm avr.-août vivace

Cette plante à croissance très lente ne peut prospérer que dans les stations où la concurrence d'autres végétaux n'est pas trop forte. Elle pousse souvent en association avec des mousses. Dans les sites favorables, les coussins peuvent vivre plus de 10 ans. Cette plante est menacée par une trop grande fréquentation des parois rocheuses.

Habitat *Rochers, pelouses rocailleuses. Dans les fentes et les éboulis rocheux plus ou moins calcaires. Montagnes d'Europe centrale et du Sud.*

> ***Demande suffisamment de lumière.***
> ***Relique du glaciaire wurmien.***
> ***Rosette de feuilles persistantes.***

Lunetière lisse

Biscutella laevigata (crucifères)

H 15-30 cm mai-juill. vivace

La lunetière lisse se distingue à ses fruits très typiques, à deux loges quasi circulaires. Chacune renferme une graine, qui se détache par vent fort pour assurer la reproduction de la plante.

Habitat *Pelouses rocailleuses, pierriers, fentes rocheuses, pitons rocheux, sources. Sur terrains calcaires, jusqu'à 2 500 m d'altitude. Europe centrale et du Sud.*

> ***Dépasse souvent la végétation environnante.***
> ***Les fruits sont un critère d'identification.***
> ***Demande beaucoup de lumière.***

Moutarde des champs, sénevé

Sinapis arvensis (crucifères)

H 30-60 cm   juin-oct.   annuelle

***Habitat** « Mauvaises herbes » des champs, friches, décharges, terrains vagues, bords des chemins et des routes. Dans presque toute l'Europe.*

> ***Pousse souvent en touffes.***
> ***Dégage une odeur typique de moutarde.***
> ***Les graines conservent leur pouvoir de germination.***

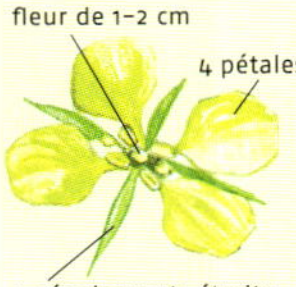

Très piquante, l'essence de moutarde protège la plante, même abîmée, des champignons et des prédateurs. Mais les chenilles de la piéride du chou sont justement attirées par ce type de plante. Elles ingèrent les huiles de moutarde qui passent ensuite dans le papillon, le préservant à son tour des prédateurs. Le sénevé était déjà cultivé à l'âge du bronze, comme en témoignent les découvertes des fouilles archéologiques.

Le saviez-vous ?

La moutarde blanche (Sinapis alba) *est une plante cultivée originaire de l'est de la Méditerranée. Elle est souvent semée comme engrais vert, plante aromatique ou fourragère. Ses fruits à poils blancs sont aplatis à leur extrémité.*

Giroflée, violier jaune

Erysimum cheiri (crucifères)

H 20–50 cm   avr.-juin   bisannuelle-buissonnante   ☠

La giroflée ornait déjà les jardins de l'Antiquité. À l'époque, son parfum l'avait fait classer avec les violettes, d'où son nom de violier. À la fin du XVIe siècle, il existait déjà des formes cultivées à fleurs doubles, puis on a créé des variétés d'autres couleurs. La giroflée contient des substances cardiotoniques.

Habitat *Stations chaudes et rocailleuses, murs, pelouses, perriers. Originaire de l'est de la Méditerranée.*

> **Supporte bien la sécheresse.**
> **Très répandue comme plante ornementale.**
> **Fleurs très odorantes.**

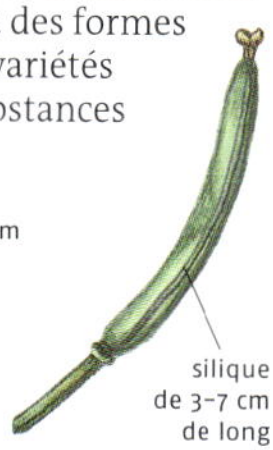

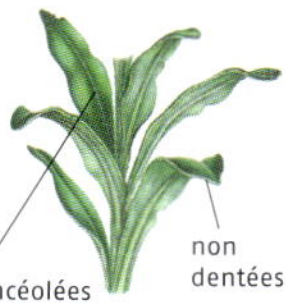

Orpin rose

Rhodiola rosea (crassulacées)

H 10–30 cm   juin-août   vivace

Les Vikings avaient recours à cette « racine dorée » pour renforcer leur vigueur et leur endurance. L'orpin rose était également couramment consommé en Russie et en Scandinavie. Il y a quelques décennies seulement, l'Europe occidentale a découvert cette plante médicinale, censée renforcer nos défenses naturelles et nos facultés intellectuelles.

Habitat *Fentes rocheuses, pelouses rocailleuses de montagne. Sur sols siliceux maigres. Europe du Nord, montagnes de l'Europe centrale et du Sud.*

> **Les racines séchées ont une odeur de rose.**
> **Fleurs parfois orangées.**
> **Étamines et styles sur des plantes différentes.**

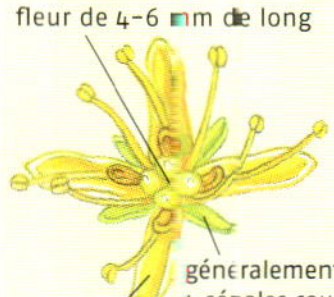

Dorine à feuilles alternes

Chrysosplenium alternifolium (saxifragacées)

H 15-20 cm mars-mai vivace

Les fruits de la dorine sont des capsules qui s'ouvrent en coupelle, laissant à la pluie le soin d'emporter les graines. Quand elle est forte, celles-ci peuvent être disséminées assez loin. Les feuilles ayant une forme de rate, on pensait au Moyen Âge que la dorine pouvait soigner les troubles de la rate. Ceci n'a pas été prouvé depuis.

***Habitat** Bois humides et ravines, rives des ruisseaux. Sur sols humides et calcaires. Surtout en Europe du Nord et centrale, jusqu'à 2 500 m d'altitude.*

- > ***A besoin d'une forte humidité relative.***
- > ***Pousse souvent en touffes.***
- > ***Nommé en raison de la disposition des feuilles.***

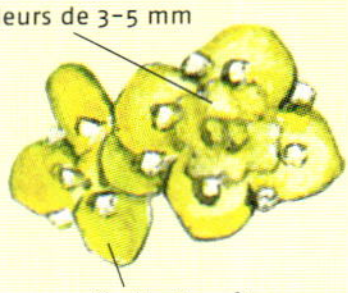

Le saviez-vous ?

La dorine à feuilles opposées, ou cresson doré, pousse dans des habitats semblables, mais généralement plus frais. Avec ses bractées verdâtres, elle est très discrète.

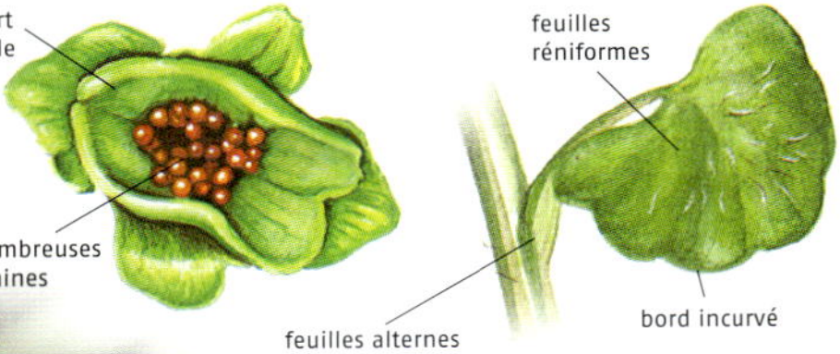

Alchémille commune

Alchemilla vulgaris (rosacées)

H 3-30 cm mai-sept. vivace

Les bords des feuilles sont dotées de petites fentes qui peuvent secréter de l'eau. Cette eau, tout comme l'eau de pluie, ne ruisselle pas à la surface des feuilles, mais forme des gouttelettes argentées. C'est pour cette raison que les alchimistes ont considéré l'alchémille, ou manteau-de-Notre-Dame, comme une plante aux pouvoirs magiques.

Habitat *Prairies, pâturages, bosquets, lisières des forêts, fossés. Sur sols riches. Dans presque toute l'Europe, de la plaine à la montagne.*

> **Nombreuses espèces semblables.**
> **Feuilles plus typiques que les fleurs.**
> ***L'alchémille molle, plus velue, est plus fréquente dans les jardins.***

Alchémille à folioles rejointes

Alchemilla conjucta (rosacées)

H 5-30 cm juin-août vivace

Toutes les alchémilles sont considérées en phytothérapie comme des remèdes contre les troubles féminins. Ceci est dû à leur composition, mais aussi à la forme de leurs feuilles, qui rappelle les nombreux plis du manteau de la Vierge Marie sur les représentations classiques.

Habitat *Pelouses maigres de montagne, pâturages, rochers, éboulis, surtout sur sols calcaires. Montagnes d'Europe centrale et du Nord.*

> ***Également appelée « manteau-d'argent ».***
> ***Sur les sols siliceux pousse l'alchémille des Alpes.***

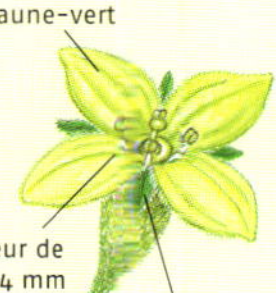

Tormentille

Potentilla erecta (rosacées)

H 10-30 cm mai-août vivace

Habitat *Pelouses maigres, landes, marécages, coteaux ensoleillés, bosquets, forêts claires, chemins de forêt. Dans toute l'Europe.*

- > ***Également « potentille dressée ».***
- > ***Seule potentille à 4 pétales.***
- > ***Sur sols pauvres.***

Si l'on coupe la racine de la tormentille, elle se teinte rapidement de rouge, comme si elle saignait. Cela est dû à la présence de tannins en forte concentration, qui confère à la plante ses vertus médicinales. Ces substances sont hémostatiques, on a même pensé, à tort, qu'elles pouvaient agir contre la peste. L'infusion et la teinture-mère de potentille sont encore utilisées en cas de diarrhée et d'inflammation de la sphère bucco-pharyngée. Il existe aussi une liqueur de potentille pour stimuler la digestion.

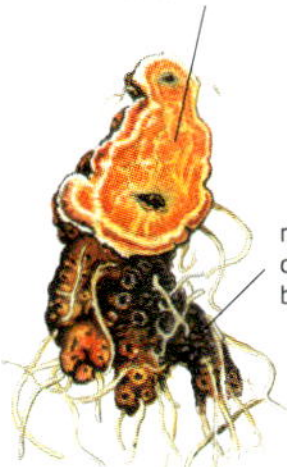

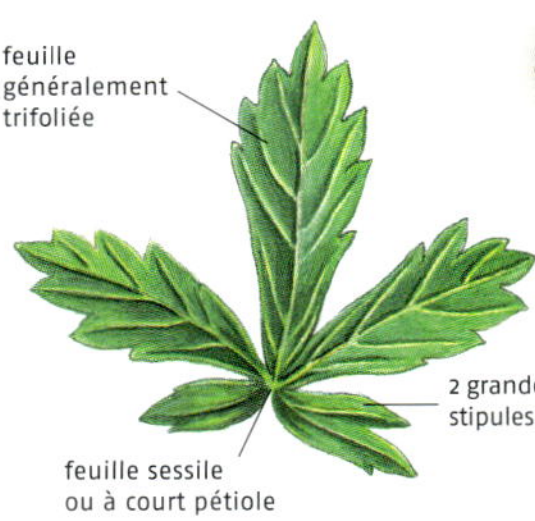

Le saviez-vous ?

Le nom de la potentille vient du latin potentilla, *« petite vertu », et évoque les vertus médicinales de ces plantes. Tormentille est synonyme de tourment.*

Onagre bisannuelle

Œnothera biennis (onagracées)
H 50-200 cm   juin-août   bisannuelle

Ses fleurs s'ouvrent en fin de journée en dégageant un fort parfum. La dernière phase de l'ouverture, quand le calice se rabat et que les pétales repliés se déploient, dure environ 3 minutes. On a donc le temps de l'observer et même d'entendre un léger froissement. Le lendemain, les fleurs se fanent, le matin s'il fait chaud, sinon l'après-midi.

***Habitat** « Mauvaises herbes » des friches, décharges, chemins de fer et bosquets. Sur sols plutôt secs. Dans presque toute l'Europe.*

> ***Chaque inflorescence a une floraison prolongée.***
> ***Originaire d'Amérique du Nord.***
> ***Cultivée comme plante ornementale.***

Le saviez-vous ?
Les racines d'onagre sont charnues la première année, gonflées de réserves nutritives. On peut les consommer crues ou cuites, à la façon des salsifis ou des panais, éventuellement mélangées à d'autres légumes.

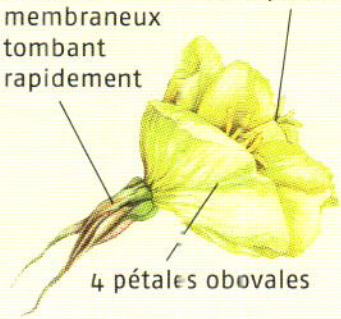

Euphorbe petit-cyprès

Euphorbia cyparissias (euphorbiacées)

H 15-30 cm avr.-août vivace ☠

Habitat *Prairies et pelouses maigres sur sols calcaires, chemins, lisières, bosquets, friches. Dans toute l'Europe.*

- ***Plante à latex blanc.***
- ***Pousse souvent en colonie.***
- ***Sur terrains plutôt secs.***

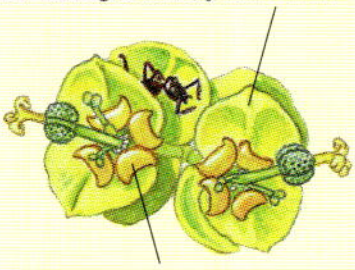

Dans les groupes d'euphorbes petit-cyprès apparaissent souvent des sujets qu'on pourrait attribuer à une autre espèce : ils sont jaune-vert, poussent à la verticale sans bifurcation, ne portent pas de fleurs et présentent de petites taches orange sur la face inférieure des feuilles (voir ci-contre). Ces plants d'euphorbe petit-cyprès sont attaqués par un champignon, *Uromyces pisi-sativi*, qui a le pouvoir de modifier leur aspect global.

Le saviez-vous ?

Les chenilles bigarrées du sphinx de l'euphorbe (Hyles euphorbiae) *se nourrissent presque exclusivement de feuilles d'euphorbe petit-cyprès.*

Euphorbe verruqueuse

Euphorbia verrucosa (euphorbiacées)
H 30-50 cm mai-juin vivace ☠

Cette plante tient son nom d'Euphorbe, médecin de Juba, roi de Numidie. Les euphorbes sont des plantes à latex blanc, souvent toxiques. Le latex provoque des irritations cutanées, son absorption peut provoquer des diarrhées, des hémorragies internes, et même entraîner la mort.

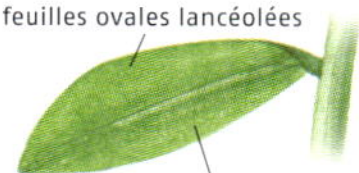

Habitat *Pelouses et prairies maigres et sèches, bosquets ensoleillés. Europe centrale et du Sud.*

> ***Latex blanc.***
> ***Demande de la chaleur.***
> ***Pousse souvent en grandes touffes.***

Gaillet croisette

Cruciata laevipes (rubiacées)
H 15-50 cm avr.-juin vivace

Ce gaillet porte le nom de croisette en raison de la disposition de ses feuilles, verticillées par 4. Il est parfois cultivé comme plante ornementale. La médecine populaire l'a utilisé pour traiter les rhumatismes, mais cet usage semble aujourd'hui abandonné.

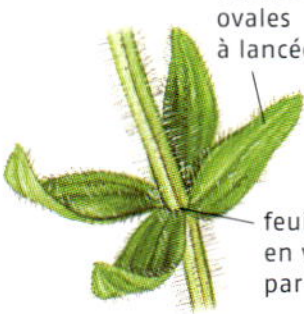

Habitat *« Mauvaises herbes » des haies, lisières des forêts, clôtures, fossés, bois humides. Au soleil et en stations mi-ombragées. Presque toute l'Europe.*

> ***Les fleurs ont une odeur de miel.***
> ***Pousse souvent en colonie.***
> ***Culture facile dans les jardins.***

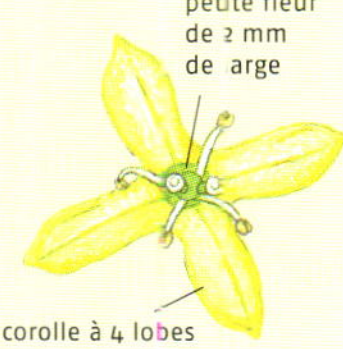

Gaillet jaune

Galium verum (rubiacées)

H 30-60 cm   juin-sept.   vivace

Le gaillet jaune est bien adapté aux stations sèches : les feuilles aux bords enroulés sont fines comme des aiguilles et perdent peu d'humidité. Le nom anglais de cette plante, *Lady's bedstraw*, vient d'une légende selon laquelle on l'aurait utilisée dans la crèche de l'Enfant Jésus. Une tradition ancienne voulait qu'on place cette herbe dans le lit des accouchées. Employée comme paille dans les sabots, elle était également censée favoriser la naissance et éloigner les mauvais sorts.

Habitat *Prairies et pâturages maigres, bosquets, lisières des chemins, buissons, prairies marécageuses. Dans toute l'Europe, de la plaine à la montagne.*

> ***Les fleurs ont une odeur de miel.***
> ***Demande de la chaleur.***
> ***Floraison très prolifique.***

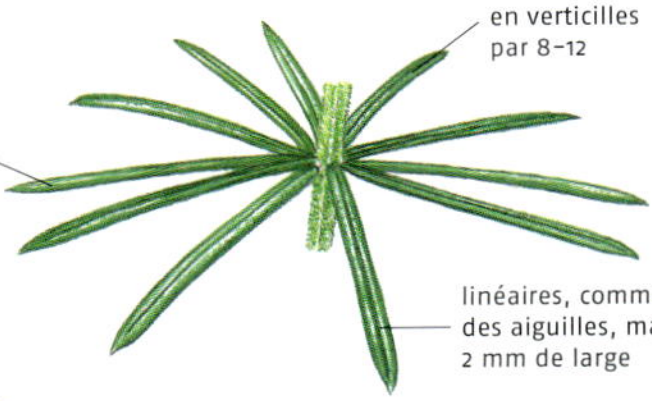

Le saviez-vous ?

Le gaillet, ou caille-lait, était utilisé pour faire cailler et filtrer le lait. Son nom scientifique, galium, *est d'ailleurs dérivé du grec* gala, *« lait ». Le lait caillé prend alors une teinte jaune. En Angleterre, on l'utilise dans la fabrication du chester.*

Rue fétide

Ruta graveolens (rutacées)

H 30-50 cm juin-août vivace ☠

La rue fétide était employée jadis pour aromatiser le vin. Elle entrait aussi dans la composition de bouquets aromatiques que l'on portait pour éloigner les mauvaises odeurs et se protéger de maladies comme la peste. L'huile essentielle a été utilisée comme abortif, mais son effet pouvait s'avérer désastreux, voire mortel. En application externe, la rue provoque, sous l'action du soleil, des inflammations et des brûlures cutanées.

Habitat *Décharges, rochers, murs, vignobles, buissons, souvent plantée dans les jardins. Europe du Sud, rarement naturalisée en Europe centrale.*

> ***Demande des stations chaudes et sèches.***
> ***Odeur aromatique âcre.***
> ***Plante condimentaire à utiliser avec parcimonie.***

Le saviez-vous ?

La rue fétide, la fraxinelle, le fenouil et d'autres ombellifères odorantes sont les aliments préférés de la chenille du machaon. Ce sont aussi des plantes ornementales.

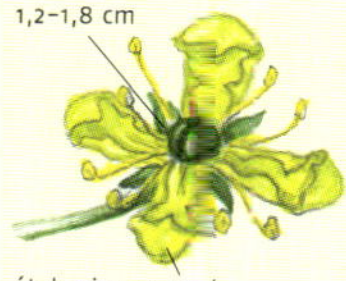

Nénuphar jaune

Nuphar lutea (nymphaeacées)

H 50-250 cm juin-août vivace ☠

Habitat *Plans d'eau et cours d'eau lents, jusqu'à 6 m de profondeur. Dans presque toute l'Europe, depuis la plaine jusqu'en moyenne altitude.*

> ***Les fleurs se haussent un peu au-dessus de l'eau.***
> ***Les fruits mûrissent sous l'eau.***
> ***S'enracine au fond de l'eau.***

Le nénuphar est une plante de la famille des nymphaeacées, reliée aux nymphes, déesses de rang inférieur dans la mythologie grecque. Selon la légende, les nymphes hantent les eaux pour protéger les nénuphars et celui qui se risque à les cueillir risque d'être entraîné dans les flots.

Anémone fausse-renoncule

Anemone ranunculoides (renonculacées)

H 10-20 cm avr.-mai vivace ☠

Habitat *Forêts de feuillus et bois humides, haies. Souvent en grandes colonies. Dans presque toute l'Europe.*

> ***Demande un sol riche.***
> ***Fleurs souvent par deux.***
> ***Ressemble beaucoup à l'anémone des bois (p. 130).***

Cette anémone irrite la peau et les muqueuses quand elle est fraîche, mais perd sa toxicité à l'état sec. Le rhizome stocke de nombreuses substances nutritives, pour que la plante puisse se développer rapidement au printemps. Elle peut ainsi fleurir avant que les feuilles des arbres ne lui voilent la lumière.

Populage des marais

Caltha palustris (renonculacées)

H 15-30 cm avr.-juin vivace ☠

Le populage des marais est parfois immergé jusqu'au cou, ce qu'il supporte parfaitement, car ses tiges renferment de l'air. Lorsque les fleurs sont remplies d'eau de pluie, le pollen peut nager jusqu'au stigmate, ce qui permet à la fleur de se féconder, même en l'absence d'insectes.

Habitat *Prairies marécageuses, sources, bords des ruisseaux, fossés, bois humides. Sur sols humides et riches. Dans toute l'Europe.*

> ***Menacée par la raréfaction des zones humides.***
> ***Peut produire une deuxième floraison dans l'année.***
> ***La tige peut se comprimer.***

Le saviez-vous ?

Les pétales du populage des marais, qui contiennent une substance proche du carotène, ont été utilisés pour donner sa couleur au beurre. Cette espèce appartient par conséquent à la catégorie des « fleurs à beurre ».

Bouton-d'or

Ranunculus acris (renonculacées)

H 30-100 cm   mai-sept.   vivace   ☠

Habitat *Prairies et pâturages de tous types, de la plaine à la haute montagne. Sur sols plutôt humides et riches. Dans toute l'Europe.*

- ***La renonculacée la plus fréquente.***
- ***Souvent en grandes colonies dans les prairies.***
- ***Peut provoquer des rougeurs et des cloques sur la peau.***

Le bétail évite les boutons-d'or au goût piquant, car ils sont toxiques à l'état frais. La plante séchée, en revanche, est sans danger, même en grande quantité. C'est pourquoi les terres portant des boutons-d'or sont réservées à la récolte de foin plutôt qu'au pâturage. Dans ces régions, le bétail doit souvent rester à l'étable.

Renoncule scélérate

Ranunculus sceleratus (renonculacées)

H 20-60 cm   juin-oct.   annuelle   ☠

Habitat *Bord des mares, marais, zones inondées, étangs vidés et fossés. Dans toute l'Europe.*

- ***Souvent en grandes colonies.***
- ***Indicateur de sols riches.***
- ***Demande un sol boueux.***

La renoncule scélérate est la plus toxique des renonculacées européennes. En application externe, elle irrite la peau et les muqueuses, en usage interne, elle provoque étourdissements, vertiges, perte de conscience, et peut même entraîner la mort. On raconte que les mendiants s'enduisaient la peau de renoncule scélérate pour provoquer des ulcérations et susciter la pitié.

Renoncule à tête d'or

Ranunculus auricomus (renonculacées)

H 15-45 cm avr.-mai vivace ☠

La renoncule à tête d'or peut donner des graines sans fécondation, d'où la fréquence de groupes de clones. Les fruits sont dispersés par les fourmis. Cette plante, qui a besoin de beaucoup de lumière au printemps, ne pousse pas dans les plantations de résineux.

feuilles supérieures découpées en lobes étroits

tige dressée

feuilles radicales arrondies, à 3-5 lobes

pétales souvent incomplets

sépales accolés aux pétales

Habitat *Forêts de feuillus et mixtes à sous-bois herbeux. Bois humides, prairies. Dans presque toute l'Europe.*

> ***Nombreuses formes.***
> ***Les fleurs ont souvent un aspect déchiré.***
> ***Uniquement sur les prairies qui ont été boisées.***

fleur de 1-2,5 cm

pétales brillants jaune d'or

Pourpier potager

Portulaca oleracea (portulacacées)

H 10-30 cm juin-sept. annuelle

la capsule sphérique s'ouvre par un couvercle

Le pourpier est sensible au gel et a besoin pour une bonne germination d'une température supérieure à 25 °C. Outre la plante sauvage, il existe une forme cultivée, plus développée, dont on peut récolter les feuilles pour les salades ou la soupe, 3 à 4 semaines après les semis. Cette plante riche en vitamines possède un goût acidulé rafraîchissant.

feuilles charnues de 10-30 mm de long

fleurs minuscules

feuilles plus nombreuses en bout de tige

Habitat *« Mauvaises herbes » des jardins, vignobles, entre les pavés, sur les bords des chemins et des terres cultivées. Europe centrale et du Sud.*

> ***Les fleurs ne s'ouvrent que pour une matinée.***
> ***Plante introduite en Europe centrale par les Romains.***
> ***Demande des stations chaudes.***

fleur d'environ 8 mm

pétales jaune d'or

Millepertuis perforé

Hypericum perforatum (hypéricacées)

H 30-60 cm juill.-août vivace

Habitat *Prairies maigres, pelouses, landes, friches, bosquets, lisières des forêts, chemins de fer, décharges. Dans toute l'Europe.*

> ***Les fleurs écrasées produisent une sève rouge.***
> ***Également appelé « herbe-à-mille-trous ».***
> ***La floraison commence à la Saint-Jean (24 juin)***

Selon une vieille superstition, les points sur les feuilles du millepertuis perforé seraient l'œuvre du diable, qui les aurait percées avec une aiguille sous l'effet de la colère. En raison de son suc rouge, cette plante a été employée au Moyen Âge contre les troubles de la circulation sanguine, et pour soigner tous types de plaies « par coups ou par piqûre ». Aujourd'hui, le millepertuis est préconisé comme remède aux états mentaux dépressifs.

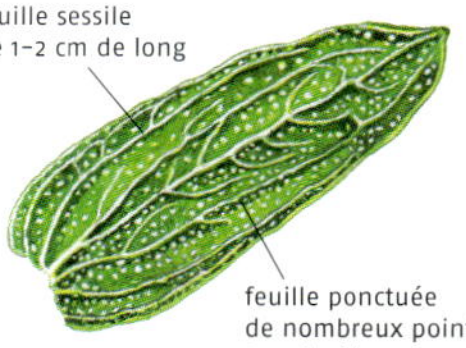

Le saviez-vous ?

Au Moyen Âge, le millepertuis était considéré comme une plante efficace contre la sorcellerie et pour chasser les démons des maisons. Dans les procès en sorcellerie , on faisait boire du jus de millepertuis aux accusées, afin qu'elles avouent la vérité sous la torture.

Hélianthème commun

Helianthemum nummularium (cistacées)

H 10-20 cm juin-oct. vivace

Les fleurs ne s'ouvrent qu'au soleil, le matin. L'après-midi, elles se referment et les pétales tombent. Toutefois, comme la plante refleurit durant une assez longue période, elle peut orner une rocaille. Les jardineries proposent des cultivars à fleurs blanches ou rouge vif.

***Habitat** Pelouses arides et semi-arides ensoleillées, bosquets, lisières, pinèdes sèches. Sur sols calcaires. Dans presque toute l'Europe.*

> **Pétales typiquement froissés.**
> **Les étamines se redressent au toucher.**
> **Feuillage persistant.**

Momordique

Ecballium elaterium (cucurbitacées)

H 20-100 cm avr.-sept. vivace ☠

La pression à l'intérieur du fruit mûr atteint 6 bars, nettement plus que dans un pneu de voiture. Le moindre contact provoque donc l'explosion : le fruit se détache du pédoncule, avec une force qui peut projeter les fruits et le mucilage jusqu'à 12 m. La vitesse de projection peut atteindre 10 m/seconde.

***Habitat** Friches, bords des chemins, décharges. Sur sols riches et ensoleillés. Bassin méditerranéen.*

> **Fruits explosifs très amers.**
> **Également appelé « concombre d'âne ».**
> **Très irritant, poison mortel.**

Lysimaque nummulaire

Lysimachia nummularia (primulacées)

H 10-50 cm   mai-juill.   vivace

Habitat *Prairies et pâturages humides, jardins, rivages, fossés, bois humides, bords des chemins. Sur sols riches. Dans presque toute l'Europe.*

> ***Feuilles persistantes.***
> ***Couvre-sol dans les jardins.***
> ***Aime l'humidité.***

Cette plante peut pousser immergée en aquarium. Au Moyen Âge, elle était recommandée contre de nombreuses imperfections, d'où le nom de « centimorbia ». La dénomination latine *nummularia* vient de la forme de ses feuilles, arrondies comme des pièces de monnaie.

Lysimaque ponctuée

Lysimachia punctata (primulacées)

H 50-100 cm   juin-août   vivace

Habitat *Bords des chemins, rivages, buissons, friches. Sur sols humides, riches, plutôt alcalins. Europe centrale et du Sud.*

> ***Plante ornementale de nos jardins.***
> ***La lysimaque commune a les fleurs en panicules terminales.***

La lysimaque ponctuée a une façon particulière d'attirer les insectes. Ses fleurs comportent des glandes qui secrètent un liquide huileux que certaines espèces d'abeilles sauvages récoltent sur les brosses de leurs pattes, en même temps que le pollen. Il sert à nourrir leurs larves.

Primevère élevée

Primula elatior (primulacées)

H 10–30 cm mars–mai vivace

Chez les primevères, certaines fleurs ont un long style et des étamines enfoncées dans le tube floral, tandis que d'autres ont, à l'inverse, le style court et les étamines surélevées. Les deux formes sont à peu près aussi fréquentes et se rencontrent, ensemble, sur les mêmes sites.
Les plantes produisent plus de graines lorsque le pollen d'une forme est apporté à une fleur de l'autre forme.

Habitat *Forêts à sous-bois herbeux, ravines, prairies de montagne. Sur sols humides. Europe centrale et du Sud.*

> ***Fleurit également en stations ombragées.***
> ***Également appelée « primevère des bois ».***
> ***Les fleurs ont un léger parfum.***

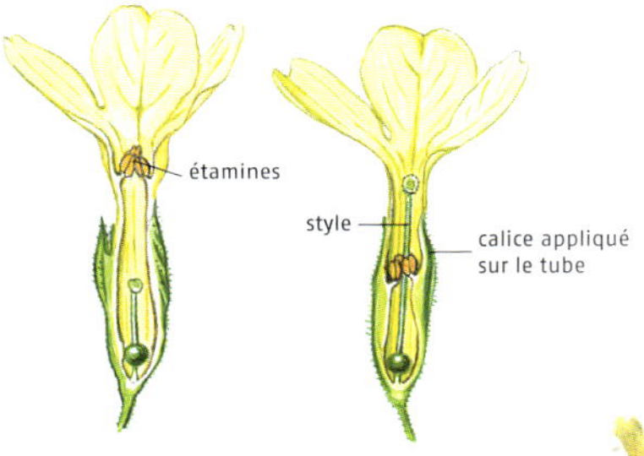

Le saviez-vous ?

La primevère acaule, semblable, est souvent cultivée, avec ou sans longue tige, ainsi qu'en croisement avec d'autres espèces, pour fleurir les jardins et balcons au printemps. Ces variétés cultivées sont à fleurs doubles.

Primevère officinale

Primula veris (primulacées)
H 10-30 cm avr.-juin vivace

Habitat *Pelouses maigres sur sols calcaires, prairies, lisières des forêts et des chemins, forêts claires. Sur stations claires. Europe centrale et du Sud.*

- > ***Menacée aussi par la cueillette.***
- > ***Fleurs odorantes.***
- > ***Indicateur de sols maigres.***

Avec ses fleurs en fascicule, la primevère officinale, ou coucou, est comparée à un trousseau de clefs. Selon la légende, saint Pierre aurait laissé tomber à terre les clefs du paradis, et aurait ainsi donné naissance à cette plante. Les fleurs de primevère sont préconisées en phytothérapie pour leur effet expectorant.

Primevère auricule

Primula auricula (primulacées)
H 5-25 cm avr.-juin vivace

Habitat *Pelouses rocailleuses de montagne, aiguilles rocheuses, fentes, marais. Montagnes d'Europe centrale et du Sud, de 1 500 m à plus de 3 000 m d'altitude.*

- > ***Fleurs odorantes.***
- > ***Demande un sol humide.***
- > ***Feuilles persistantes.***

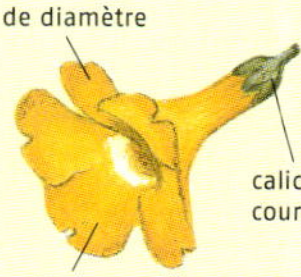

La primevère auricule, ou oreille-d'ours, est une plante d'altitude. On a pensé qu'elle pouvait aider les chamois et les chasseurs à lutter contre le vertige. Un hybride entre la primevère auricule et la primevère hirsute, plante aux fleurs pourpres des Alpes et des Pyrénées, est vendu en jardinerie.

Poivre des murailles

Sedum acre (crassulacées)

H 3-15 cm juin-août vivace ☠

La plante fraîche a un goût piquant, poivré, qu'elle perd en séchant. Son utilisation comme condiment est déconseillée, car elle contient des substances irritantes qui peuvent provoquer diarrhées et vomissements. Son suc a été employé pour traiter les verrues et les plaies.

Habitat *Plante pionnière des zones rocheuses chaudes, sèches et ensoleillées, des murs, du ballast, des toitures en gravillons, des sols pavés, des gravières. Dans toute l'Europe.*

> ***Stocke l'eau.***
> ***Continue de se développer en herbier.***
> ***A besoin de soleil.***

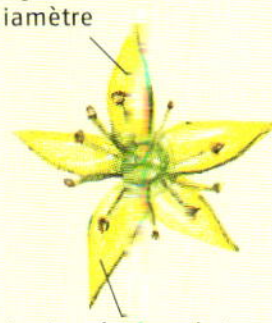

Saxifrage jaune des montagnes

Saxifraga aizoides (saxifragacées)

H 5-20 cm juin-oct. vivace

Habitat *Rochers et éboulis arrosés, gravières, coteaux humides. Entre 600 et 3 000 m d'altitude. Europe du Nord, Alpes et Pyrénées.*

Cette saxifrage attire plus de 85 espèces de mouches, sans compter les bourdons, guêpes, abeilles, papillons et coléoptères. Ses pelouses sont donc une précieuse source de nourriture pour les insectes.

> ***Peut recouvrir de vastes étendues.***
> ***Parfois fleurs orange ou rouge foncé.***

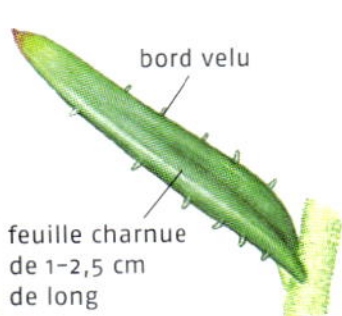

Aigremoine eupatoire

Agrimonia eupatoria (rosacées)

H 30-100 cm juin-sept. vivace

Habitat *Haies, bosquets, pelouses maigres. De préférence stations ensoleillées. De la plaine à la moyenne montagne. Dans presque toute l'Europe.*

- ***Les fruits adhèrent aux pantalons et chaussettes.***
- ***Tiges très dures.***
- ***Également appelé « herbe de Saint-Guillaume ».***

Les fruits, qui s'accrochent à la fourrure des animaux et aux vêtements des hommes, peuvent être transportés sur des kilomètres. Cette plante renferme des tannins qui peuvent soulager les diarrhées, les inflammations de la sphère bucco-pharyngée et de la peau. Jadis, l'aigremoine, appelée herbe de Saint-Guillaume, ou encore francormier, était utilisée pour soigner les hémorroïdes.

Le saviez-vous ?

Au Moyen Âge, l'aigremoine eupatoire était recommandée pour ses vertus cicatrisantes. Elle entrait dans la composition de l'Eau d'arquebusade, destinée à soigner les plaies occasionnées par l'arquebuse, une ancienne arme à feu.

Benoîte commune

Geum urbanum (rosacées)

H 30-120 cm mai-oct. vivace

Les racines séchées de la benoîte commune ont une odeur de clou de girofle. Elles contiennent en effet la même huile essentielle que cette plante tropicale, mais à une concentration environ 100 fois moindre, ce qui ne les a pas empêchées d'être utilisées en gargarisme contre les gingivites. Les extraits de racine de benoîte commune servent de nos jours à aromatiser les dentifrices et les liqueurs.

Habitat *Forêts, clôtures, murs, chemins de forêts, friches. Également stations ombragées. Dans presque toute l'Europe.*

> ***Pousse souvent près des habitations.***
> ***Indicateur de sols riches.***
> ***Les fruits accrochent aux vêtements.***

Potentille dorée

Potentilla aurea (rosacées)

H 5-20 cm juin-sept. vivace

La potentille dorée sert de remède contre les diarrhées légères et les laryngites. Cette plante hiverne sous la couche neigeuse avec ses feuilles vertes et peut développer de nouvelles feuilles avant la fonte des neiges. C'est donc une plante parfaitement adaptée aux conditions de la haute montagne.

Habitat *Pelouses arides et rocailleuses, prairies maigres, de 1 200 à plus de 3 000 m d'altitude. Montagnes d'Europe centrale et du Sud.*

> ***Feuilles en forme de main.***
> ***Aime les sols acides.***
> ***Attire surtout les mouches comme insectes butineurs***

Potentille printanière

Potentilla tabernaemontani (rosacées)
H 5-20 cm mars-juin vivace

Habitat *Pelouses maigres, coteaux rocailleux, aiguilles rocheuses, murs des vignobles, bosquets des bords des routes. Stations ensoleillées. Europe centrale et du Nord.*

> ***Demande de la chaleur.***
> ***Floraison précoce.***
> ***Souvent sur les murs de pierre.***

Par temps ensoleillé, les fleurs s'ouvrent largement et attirent surtout les abeilles sauvages. Parfois, la potentille printanière fleurit une seconde fois à la fin de l'été. Les graines sont véhiculées par les fourmis et gardent leur pouvoir de germination pendant plus de 30 ans.

Potentille des oies

Potentilla anserina (rosacées)
H 15-80 cm mai-août vivace

Habitat *Bords des chemins et des routes, rives, terres cultivées, prairies, friches, villages. Dans presque toute l'Europe.*

> ***Les oies ne la mangent pas.***
> ***Feuilles pennées argentées.***
> ***Plante astringente, peut calmer la diarrhée.***

La potentille des oies, ou potentille ansérine, poussait souvent dans les basses-cours, profitant de l'apport nutritif des fientes. Les feuilles souples servaient à garnir les sabots de bois.

Oxalis corniculé

Oxalis corniculata (oxalidacées)

H 10-50 cm juin-sept. annuelle ou vivace

Les fruits murs expulsent les graines au loin par les fentes de leur capsule. On a mesuré des distances de projection de 1,6 m, ce qui est remarquable pour une si petite plante.

Habitat *Jardins, chemins, joints entre les pavés, cimetières, pots et bacs à fleurs. Sur sols riches. Europe centrale et du Sud.*

> ***Aujourd'hui répandue dans toutes les contrées chaudes.***
> ***Fleurit également l'hiver, en pot à l'intérieur.***
> ***Les fruits ressemblent à des cornes.***

Oxalis des Bermudes

Oxalis pes-caprae (oxalidacées)

H 20-30 cm oct.-mai vivace (☠)

Cette plante introduite dans les régions méditerranéennes à des fins ornementales s'y est implantée. Bien qu'elle ne se reproduise en Europe que par division des nouveaux tubercules, elle est en passe de devenir une herbe envahissante dans le bassin méditerranéen, car elle n'a pas de prédateurs. Les fleurs s'ouvrent au soleil et se referment le soir.

Habitat *Chemins, bords des champs, haies, orangeraies, fossés. Subspontanée dans le bassin méditerranéen.*

> ***Originaire d'Afrique du Sud.***
> ***Couvre souvent de grandes étendues.***
> ***Certaines fleurs ont plus de pétales.***

Croix de Malte

Tribulus terrestris (zygophyllacées)
H 10-60 cm mai-sept. annuelle ☠

Habitat *Friches, bords des chemins, terrains vagues, cultures. Surtout sur sols sablonneux, découverts, en stations sèches et ensoleillées. Bassin méditerranéen.*

> ***Surtout près des zones habitées ou exploitées.***
> ***Plante rampante.***
> ***Résiste au piétinement.***

Les fruits posés au sol sont source de désagrément pour les animaux et les personnes qui marchent pieds nus, car leurs épines restent enfoncées dans les pattes et les pieds, comme des crampons. Des extraits de cette plante ont été utilisés pour améliorer les performances des sportifs, mais la prudence s'impose en raison des risques d'intoxication.

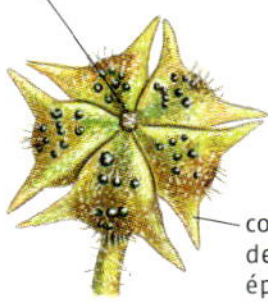

Criste-marine

Crithmum maritimum (apiacées)
H 10-60 cm juill.-oct. vivace

Habitat *Plages, côtes rocheuses, zones arrosées par les vagues. Côtes de la Méditerranée au sud de l'Angleterre.*

> ***Supporte les sols salins.***
> ***Également appelé « fenouil marin », « perce-pierre ».***
> ***Feuilles couvertes de cire.***

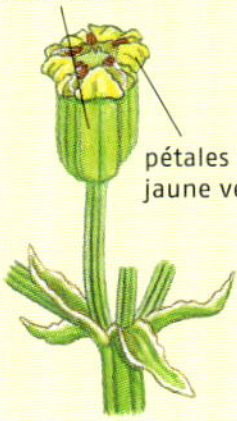

La plante fraîche donne un légume au parfum de fenouil, dont les feuilles macérées dans la saumure sont réputées. Dans *Le Roi Lear*, Shakespeare parle d'un homme qui récolte la criste-marine.

Panais

Pastinaca sativa (ombellifères)

H 30-100 cm   juill.-sept.   bisannuelle

Le panais est une plante originaire d'Asie occidentale, où elle est récoltée depuis la nuit des temps. Sa culture date de l'Antiquité, et c'est à cette époque qu'elle a été introduite en Europe centrale. Au XVIIIe siècle, avant l'arrivée massive des pommes de terre, le panais constituait la base de notre alimentation. Cette plante cultivée s'est naturalisée dans de nombreuses régions.

Habitat *Bords des prairies et des chemins, bosquets, « mauvaises herbes », chemins de fer, carrières de pierres. Dans presque toute l'Europe.*

> ***Une des rares ombellifères jaunes en Europe centrale.***

> ***Les racines des panais sauvages sont sans saveur.***

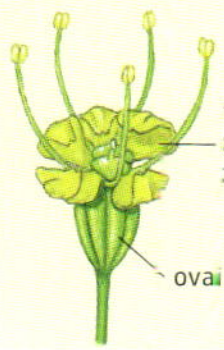

Le saviez-vous ?

Les racines de panais, récoltées le premier hiver, ont un arôme doux évoquant la carotte et le persil. Riches en vitamine A, B et C, ainsi qu'en minéraux, elles sont excellentes comme légume. Il existe plusieurs variétés de panais cultivées.

Férule commune

Ferula communis (ombellifères)
H 100-300 cm avr.-juill. bisannuelle ☠

Habitat *Collines sèches, terrains calcaires, prairies découvertes sèches, souvent près des habitations. Pays méditerranéens.*

> ***Très grande plante.***
> ***Les tiges des plantes mortes restent dressées.***
> ***Pousse seule ou en groupe.***

Les tiges ont été utilisées comme cannes, mais aussi comme bâtons pour battre les esclaves, d'où le nom de férule donné à la plante. La moelle des tiges fournissait de l'amadou pour allumer le feu. Prométhée, qui déroba le feu aux dieux dans la mythologie grecque, se serait servi d'une tige de férule pour le ramener sur Terre.

Fenouil

Foeniculum vulgare (apiacées)
H 50-250 cm juill.-sept. bisannuelle

Habitat *Forme sauvage au bord des routes et des fleuves, dans les friches, forme cultivée dans les champs. Région méditerranéenne.*

> ***La plante froissée dégage une odeur typique.***
> ***Plante médicinale et condimentaire.***
> ***Feuilles parfois teintées de rouge.***

Le fenouil est probablement cultivé depuis l'Égypte ancienne. Dans l'Antiquité, il était recommandé pour soigner les troubles oculaires. Aujourd'hui, on distingue plusieurs variétés. Les graines de fenouil sont utilisées contre la toux et les flatulences. Le bulbe du fenouil cultivé est un légume apprécié.

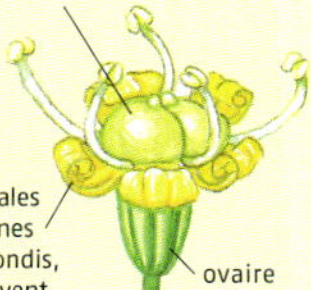

Gentiane jaune

Gentiana lutea (gentianacées)

H 45-140 cm   juin-août   vivace

La gentiane renferme des substances amères qui la protègent des animaux. Sur le plan médicamenteux, ces substances stimulent la production de salive et de suc gastrique. Parmi les principes amers figure l'amarogentine, le produit naturel le plus amer connu, même après dilution de 1 : 50 000. Lors de la distillation, une partie de ces substances reste dans le moût, et l'alcool de gentiane conserve ainsi l'amertume en même temps que les arômes.

Habitat *Pelouses maigres, prairies, marais plats, décharges, pinèdes claires. Jusqu'à 2 500 m d'altitude. Montagnes d'Europe centrale et du Sud.*

> ***Ne fleurit qu'au bout de 10 ans.***

> ***Une plante peut donner jusqu'à 10 000 graines.***

> ***Racines jusqu'à 1 m.***

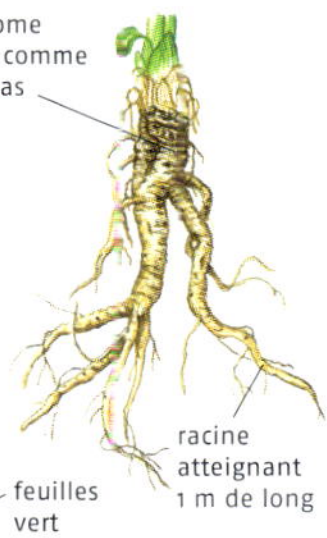

Le saviez-vous ?

Des confusions mortelles se produisent régulièrement entre la gentiane (à gauche) et le vératre blanc (à droite et *p. 146**). Toutefois, la disposition des feuilles, alternes chez le vératre, opposées chez la gentiane, permet de les distinguer même en l'absence de fleurs.*

Gentiane ponctuée

Gentiana punctata (gentianacées)

H 20-60 cm juin-sept vivace

Habitat *Pelouses au-dessus de la limite des forêts, éboulis rocheux. Montagnes d'Europe centrale et du Sud, jusqu'à plus de 3 000 m.*

> ***Dédaigné par le bétail.***
> ***De loin, les fleurs semblent sales.***
> ***Souvent de nombreux plants côte à côte.***

Le nom de la Gentiane dérive de Genthios, nom d'un roi d'Illyrie, qui aurait reconnu les vertus thérapeutiques de cette plante. La gentiane ponctuée est moins riche en principes actifs que la grande gentiane, ou gentiane jaune, mais sa racine a également été utilisée pour fabriquer de la liqueur.

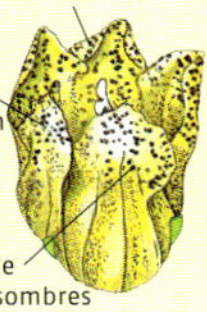

Limnanthème faux-nénuphar

Nymphoides peltata (ményanthacées)

H 80-150 cm mai-juin vivace

Habitat *Dans les plans d'eau ou cours d'eau lents riches en substances nutritives, jusqu'à 1,5 m de profondeur. Europe centrale et du Sud.*

> ***Feuilles semblables à celles du Nénuphar.***
> ***Aime la chaleur en été.***
> ***Souvent parmi d'autres plantes aquatiques.***

Les franges des pétales renforcent le pouvoir d'attraction des fleurs sur les insectes. Les graines flottantes sont diffusées par le courant. Elles adhèrent, en outre, au plumage des oiseaux aquatiques, ce qui favorise la dissémination de la plante.

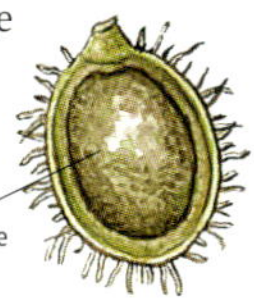

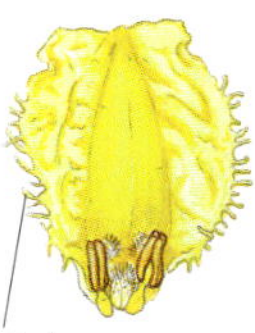

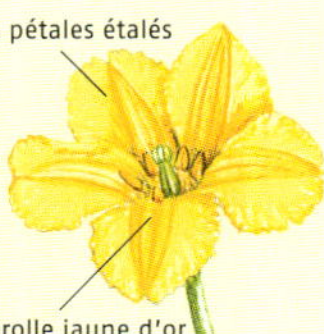

Jusquiame noire

Hyoscyamus niger (solanacées)

H 20–80 cm juin–oct. annuelle à bisannuelle ☠

La jusquiame fait partie des plantes toxiques les plus anciennes. Au Moyen Âge, elle entrait dans la composition d'onguents de sorcière, car elle provoque des hallucinations. L'intoxication due à la jusquiame peut entraîner un sommeil profond et une paralysie mortelle des voies respiratoires. Hamlet, dans la célèbre pièce de Shakespeare, meurt empoisonné par de la jusquiame. Cette plante a été préconisée comme anesthésiant, en association avec le pavot (p. 19) et d'autres plantes.

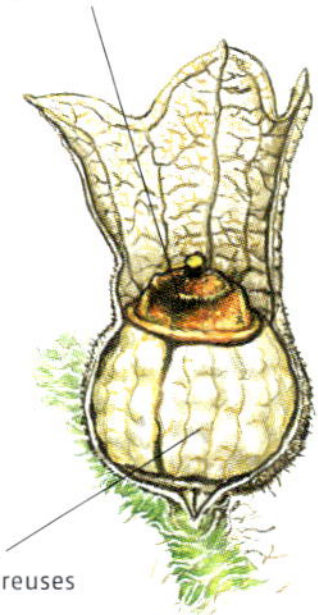

Habitat *Décharges, friches, parfois « mauvaises herbes » des terres cultivées. Sur sols riches en azote. Dans presque toute l'Europe.*

> ***Demande beaucoup de soleil et de chaleur.***
> ***Ne peut fleurir que lorsqu'il fait jour plus de 10 heures par jour.***

Le saviez-vous ?

Les graines de jusquiame ont été ajoutées à la bière pour accroître son pouvoir enivrant. Cet usage était dangereux car les effets de la jusquiame sont comparables à ceux de la belladonne ou du datura. Les graines servaient aussi à fabriquer de l'huile.

Molène à fleurs denses

Verbascum densiflorum (scrophulariacées)

H 50-250 cm juill.-sept. bisannuelle

***Habitat** Friches, décharges, bords des chemins, coupes forestières, rivages. Sur stations ensoleillées, plutôt chaudes. Europe centrale et du Sud.*

> ***Une plante peut donner des milliers de graines.***
> ***Plante ornementale des jardins.***
> ***Floraison prolongée.***

La molène permet d'étudier un phénomène intéressant : si on secoue fortement une tige florale par grande chaleur, on peut voir un grand nombre de corolles se détacher de la plante au bout de quelques minutes. Les pétales ne tombent pas à cause du mouvement, ils sont en fait rejetés activement par la plante. Des préparations à base de fleurs de molène sont employées pour calmer la toux et favoriser l'expectoration.

Le saviez-vous ?

La molène porte le nom de « cierge de Notre-Dame », en référence à une utilisation ancienne : on enduisait de poix les tiges effeuillées pour en faire des torches. On la cultive aussi comme plante ornementale.

Molène noire

Verbascum nigrum (scrofulariacées)

H 50-120 cm juin-sept. bisannuelle

Les poils pourpres sur les étamines contrastent nettement avec le jaune des corolles, ce qui renforce l'attraction des fleurs sur les insectes. Comme la plupart des fleurs à inflorescences allongées, les fleurs du bas s'ouvrent en premier. On peut donc observer les abeilles et les bourdons visiter les molènes régulièrement de bas en haut.

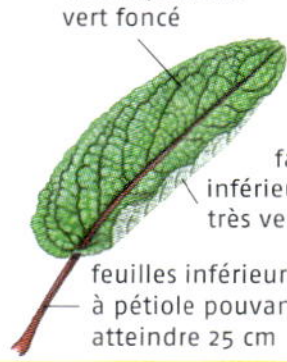

Habitat *« Mauvaises herbes » des coupes forestières, décharges, bords des chemins, bosquets. Dans presque toute l'Europe.*

> ***La première année, il n'y a qu'une rosette de feuilles.***
>
> ***Fleurs à couleurs très voyantes.***
>
> ***Les graines conservent longtemps leur pouvoir de germination.***

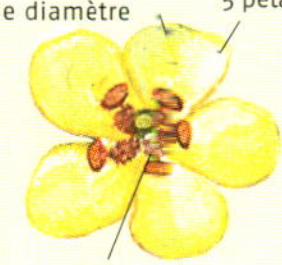

Laitue des murs

Mycelis muralis (composées)

H 60-80 cm juill.-août vivace

Il est aisé de prendre la fleur composée, avec ses 5 fleurs en tube disposées en rayons, pour une fleur simple. Il s'agit pourtant bien de 5 fleurs, dont chacune renferme son nectar. Ainsi regroupées, elles sont plus voyantes pour les insectes, qui, en une seule visite, peuvent féconder plusieurs fleurs à la fois.

Habitat *Forêts à sous-bois herbeux, chemins forestiers, rochers et murs humides, également en ville. Dans presque toute l'Europe.*

> ***Pousse à l'ombre ou à mi-ombre.***
>
> ***Un latex blanc s'écoule des tiges cassées.***
>
> ***Les capitules ne s'ouvrent que le jour.***

Adonis du printemps

Adonis vernalis (renonculacées)

H 10-40 cm avr.-mai vivace ☠

Habitat *Pelouses arides, steppes, collines chaudes et buissonnantes. Stations chaudes en été. Europe centrale, du Sud et de l'Est.*

> ***Espèce fortement menacée et protégée en France.***
> ***Plus fréquente en Europe de l'Est.***
> ***La tige continue de pousser après floraison.***

Les fleurs ne s'ouvrent qu'au soleil et, comme celles du tournesol, orientent leur corolle dans sa direction. En phytothérapie, on utilise l'Adonis contre les légers troubles cardiaques d'origine nerveuse. Mais cette plante est toxique, et toute automédication est à éviter. L'intoxication se traduit par un ralentissement du pouls, qui peut aller jusqu'à l'arrêt cardiaque.

Éranthis d'hiver

Eranthis hyemalis (renonculacées)

H 5-15 cm fév.-avr. vivace ☠

Habitat *Forêts, buissons, vignobles, vergers, parcs, bosquets. Europe du Sud, naturalisée en Europe centrale.*

> ***Fleurit sous la neige.***
> ***Fleur appréciée pour sa précocité.***
> ***Aspect de bouton-d'or.***

Pendant la floraison qui dure environ une semaine, la fleur continue de se développer en s'ouvrant et se refermant, jusqu'à doubler de taille en longueur. Les fruits s'ouvrent en petites coupelles, d'où les graines peuvent être éjectées jusqu'à 40 cm de distance par la pluie.

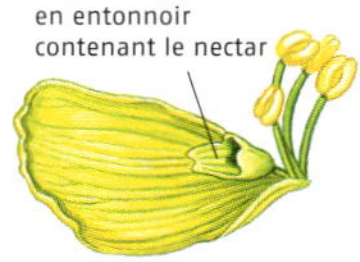

Trolle, boule d'or

Trollius europaeus (renonculacées)
H 30-60 cm mai-juin vivace ☠

Il existe une légende selon laquelle les trolls utilisent des trolles en guise de torche pour s'éclairer, mais il semble que ces deux homonymes ne partagent pas la même origine. Le trolle tiendrait son nom de la forme en boule de sa fleur. Jadis relativement fréquente dans les collines, cette plante est en voie de raréfaction, suite à la disparition des zones humides.

Habitat *Prairies humides à inondées, marais, bords des ruisseaux. Surtout en montagne, jusqu'à plus de 2 000 m d'altitude. Dans presque toute l'Europe*

> ***Espèce menacée et protégée.***
> ***Fleurit parfois à nouveau en automne.***
> ***Pousse souvent en groupes épars.***

Le saviez-vous ?

Seuls les petits insectes parviennent à pénétrer dans la fleur. Trois espèces de mouches ne se contentent pas d'y prélever le nectar, elles y déposent leurs œufs, afin que les larves puissent dévorer l'ovaire de la fleur. On parle d'interaction mutualiste.

Pulsatille soufrée

Pulsatilla alpina ssp. apiifolia (renonculacées)

H 10-40 cm mai-août vivace (☠)

Habitat *Pelouses rocailleuses de montagne, stations à buissons nains. Sur sols acides. Montagnes d'Europe centrale et du Sud, de 1 500 à 3 000 m d'altitude.*

> ***Sous-espèce de la pulsatille des Alpes.***
> ***Souvent en colonies lâches.***
> ***Se reconnaît à ses grandes fleurs.***

Les fruits des pulsatilles se dressent au-dessus des plantes voisines, et leur arête plumeuse leur vaut le nom d'oursins végétaux. C'est grâce à ce duvet qu'elles sont emportées par le vent sur de grandes distances. La forte pilosité de la pulsatille explique ses autres appellations : « poil-au-cul » ou « anémone-souris », et lui assure une protection contre les conditions climatiques difficiles. Cette plante aurait la faculté de réguler les pulsations cardiaques, d'où son nom.

Le saviez-vous ?

La pulsatille des Alpes, aux fleurs blanches, teintées de bleu ou de violet à l'extérieur, vit dans le même type d'habitat. Ses sépales, dénués de colorant, reflètent les rayons du soleil, d'où leur blanc éclatant.

Ficaire

Ranunculus ficaria (renonculacées)

H 5-20 cm   mars-mai   vivace   ☠

La plante se reproduit en partie grâce à des bulbilles qui prennent naissance à l'aisselle des pétioles. Emportées par la pluie, ces bulbilles se retrouvent dans les flaques d'eau, où elles germent, créant un tapis de jeunes feuilles. Jadis, ces feuilles étaient consommées pour lutter contre le scorbut. On considérait également la ficaire comme un remède spécifique contre les hémorroïdes.

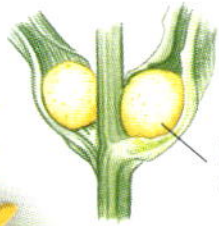

Habitat *Bois inondés, forêts de feuillus à sous-bois herbeux, vergers, prairies humides, parcs. Sur sols humides. Dans toute l'Europe.*

> ***Indicateur de sols riches.***
> ***Visible au printemps uniquement, disparaît après la floraison.***

Réséda jaune

Reseda lutea (résédacées)

H 20-60 cm   mai-sept.   annuelle à bisannuelle

Le nom latin *reseda* signifie « apaiser, calmer ». Le réséda jaune a été utilisé pour donner une teinte jaune, vert-jaune ou brune, mais nettement moins souvent que le réséda des teinturiers, ou gaude. Ses feuilles et ses fleurs peuvent être ajoutées aux salades comme condiment.

Habitat *« Mauvaises herbes » des bords des chemins, décharges, chemins de fer et installations portuaires, friches. Europe centrale et du Sud.*

> ***Les épis poussent en hauteur.***
> ***A besoin de chaleur.***
> ***Saveur piquante de crucifère.***

Orpin réfléchi

Sedum rupestre (crassulacées)

H 10-35 cm   juin-août   vivace

Habitat *Plante pionnière des rochers, dunes, murs, éboulis rocheux. Sur sols chauds et secs, sablonneux et pierreux. Dans presque toute l'Europe.*

> ***Bien adapté à la sécheresse grâce à ses feuilles charnues.***
> ***Souvent naturalisé, en provenance de jardins.***
> ***Repérable même sans fleurs.***

L'orpin réfléchi poussait jadis dans presque tous les jardins. Ses fleurs acidulées au goût rafraîchissant et ses jeunes pousses font de très bonnes salades, agrémentent les sauces et les crudités. On lui connaît aussi d'autres noms : « orpin des murs » ou « trique-madame ».

Benoîte rampante

Geum reptans (rosacées)

H 5-25 cm   juin-août   vivace

Habitat *Éboulis rocheux découverts, humides, moraines des glaciers. Montagnes d'Europe centrale et du Sud, le plus souvent entre 2 500 et 3 500 m d'altitude.*

> ***Contribue à stabiliser les éboulis.***
> ***La benoîte des montagnes, semblable, n'a pas de stolons et pousse sur les pelouses alpines.***

La benoîte rampante se distingue par ses fleurs et ses fruits : avec leurs longs styles plumeux, ils se dressent au-dessus de la plante pour que le vent les emporte au loin. La benoîte rampante, qui se multiplie également par des stolons, forme de grands tapis qui consolident le sol.

Figue des Hottentots

Carpobrotus edulis (aizoacées)

H 5-20 cm mars-juill. vivace

En Afrique du Sud, ses fruits à la chair gélatineuse acidulée sont transformés en confiture ou en condiment pour le curry. Les feuilles charnues, bouillies ou confites dans le vinaigre, sont également comestibles. Originaire du Cap, cette plante sert à nettoyer les plaies (feuilles broyées), à lutter contre l'eczéma et comme insecticide.

Habitat *Bosquets et dunes proches de la côte. Originaire d'Afrique du Sud, introduite en Méditerranée.*

- > ***Contribue à consolider les dunes et les bancs de sable.***
- > ***Les fleurs ne s'ouvrent qu'en plein soleil.***
- > ***Demande très peu d'eau.***

Le saviez-vous ?

La figue des Hottentots, ou figue marine, peut donner des fleurs rose vif à cœur jaune, ou entièrement jaunes. Cette espèce introduite pousse si vite qu'en certains endroits, elle devient vraiment envahissante.

Arnica

Arnica montana (composées)

H 20-50 cm juin-juill. vivace (☠)

Les extraits de fleurs d'arnica calment les inflammations et la douleur. En usage externe, les préparations sont appliquées sur les coups et hématomes, les rhumatismes musculaires ou articulaires et les piqûres d'insectes. Utilisé en trop grande quantité, l'arnica peut déclencher des allergies. En usage interne, il peut aussi provoquer des intoxications avec vomissements, troubles du rythme cardiaque et collapsus.

Habitat *Pelouses humides, gazons, pâturages, landes et marais. Ne supporte pas les sols calcaires. Europe centrale, presque uniquement en montagne.*

> ***Ne supporte pas les engrais.***
> ***Dégage une forte odeur aromatique.***
> ***Plante médicinale célèbre.***

Le saviez-vous ?

Les fleurs d'arnica renferment une huile essentielle, des hétérosides, de l'acide caféique, des pigments et diverses substances. Autrefois, les feuilles desséchées se fumaient.

Séneçon jacobée

Senecio jacobaea (astéracées)

H 30-100 cm juill.-sept. bisannuelle, vivace

Le séneçon jacobée, ou herbe de Saint-Jacques, se distingue par ses fruits à aigrette blanche, que le vent peut emporter au loin. La référence à saint Jacques tient peut-être au jour de floraison, la Saint-Jacques se situant le 25 juillet.

Habitat *Pâturages, prairies, pelouses semi-arides, bosquets, lisières des forêts. Dans presque toute l'Europe.*

> ***Il existe de nombreuses espèces de séneçon.***
> ***Cette plante contient des substances cancérigènes.***
> ***Également « herbe de Saint-Jacques ».***

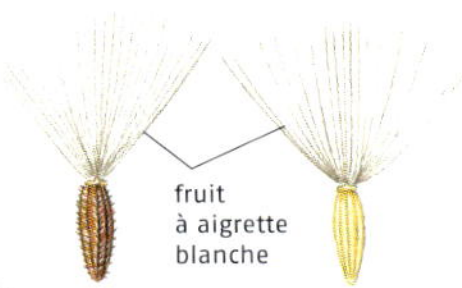

Séneçon commun

Senecio vulgaris (astéracées)

H 10-30 cm fév.-nov. annuelle

Grâce à leur aigrette de poils, les fruits peuvent s'élever assez haut dans le ciel et être transportés sur de longues distances. C'est ainsi que le séneçon commun a rapidement colonisé une nouvelle île volcanique, Surtsey, au sud de l'Islande, ses fruits ayant parcouru au moins 40 km dans les airs.

Habitat *« Mauvaises herbes » des terres cultivées, jardins et friches, décharges, coupes forestières. Dans toute l'Europe.*

> ***Fleurit pratiquement toute l'année.***
> ***Peut devenir envahissant dans les jardins.***
> ***Toute la plante se teinte de rouge au soleil.***

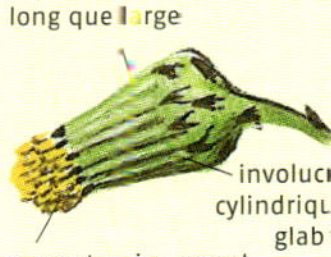

Tussilage

Tussilago farfara (astéracées)

H 7-30 cm   mars-avr.   vivace

Habitat *Chemins, bords des routes, décharges, gravières, rivages. Surtout sur sols découverts, calcaires. Dans toute l'Europe.*

> ***Fleurit avant que n'apparaissent les feuilles.***
> ***Contribue à consolider les sols.***
> ***Également appelé « pas-d'âne ».***

Le tussilage, réputé contre la toux et l'enrouement, renferme des substances hépato-toxiques et cancérigènes. Il ne faut donc pas le récolter soi-même, mais utiliser des préparations issues de cultures contrôlées, tout en respectant le mode d'application. On a fabriqué des cigarettes en feuilles de tussilage pour aider les fumeurs à se désintoxiquer du tabac.

Matricaire odorante

Matricaria discoidea (astéracées)

H 5-30 cm   juin-août   annuelle

Habitat *Pelouses piétinées, chemins, surtout zones habitées. Souvent en grandes colonies sur terrains découverts. Dans toute l'Europe.*

> ***Originaire d'Asie du Nord-Est.***
> ***Sent comme la camomille vraie (p. 135), mais sans ses vertus thérapeutiques.***
> ***Très robuste.***

C'est une curiosité des jardins botaniques car, contrairement aux autres matricaires (p. 134 et 135), elle ne possède pas de fleurs ligulées. Ses fruits produisent du mucilage lorsqu'il pleut : ils adhèrent aux semelles, aux pneus, etc. et se diffusent sur de grandes distances. La matricaire odorante s'est ainsi échappée des jardins et naturalisée en Europe dès 1850.

Topinambour

Helianthus tuberosus (astéracées)

H 100–250 cm oct.-nov. vivace

Le topinambour est cultivé en Europe depuis au moins 1619. Après la guerre de Trente Ans, ses tubercules ont joué un rôle important dans l'alimentation. Ensuite, la pomme de terre s'est avérée d'un meilleur rendement, et la culture du topinambour a régressé. Aujourd'hui, cette plante est surtout cultivée comme fourrage pour le bétail et le gibier.

Habitat *Souvent naturalisé et installé sur les rives de cours d'eau riches en substances nutritives, régulièrement cultivé. Dans les régions à climat doux, surtout en Europe centrale.*

- ***Originaire d'Amérique du Nord.***
- ***Évoque un tournesol à petite fleur.***
- ***Les tubercules se forment à la fin de l'automne.***

Le saviez-vous ?

Les tubercules de topinambour de culture sont recommandés aux diabétiques. Leur substance de réserve est l'inuline, dont le métabolisme ne fait pas appel à l'insuline. L'inuline est transformée en fructose.

Verge d'or

Solidago virgaurea (astéracées)

H 10-100 cm juill.-oct. vivace

La verge d'or doit son nom à ses tiges robustes et à la teinte de ses fleurs. Reconnue depuis longtemps pour ses vertus diurétiques, elle soigne les inflammations des voies urinaires, contribuant à éliminer et à prévenir les calculs rénaux et urinaires.

Habitat *Forêts claires à sous-bois herbeux, coupes forestières, landes, prairies maigres. Dans toute l'Europe.*

> ***Supporte la sécheresse.***
> ***Une forme naine en haute montagne.***
> ***Attire de nombreux insectes.***

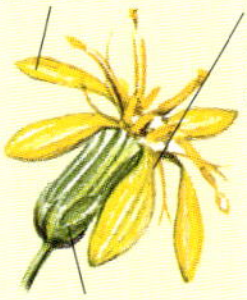

Le saviez-vous ?

La verge d'or était employée au Moyen Âge comme vulnéraire, soit en infusions, soit en application externe d'une décoction. On appliquait également les feuilles directement sur les plaies. Riche en nectar, la verge d'or est visitée par les abeilles.

Verge d'or du Canada

Solidago canadensis (astéracées)

H 50-250 cm août-oct. vivace

La verge d'or du Canada, originaire d'Amérique du Nord, a été introduite en Europe au XIXe siècle. Elle se multiplie par ses nombreuses graines, mais aussi par division de la souche rampante. Cette reproduction prolifique en fait une menace pour les espèces locales, et les protecteurs de la nature essaient de limiter son expansion.

Habitat *« Mauvaises herbes » des décombres, lignes de chemin de fer, friches urbaines, bois inondés et rivages. Dans presque toute l'Europe.*

- ***Peut former d'immenses colonies.***
- ***Attire de nombreux insectes.***
- ***Également plante d'ornement des jardins.***

Scolyme d'Espagne

Scolymus hispanicus (astéracées)

H 20-80 cm juin-sept. bisannuelle

C'est une plante aux feuilles de chardon et aux fleurs de pissenlit. Deux autres espèces, le scolyme tacheté et le scolyme à grandes feuilles, poussent surtout dans le sud de la France. Considéré comme « mauvaise herbe », le scolyme est pourtant comestible : on peut consommer les racines charnues, récoltées en automne, et les jeunes feuilles au printemps.

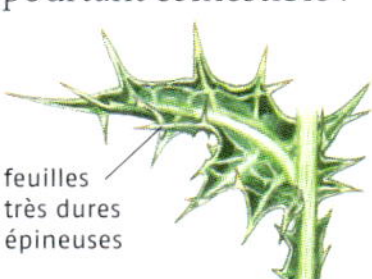

Habitat *Bords des chemins ensoleillés, décharges, friches. Surtout dans les endroits habités. Europe du Sud.*

- ***Supporte la sécheresse.***
- ***Racine en fuseau.***
- ***Comestible après cuisson.***

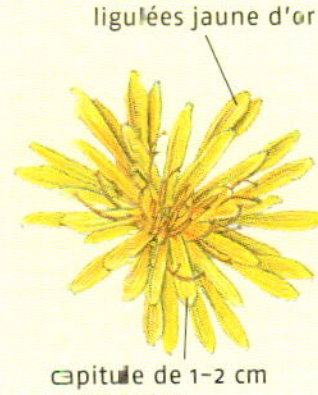

Absinthe

Artemisia absinthium (astéracées)

H 60-120 cm   juill.-sept.   vivace buissonnante ☠

***Habitat** « Mauvaises herbes » des décharges, bords d'autoroute, décombres, talus, pâturages à moutons, zones rocailleuses. Principalement Europe centrale et du Sud.*

> ***La plante froissée dégage une forte odeur aromatique.***
> ***Aime le soleil et la chaleur.***
> ***Toute la plante porte un duvet gris.***

En phytothérapie, l'absinthe est une plante aux vertus apéritives, digestives, stomachiques, carminatives et vermifuges. Le surdosage peut être mortel. La liqueur d'absinthe consommée en grande quantité a déclenché des troubles de la personnalité et des accès de folie, c'est pourquoi ce produit a été interdit. Aujourd'hui, on peut se procurer à nouveau des alcools d'absinthe.

Armoise commune

Artemisia vulgaris (astéracées)

H 60-250 cm   juill.-nov.   vivace

***Habitat** « Mauvaises herbes » des chemins, décharges, friches, bords des rivières et des lacs. Dans toute l'Europe.*

> ***Froissée, dégage une légère odeur particulière.***
> ***Le pollen est diffusé par le vent.***
> ***Emménagogue réputé dans l'Antiquité.***

L'armoise est un condiment apprécié dans les plats de gibier et d'oie, mais aussi une plante qui déclenche des allergies (rhume des foins). On mettait autrefois une feuille d'armoise dans les chaussures pour randonner sans fatigue. Cette plante est conseillée comme stomachique. Elle pousse en Sibérie et en Alaska, et c'est l'une des rares plantes médicinales connues des Inuits.

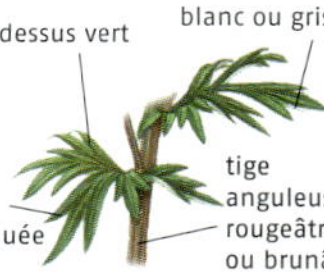

Tanaisie commune

Tanacetum vulgare (astéracées)

H 60-120 cm   juill.-sept.   vivace   ☠

La tanaisie, également appelée « herbe-aux-coqs » ou « herbe-aux-mites », se caractérise par ses feuilles semblables à celles des fougères, qui servaient jadis de litière pour le bétail. Cette plante a été utilisée comme vermifuge, emménagogue, abortif, et également contre la peste, la fièvre et la goutte.

Habitat *« Mauvaises herbes » des bosquets, chemins, rives, décharges, friches, zones brûlées. Dans presque toute l'Europe.*

> **Pousse souvent en buissons.**
> **Forte odeur aromatique âcre.**
> **Fait de beaux bouquets séchés.**

Immortelle des sables

Helichrysum arenarium (astéracées)

H 10-30 cm   juill.-août   vivace

Les capitules sont utilisés comme diurétique, cholagogue et antispasmodique. En infusion, mélangée à d'autres plantes, l'immortelle donne une belle coloration jaune. Elle porte aussi le nom de « perlière des sables ».

Habitat *Pelouses sablonneuses, dunes, pinèdes arides. Stations chaudes en été. Dans presque toute l'Europe.*

> **Dégage un fort arôme de curry.**
> **Fait de beaux bouquets secs.**
> **Naturalisée en Europe centrale.**

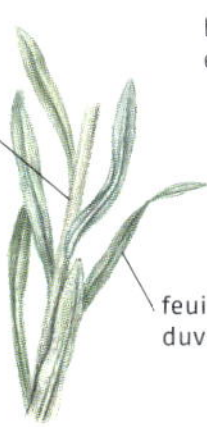

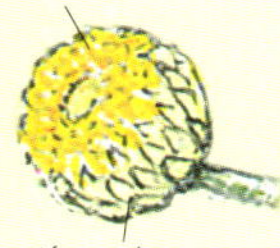

Chrysanthème à couronne

Chrysanthemum coronarium (astéracées)

H 30-80 cm mars-sept. annuelle

***Habitat** Terres cultivées, friches, terrains vagues, bords des routes. Également plante ornementale. Région méditerranéenne.*

> ***Souvent en grandes colonies.***
> ***Capitules jaunes ou blanc et jaune.***
> ***Dégage une forte odeur si on la froisse.***

La forme bicolore (« à couronne ») est souvent plantée dans les jardins. En Asie, les fleurs et les tiges du chrysanthème à couronne sont cuisinées comme légumes. Dans l'Antiquité, les Grecs connaissaient cet usage. Pour eux, c'était aussi une plante magique, qui servait de protection contre la sorcellerie, et qu'ils nommaient *Dios ofrya*.

Inule hirsute

Inula hirta (astéracées)

H 15-45 cm juin-juill. vivace

***Habitat** Chênaies et pinèdes claires, pelouses arides, bosquets. Stations chaudes en été. Principalement Europe centrale et de l'Est.*

> ***A besoin de chaleur en été.***
> ***Supporte la sécheresse.***
> ***Feuilles très rugueuses.***

C'est d'une espèce voisine, l'inule aunée ou grande aunée, que l'on a extrait pour la première fois, en 1840, l'inuline, un hydrate de carbone qui sert aux composées à stocker l'énergie à la place de l'amidon. Les aliments contenant de l'inuline sont excellents pour les diabétiques, car leur digestion ne demande pas d'insuline et leur décomposition produit du fructose, un sucre que ces derniers assimilent facilement.

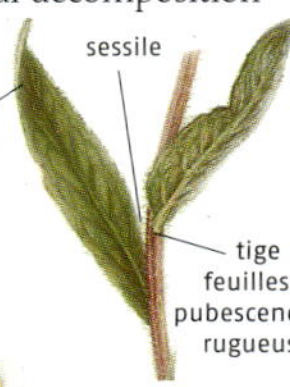

Safran des teinturiers

Carthamus tinctorius (astéracées)

H 15-120 cm juill.-sept. vivace

Il y a 4 000 ans, le safran ou carthame des teinturiers était déjà cultivé par les Égyptiens, pour servir de teinture. Ses fleurs renferment en effet des substances qui colorent en rouge et en jaune. Le rouge était particulièrement demandé pour teindre le coton et la soie, mais aussi pour fabriquer des produits de maquillage et de la confiserie. L'huile de carthame est utilisée en phytothérapie pour ses propriétés hypolipidémiantes et hypocholestérolémiantes, en prévention de l'artériosclérose.

Habitat *Originaire d'Orient, cultivé en Europe du Sud et naturalisé sur les pâturages, les friches et les bords des chemins*

- ***Utilisée aujourd'hui comme oléagineux.***
- ***Les fleurs changent de couleur.***
- ***Également en fleur coupée chez les fleuristes.***

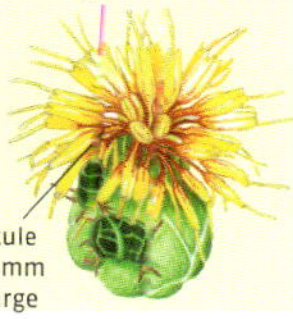

Le saviez-vous ?

Si vous trouvez du safran à très bon marché, il ne s'agit probablement pas de vrai safran (Crocus sativus), *mais plutôt du safran ou carthame des teinturiers, qui colore les aliments, sans en avoir le parfum. Les robes safran des moines bouddhistes étaient teintes avec cette plante.*

Chardon béni

Cnicus benedictus (astéracées)

H 10-60 cm avr.-juill. annuelle

Au XVIe siècle, le chardon béni était un remède réputé contre la peste. En réalité, il ne contient pas de substance efficace contre cette affection. En revanche, il a des vertus digestives et cholagogues, et peut s'utiliser en liqueur. La célèbre bénédictine contient des extraits végétaux divers, dont la mélisse et le thym, mais pas nécessairement de chardon béni.

***Habitat** Terres cultivées, friches, prairies et pelouses arides. Également cultivée comme plante médicinale. Bassin méditerranéen.*

> **Goût très amer.**
> ***Le contact cutané peut déclencher des allergies.***
> ***Les plants sauvages sont souvent très bas.***

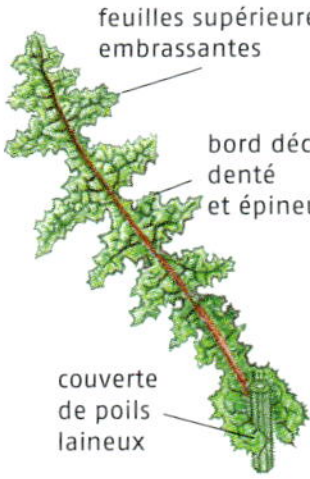

Le saviez-vous ?

Les données les plus anciennes sur les jardins de simples remontent à l'ordre monastique des bénédictins, fondé au VIe siècle. Cet ordre porte le même nom que le chardon béni, benedictus, *de* bene, *« bien », et* dicere, *« dire ».*

Cirse faux-épinard

Cirsium oleraceum (astéracées)

H 50-150 cm juin-sept. vivace

Le cirse faux-épinard servait autrefois de fourrage au bétail. On consommait les jeunes pousses et les feuilles tendres en salade ou en légume. Les fonds des capitules peuvent même être mangés comme des artichauts, mais ils sont nettement plus petits.

Habitat *Prairies humides, bois inondés, rives des ruisseaux, sources, coupes forestières. Sur sols humides et riches. Europe du Nord, du centre et de l'Ouest.*

> **Attire les papillons.**
> **Indicateur de sols humides.**
> **Chardon peu épineux.**

Cirse épineux

Cirsium spinosissimum (astéracées)

H 20-70 cm juill.-sept. vivace

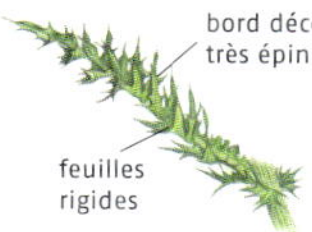

Ce chardon, dont le nom latin signifie « très épineux », est boudé par le bétail, seuls les petits animaux consomment les jeunes capitules. Au Moyen Âge, les bractées épineuses qui entourent le capitule du cirse épineux, ou chardon blanc, ont servi de modèle pour les broderies et les emblèmes.

Habitat *Prairies, reposoirs à chamois et brebis, éboulis, rives des torrents. Dans les Apennins et les Alpes, jusqu'à 3 000 m d'altitude*

> **Visible de loin grâce aux bractées blanchâtres.**
> **Demande un sol humide.**
> **Rebute le bétail.**

Carline commune

Carlina vulgaris (astéracées)
H 15-60 cm   juill.-sept.   bisannuelle

Habitat *Pelouses et prairies maigres, pelouses semi-arides, bords des chemins, forêts claires. Surtout sur sols calcaires. Dans toute l'Europe.*

> ***Supporte la sécheresse.***
> ***Également appelé « chardon doré ».***
> ***Les capitules se referment par temps humide.***

Les capitules en fleurs sont difficiles à distinguer de ceux qui portent déjà des fruits, car ce qui ressort le plus dans cette plante, ce sont les bractées dorées qui entourent les fleurs. Tout comme la carline acaule (p. 138), la carline commune arbore ses capitules tout au long de l'hiver.

Lampsane commune

Lapsana communis (astéracées)
H 30-100 cm   juin-sept.   annuelle, buissonnante

Habitat *« Mauvaises herbes » des haies, clôtures, bords des routes, forêts, jardins, décharges, champs. Dans presque toute l'Europe.*

> ***Indicateur de sols riches.***
> ***Pousse souvent en station ombragée ou mi-ombragée.***
> ***Latex blanc.***

Les capitules de lampsane, ou graceline, ne s'ouvrent que par beau temps, entre 6 et 11 h du matin. Par mauvais temps, ils se fécondent eux-mêmes : les fleurs extérieures se replient vers l'intérieur, amenant ainsi les anthères au contact des stigmates. Les toutes jeunes feuilles peuvent se consommer en salade.

Pissenlit

Taraxacum officinale (astéracées)

H 5-40 cm avr.-juill. vivace

Le pissenlit est connu pour ses vertus diurétiques, qui expliquent son nom. Les enfants aiment souffler sur les pissenlits pour disperser dans le vent les graines ailées. Les fruits se forment même si aucun pollen ne vient en contact du stigmate. En raison de cette « autofécondation », le pissenlit apparaît souvent dans les représentations de la Vierge Marie.

Habitat *Prairies engraissées, pâturages, « mauvaises herbes » des chemins, champs, gazons des parcs. Sur sols riches. Dans toute l'Europe.*

> ***Toute la plante contient un latex blanc.***
> ***Crée de beaux prés jaunes au printemps.***
> ***Également appelé « dent-de-lion ».***

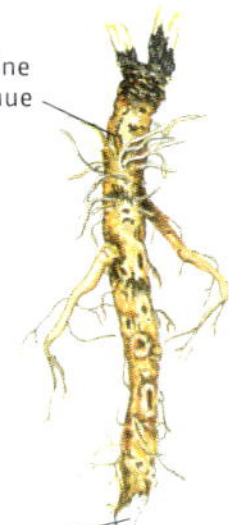

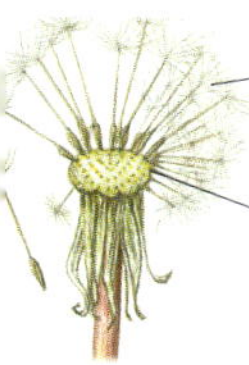

Le saviez-vous ?

Si vous incisez la tige et la plongez dans l'eau, elle s'enroule en spirale, car les cellules des parois intérieures s'allongent alors fortement. La plante entière se consomme en salade.

Laitue scariole

Lactuca serriola (astéracées)

H 60-120 cm   juill.-sept.   annuelle à bisannuelle

Habitat *Bords des chemins, décharges, chemins de fer, friches, murs, talus. Sur sols riches et secs. Dans presque toute l'Europe.*

- ***Également appelée « scarole ».***
- ***A besoin de suffisamment de chaleur.***
- ***Pousse souvent en colonies.***

Dans les stations très ensoleillées, les feuilles de laitue scariole pivotent perpendiculairement au sol, indiquant le nord et le sud comme les aiguilles d'une boussole. Elles se protègent ainsi d'une trop forte exposition au soleil, en limitant les pertes par évaporation. À l'ombre, les feuilles sont plutôt à l'oblique. Les racines enfoncées jusqu'à 2 m dans le sol permettent à la plante de résister à la sécheresse.

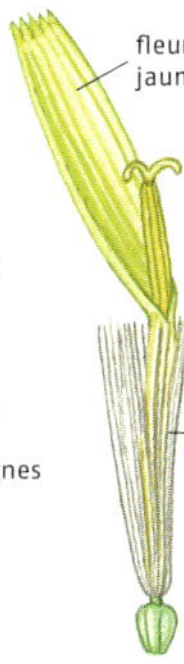

Le saviez-vous ?

La laitue scariole est l'ancêtre des diverses formes cultivées que l'on rencontre aujourd'hui : laitue, scarole, etc. En Chine, il existe une variété cultivée dont la tige se consomme comme une asperge verte. Le latex abonde dans la tige fleurie.

Salsifis des prés

Tragopogon pratensis (astéracées)
H 20-70 cm   mai-juill.   bisannuelle, buissonnante

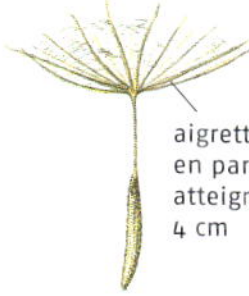

Le fruit fermé évoque une barbe de bouc, d'où le nom scientifique de la plante (du grec *trabos*, « bouc » et *pogon*, « barbe »). Par temps sec, l'aigrette s'ouvre au-dessus du fruit en un fin parachute, dense et bombé. Le fruit peut voler dans les airs, ce qui favorise la dissémination de la plante.

Habitat *Souvent en grandes colonies dans les prés, pelouses semi-arides, sur le bord des chemins, dans les gares. Stations chaudes en été. Dans presque toute l'Europe.*

> ***Les fleurs ne s'ouvrent que le matin, par beau temps.***
> ***Latex blanc.***
> ***Ressemble un peu au pissenlit (p. 257).***

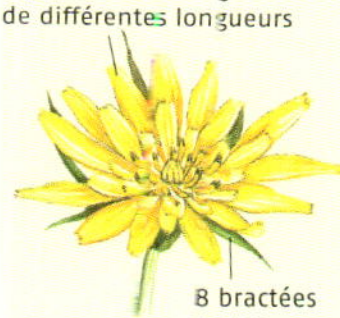

Laiteron potager

Sonchus oleraceus (astéracées)
H 30-100 cm   juin-oct.   annuelle

Le laiteron est l'un de nos meilleurs légumes sauvages, très riche en nutriments. Les jeunes tiges, les feuilles et les racines peuvent être cuisinées comme légume ou en soupe, ainsi que l'indique le nom latin *oleraceus*, « utilisé comme légume ». Le laiteron sert également de plante fourragère, notamment pour les oies.

Habitat *« Mauvaises herbes » des chemins, murs, décharges, champs, jardins et friches. Sur sols riches. Dans toute l'Europe.*

> ***Indicateur de sols riches en azote.***
> ***Plante très concurrentielle sur les stations qui lui conviennent.***
> ***Contient du latex.***

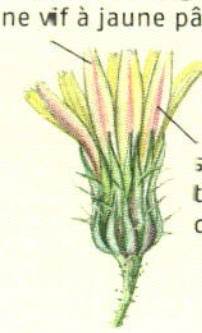

Liondent d'automne

Leontodon autumnalis (astéracées)

H 15-45 cm juill.-sept. vivace

***Habitat** Prairies, pelouses d'agrément, chemins, zones piétinées, bords des routes. Sur sols riches, denses, souvent découverts. Dans toute l'Europe.*

> ***Supporte les sols salins.***
> ***Fleurit bien plus tard que le pissenlit.***
> ***Contient du latex.***

Si le pissenlit est également appelé « dent-de-lion », c'est plutôt le genre *Leontodon*, liondent, qui mérite cette appellation, si l'on se réfère à l'étymologie du nom scientifique (en grec *leon*, « lion », et *odontos*, « dent »). Les feuilles se mangent en salade ou en légume.

Épervière piloselle

Hieracium pilosella (astéracées)

H 5-30 cm mai-oct. vivace

***Habitat** Prairies maigres, forêts sèches, zones rocheuses. Sur sols pauvres, secs, souvent sablonneux. Dans presque toute l'Europe.*

> ***Forme souvent de grandes colonies par stolons.***
> ***Peut envahir les pelouses des parcs.***
> ***Feuilles velues typiques.***

« Oreille-de-souris », l'autre nom de l'épervière piloselle, fait référence à la forme et à la pilosité des feuilles. Par temps sec, les feuilles s'enroulent, réduisant ainsi leur surface. De plus, leur face inférieure réfléchit la lumière, ce qui évite l'échauffement. Grâce à ces deux caractéristiques, la plante peut économiser ses précieuses réserves d'eau.

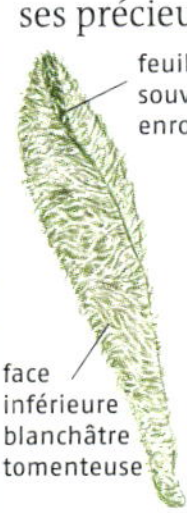

Crépide bisannuelle

Crepis biennis (astéracées)

H 50-120 cm mai-août bisannuelle

La crépide bisannuelle ne supporte pas le pâturage et disparaît dès qu'on convertit les prairies en pâtures. Les fleurs attirent les insectes, se fécondent elles-mêmes ou produisent des graines sans fécondation. Dans tous les cas, la reproduction est assurée. Les fruits sont appréciés par les oiseaux sauvages, mais aussi par les canaris.

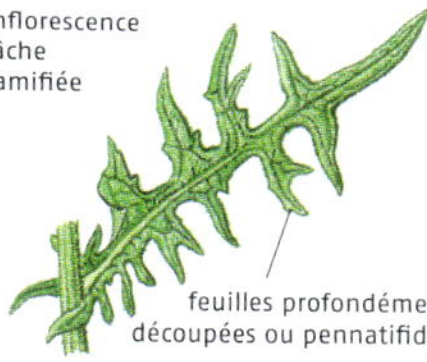

Habitat *Prairies à foin, chemins. Sur sols riches et stations ensoleillées. Dans presque toute l'Europe.*

> ***Plante à latex blanc.***
> ***Fruits évoquant ceux du pissenlit (p. 257).***
> ***Racine très profonde.***

Crocus jaune d'automne

Sternbergia lutea (amaryllidacées)

H 10-30 cm sept.-oct. vivace (☠)

Les feuilles de cette plante à bulbe apparaissent un peu avant ou en même temps que les fleurs. On l'appelle aussi « vendangeuse », ou « étudiant », car elle fleurit à la rentrée universitaire. Son nom scientifique est un hommage au botaniste G.M. de Sternberg.

Habitat *Taillis découverts, rocailles, zones rocheuses, pâturages. Plante ornementale. Bassin méditerranéen.*

> ***Fleur évoquant les crocus.***
> ***Floraison prolifique.***
> ***En Europe centrale, résiste mal aux rigueurs climatiques.***

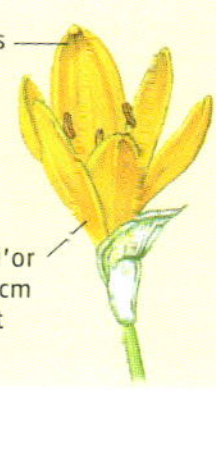

Agave américain

Agave americana (agavacées)
H 300-600 cm juin-août vivace (☠)

Habitat *Rochers, en particulier près des côtes, zones rocheuses. Naturalisé en Méditerranée. Également cultivé, par exemple sur les murs.*

> ***Originaire d'Amérique.***
> ***Produit une rosette de feuilles spectaculaire.***
> ***Les fruits desséchés restent longtemps sur la plante.***

Si l'agave nous paraît aujourd'hui courante dans le bassin méditerranéen, elle est en fait originaire du Mexique. Plantée depuis le XVIIe siècle pour orner les jardins dans le Sud, elle s'est naturalisée depuis. La pellicule cireuse de ses feuilles, son tissu charnu qui retient l'eau et ses racines profondes en font une plante qui résiste à la sécheresse.

Le saviez-vous ?

Dans de bonnes conditions, l'agave ne fleurit qu'au bout de nombreuses années, et une seule fois. Tandis que se développe l'impressionnante inflorescence, les feuilles se recroquevillent et se dessèchent. Dès que les graines sont matûres, la plante meurt.

Jonquille

Narcissus pseudonarcissus (amaryllidacées)

H 20-40 cm mars-mai vivace ☠

La jonquille, ou narcisse jaune, est la fleur de Pâques par excellence. Selon une légende grecque, le jeune et beau Narcisse tomba amoureux de sa propre image, délaissant l'amour des nymphes. Un jour qu'il contemplait son image dans un lac, il tomba à l'eau et se noya : pour sa punition, il fut transformé en narcisse. La fleur avec sa couronne évoque le jeune Narcisse se penchant au-dessus de l'eau.

Le saviez-vous ?

Les espèces cultivées ornementales, nombreuses dans les jardins, ont souvent une fleur uniformément jaune. Au fond de la corolle se trouve le nectar qui attire les insectes. Cette longue corolle en trompe reste accessible aux bourdons.

Habitat *Prairies de montagne, forêts de feuillus, parfois naturalisée. Montagne moyenne, surtout en Europe de l'Ouest.*

> ***Fleur en trompette.***
> ***Colonies sauvages menacées.***
> ***Nombreux cultivars.***

Gagée jaune

Gagea lutea (liliacées)

H 10-30 cm avr.-mai vivace (☠)

Habitat *Bois inondés, lisières des forêts, vergers près des forêts, haies. Sur sols calcaires riches. Dans presque toute l'Europe.*

- ***A besoin d'un sol bien humide.***
- ***Pousse souvent à l'ombre des arbres.***
- ***Fleurs sans odeur.***

Le doux nectar facilement accessible au fond des fleurs attire les petites mouches et les coléoptères. Après la floraison, les tiges molles gisent au sol. Les graines qui tombent des capsules mûres, avec leur appendice nutritif, sont emportées par les fourmis.

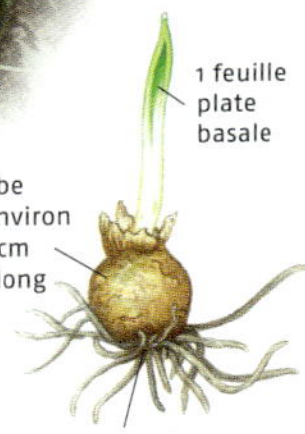

Tulipe sauvage

Tulipa sylvestris (liliacées)

H 20-45 cm avr.-mai vivace ☠

Habitat *Vignobles, clairières, bosquets, parcs. En Europe du Sud, introduite en Europe centrale depuis le XVIe siècle, et en partie naturalisée.*

- ***Fleurs odorantes.***
- ***Demande beaucoup de soleil.***
- ***Il existe d'autres tulipes sauvages en Méditerranée.***

Les fleurs de tulipe s'ouvrent dans la journée par beau temps et se ferment la nuit. Ce mouvement est dû à la différence de développement entre les faces interne et externe des pétales, ce qui provoque la croissance de la fleur. Les tiges continuent aussi de s'allonger. Lorsque la fleur est totalement épanouie, ces mouvements cessent.

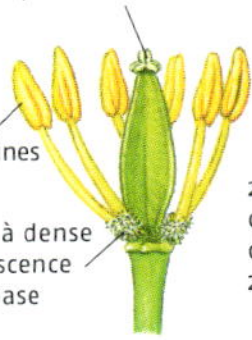

Iris faux-acore

Iris pseudacorus (liliacées)

H 50-100 cm mai-juin vivace ☠

Dans la fleur d'iris, l'ensemble composé par un pétale, une étamine et un style forme une unité. Les insectes butineurs réagissent comme si chaque ensemble constituait une fleur à visiter indépendamment. Sur les armoiries, la feuille d'iris, rigide et coupante, est le symbole de la chevalerie, à l'image d'une épée prête au combat.

Habitat *Rives des mares, ruisseaux, fossés. Marais des forêts et des prairies. Dans presque toute l'Europe.*

> **A besoin d'un sol très humide.**
>
> **Également appelé « iris jaune ».**
>
> **Plante toxique, provoque vomissements et diarrhées.**

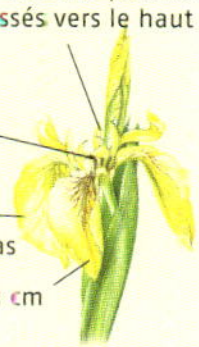

Le saviez-vous ?

La fleur d'iris stylisée, baptisée « fleur de lis » ou « lis des Bourbons », est connue en héraldique. Selon la légende, cet emblème remonterait à Clovis Ier, à qui la plante aurait indiqué un passage pour traverser le Rhin au cours d'une campagne.

Aristoloche clématite

Aristolochia clematitis (aristolochiacées)

H 30-70 cm mai-juin vivace ☠

Habitat *Vignobles, bords des champs cultivés et des bosquets, forêts humides. Sur sols riches. Europe centrale et du Sud.*

> ***Forme rarement des fruits en Europe centrale.***
> ***Aime la chaleur.***
> ***Espèce en voie de raréfaction.***

Comme la vigne, l'aristoloche clématite a besoin de stations chaudes. Elle est donc assez rare en Europe centrale, où les vignobles ont été abandonnés. Au Moyen Âge, cette plante était préconisée comme vulnéraire et abortif. L'analyse scientifique a montré qu'elle comportait des substances tératogènes et cancérigènes. Il ne faut donc l'employer qu'en très fortes dilutions.

Le saviez-vous ?

Les fleurs d'aristoloche sont un piège pour les petits insectes, car leur tube est tapissé de poils orientés vers le bas. L'insecte peut y pénétrer, mais ne peut en ressortir que lorsque la fleur se fane et s'incline vers le bas, après fécondation.

Aconit tue-loup

Aconitum lycoctonum (renonculacées)

H 50-150 cm   juin-août   vivace   ☠

Les fleurs d'aconit sont d'un accès difficile pour les insectes butineurs : l'entrée est constituée de telle manière que seuls les bourdons à longue trompe ont une chance de féconder la fleur, ceux à courte trompe restant souvent dans la partie supérieure. Cette plante servait autrefois à fabriquer des pièges toxiques pour les loups et les renards, d'où son nom.

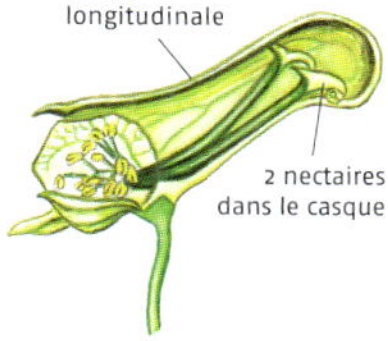

Habitat *Ravins boisés, bois humides, stations à buissons humides. Alpes, montagnes d'Europe centrale et du Sud, jusqu'à 2 300 m.*

> ***Demande suffisamment d'humidité.***
> ***Toutes les espèces d'aconit sont toxiques.***
> ***Épis ramifiés.***

Corydale jaune

Pseudofumaria lutea (fumariacées)

H 15-30 cm   mai-oct.   vivace   (☠)

Lorsqu'un insecte visite la fleur, il appuie sur les éperons des deux pétales internes et les abaisse, ce qui relève brusquement les anthères et le stigmate. L'insecte, en aspirant le nectar, les frôle alors avec son dos. La fleur ne se referme pas, indiquant à d'autres amateurs potentiels qu'elle a déjà été visitée.

Habitat *Roches calcaires, fentes des murs à ruissellement d'eau ou légèrement ombragées. Originaire du Sud des Alpes, naturalisé par ailleurs.*

> ***Les fourmis transportent les graines dans les fentes des murs.***
> ***Belle plante d'ornement, mais toxique.***
> ***Se fane rapidement après cueillette.***

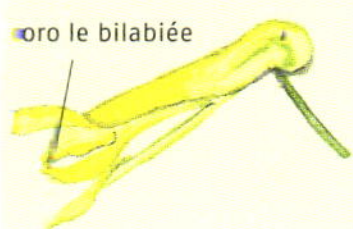

Violette à deux fleurs

Viola biflora (violacées)

H 8-15 cm mai-août vivace

Habitat *Forêts des montagnes, bois humides, coteaux ombragés, éboulis rocheux. Dans les montagnes d'Europe centrale et du Sud, les vallées à plus de 3 000 m d'altitude.*

> ***A besoin de peu de lumière.***
> ***Demande un sol et un air humides.***
> ***Généralement à 2 fleurs.***

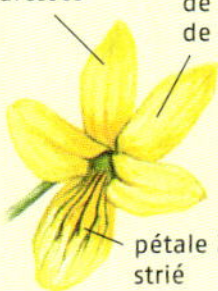

Chez la violette à deux fleurs, l'éperon de la fleur est si court que même les mouches et les syrphes, avec leur petite trompe, peuvent accéder au nectar. Les graines sont transportées par les fourmis ou absorbées par le gibier, qui les excrète intactes.

Pensée des Vosges

Viola lutea (violacées)

H 10-20 cm juin-août vivace

Habitat *Prairies maigres et pâturages de montagne. Jusqu'au-dessus de la limite forestière. Europe centrale et de l'Ouest.*

> ***Très belle fleur sauvage.***
> ***À l'origine des pensées cultivées.***
> ***Fleurs odorantes.***

Depuis le XVIe siècle, les jardiniers cultivent la pensée des Vosges. Aujourd'hui, elle est devenue plus rare dans les jardins. Son aspect la rapproche de la pensée cornue des Pyrénées, dont les jardineries proposent au printemps des cultivars multicolores.

Pensée sauvage

Viola tricolor (violacées)

H 10-40 cm avr.-sept. annuelle, vivace

Le nom allemand de la pensée, qui veut dire « belle-mère », repose sur une légende. Celle-ci raconte que le grand pétale est la belle-mère, assise sur deux chaises (deux sépales). Elle est encadrée par ses deux filles, chacune sur une chaise, tandis que ses belles-filles se partagent le plus petit siège. Elles portent donc la couleur du deuil, le violet.

Le saviez-vous ?

Les pensées cultivées sont le produit du croisement entre la pensée sauvage, celle des Vosges et d'autres espèces. Depuis le début de cette culture, au XVIIIe siècle, les modes se sont succédé. La tendance actuelle est aux grosses fleurs.

Habitat *Bosquets bords des forêts, prairies et chemins, versants herbeux, friches, terrains vagues. Dans presque toute l'Europe.*

> ***Les fleurs peuvent être toutes jaunes ou jaunâtres.***

> ***La pensée des champs a les pétales plus courts que les sépales.***

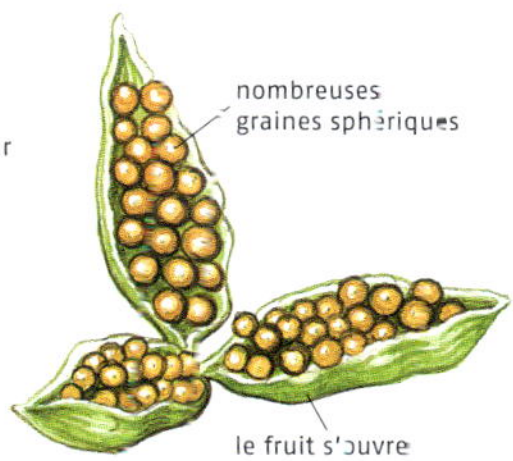

Genêt des teinturiers

Genista tinctoria (fabacées)

H 30-60 cm juin-août sous-arbrisseau ☠

Habitat *Prairies maigres, marécages, lisières des forêts, forêts claires. Dans presque toute l'Europe.*

> ***Pubescent ou non.***
> ***Indicateur de stations maigres, plutôt humides.***
> ***Ne supporte pas les engrais.***

Dans l'industrie anglaise de la teinturerie, le genêt constituait l'une des principales sources de teinture jaune. On utilisait les fleurs, mais aussi les feuilles et les fines tiges. Selon les additifs employés, on obtenait une teinte qui allait du jaune citron au brun foncé ou au vert olive.

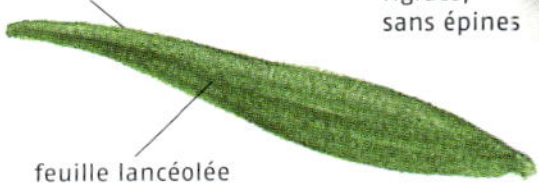

Ajonc d'Europe

Ulex europaeus (fabacées)

H 60-120 cm mai-juin arbuste ☠

Habitat *Landes, lisières des forêts et champs, bosquets, taillis. Sur sols peu calcaires. Surtout Europe de l'Ouest et du Nord.*

> ***Plante pionnière.***
> ***Demande des hivers doux.***
> ***Très épineux et dense.***

En Europe centrale, l'ajonc meurt lorsque l'hiver est trop rigoureux. En Europe de l'Ouest, en revanche, il peut devenir très envahissant. Ainsi, en Angleterre, où cette prolifération est due en particulier à une campagne menée contre les lapins, principaux consommateurs de cette plante. Les ruminants, comme les vaches, évitent pour leur part de le brouter.

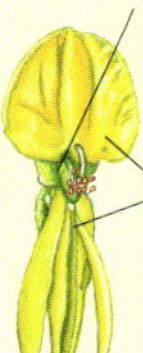

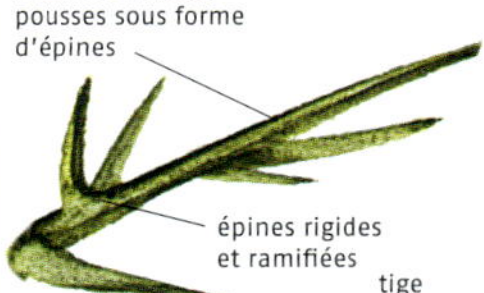

Genêt à balais

Cytisus scoparius (fabacées)

H 50-200 cm   mai-juin   arbuste   ☠

Les fruits sont des gousses qui éclatent par temps chaud avec un bruit sec et en propulsant les graines. Les rameaux hirsutes et résistants ont souvent été employés pour fabriquer des balais. Les fleurs et les pointes des branches contiennent des colorants semblables à ceux du genêt des teinturiers (p. 270), utilisés autrefois pour teindre la laine. En médecine, le genêt à balais permet, selon un dosage très précis, d'apaiser les troubles cardiaques et circulatoires.

Habitat *Landes, coupes forestières, bosquets, bords des routes et des chemins, talus. Sur sols acides. Dans presque toute l'Europe.*

> ***Branches sans épines.***
> ***Demande beaucoup de lumière.***
> ***Utile pour consolider les talus.***

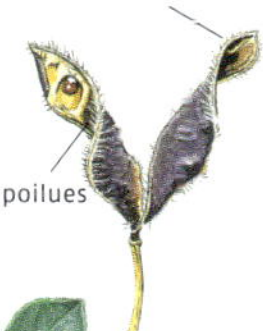

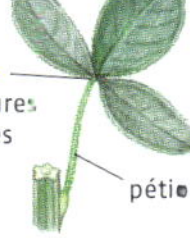

Le saviez-vous ?

Lorsqu'un bourdon ou une lourde abeille sauvage se pose sur la fleur, elle pèse sur la carène, provoquant l'éjection des étamines et du style sur le corps de l'insecte, qui devient jaune de pollen. Ouverte de cette façon, la fleur ne se referme pas.

Genêt ailé

Chamaespartium sagittale (fabacées)

H 15-25 cm   mai-juin   sous-arbrisseau   (☠)

Habitat *Prairies et pelouses maigres, talus, lisières des forêts et des bois, zones rocheuses. Surtout en Europe centrale.*

> ***Couvre de grandes étendues.***
> ***Demande de la chaleur en été.***
> ***Indicateur de sols pauvres.***

Chez le genêt ailé, les ailes des tiges remplissent les fonctions des feuilles, qui tombent rapidement, et produisent des hydrates de carbone dont se nourrit la plante. L'évaporation étant moins importante qu'avec de grandes feuilles, le genêt ailé est donc bien adapté aux stations sèches.

Anthyllide vulnéraire

Anthyllis vulneraria (fabacées)

H 15-30 cm   mai-août   vivace

Habitat *Pelouses sèches ensoleillées, prairies maigres, talus des routes et chemins de fer, carrières de pierre, éperons rocheux. Dans presque toute l'Europe.*

> ***Souvent en grandes colonies.***
> ***Ne supporte pas les engrais.***
> ***Les fleurs sèches restent dans le capitule.***

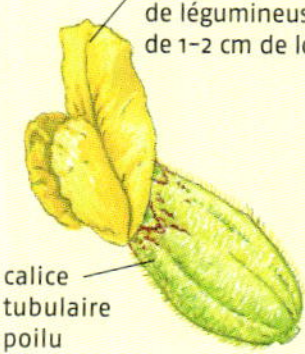

L'anthyllide vulnéraire était connue pour soigner les plaies. Cette plante renferme des tannins, qui ont un effet astringent et hémostatique, mais elle n'est quasiment plus employée en phytothérapie. Cette vertu thérapeutique s'expliquait, selon la loi des semblables, par le fait que les bourgeons sont souvent teintés de rouge, et que cette couleur de sang disparaît à la floraison.

Mélilot officinal

Melilotus officinalis (fabacées)

H 30–100 cm juin–sept. bisannuelle (☠)

Fané ou séché, le mélilot dégage une odeur de foin ou d'aspérule odorante (p. 98). À ce stade, il renferme de la coumarine, une substance efficace contre les troubles veineux, les hémorragies et les contusions. Si le mélilot pourrit, il produit une autre substance qui agit comme un anticoagulant et peut provoquer chez le bétail des hémorragies internes mortelles. Cette substance est employée comme raticide, mais sert aussi à élaborer des médicaments.

Habitat *« Mauvaises herbes » des bords des chemins, talus, carrières de pierre, chemins de fer, décharges et friches. Stations ensoleillées. Dans toute l'Europe.*

> ***Supporte la sécheresse.***
> ***Colonise souvent de grandes étendues.***
> ***Les fleurs à odeur de miel attirent les abeilles.***

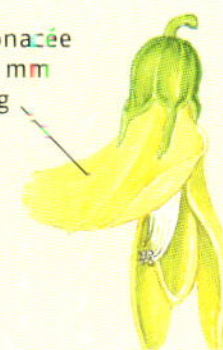

Le saviez-vous ?

Le mélilot blanc pousse souvent en compagnie du mélilot officinal. On les distingue surtout à la teinte de leurs fleurs. Dans les Alpes, on trouve aussi le mélilot bleu.

Luzerne lupuline

Medicago lupulina (fabacées)
H 15-60 cm mai-oct. annuelle ou vivace

***Habitat** Prairies et pelouses maigres et sèches, terres cultivées, chemins, bords des routes, talus. Dans presque toute l'Europe.*

> **Plante pionnière sur sols découverts.**
> **Demande des stations chaudes.**
> **Fruits typiques.**

La luzerne lupuline, ou « minette », peut être confondue avec le trèfle des champs. Ses inflorescences rappellent celles du houblon et ses fruits s'enroulent comme la coquille d'un escargot. Les fleurs disposent d'un mécanisme d'explosion. À l'approche d'un insecte, elles projettent les étamines qui se collent sur le ventre de celui-ci.

Lotier corniculé

Lotus corniculatus (fabacées)
H 5-40 cm juin-août vivace (☠)

***Habitat** Prairies, pâturages, pelouses semi-arides, bords des buissons et des chemins, talus. De la plaine jusqu'à plus de 3 000 m d'altitude. Dans toute l'Europe.*

> **Les racines s'enfoncent jusqu'à 1 m.**
> **Également appelé « pied-de-poule ».**
> **Nourrit de nombreuses abeilles sauvages.**

Le nom scientifique *Lotus* a été donné dans l'Antiquité à plusieurs plantes dont le fruit est comestible. Les fruits d'un lotier d'Europe du Sud ont d'ailleurs été consommés. Mais le lotier corniculé est surtout une bonne plante fourragère. L'« effet lotus », ou super-hydrophobie (une caractéristique de certaines plantes qui rejettent l'eau), ne tire pas son nom du lotier, mais du véritable lotus d'Asie.

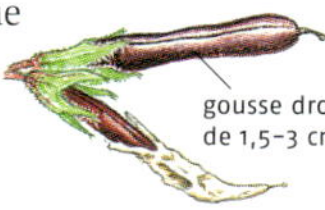

Tétragonolobe siliqueux

Tetragonolobus maritimus (fabacées)

H 10-30 cm   mai-juin   vivace

Lorsqu'un insecte se pose sur une fleur de tétragonolobe, il déclenche un mécanisme de pompe : par une étroite ouverture située à la pointe du pétale inférieur en forme de carène, le pistil expulse une petite quantité de pollen qui vient se coller au ventre de l'insecte. On peut aisément observer ce phénomène : il suffit d'appuyer sur le pétale avec une brindille.

***Habitat** Pelouses maigres et calcaires, coteaux humides, prairies marécageuses, bords des chemins et des rivières. Souvent dans les zones calcaires. Europe centrale, de l'Est et du Sud.*

> ***Également appelé « lotier pois ».***
> ***Supporte le sel.***
> ***Demande de la chaleur en été.***

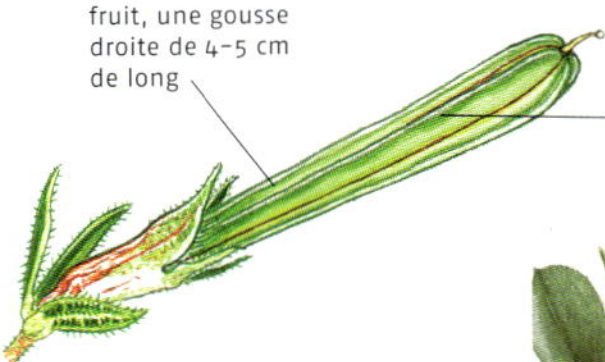

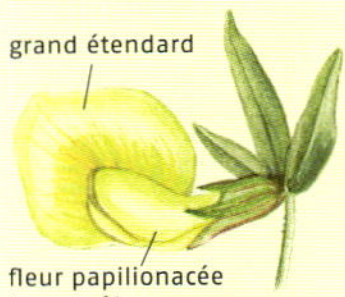

Le saviez-vous ?

Originaire d'Europe du Sud, le lotier pourpre, Lotus tetragonolobus, *produit des gousses comestibles, bordées de grandes ailes. Après une cuisson rapide, on peut les consommer ; elles ont un goût d'asperge.*

Hippocrepis à toupet

Hippocrepis comosa (fabacées)

H 8–25 cm mai-juill. vivace

***Habitat** Pelouses et prairies maigres, sur sols calcaires, zones rocheuses, talus, chemins, bosquets. Sur sols pierreux. Europe centrale et du Sud*

- > ***Donne des fruits typiques.***
- > ***Souvent en grandes colonies.***
- > ***Aime les stations chaudes et sèches.***

Les fruits de l'hippocrépis à toupet, ou fer-à-cheval, sont des gousses qui se divisent en plusieurs segments incurvés, en forme de fer à cheval.

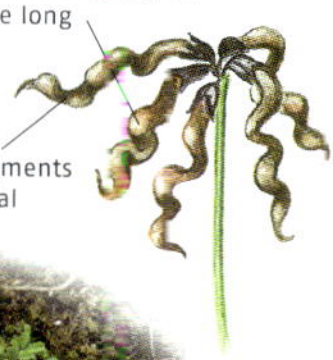

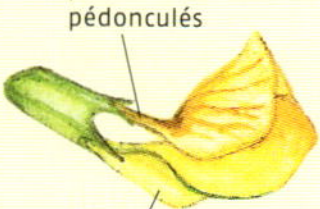

Gesse des prés

Lathyrus pratensis (fabacées)

H 30–100 cm juin-août vivace (☠)

***Habitat** Prairies grasses et humides, haies, forêts, rives des ruisseaux et des rivières. Surtout dans les zones argileuses, dans toute l'Europe.*

- > ***S'accroche aux plantes voisines par ses vrilles.***
- > ***Attire bourdons, abeilles et guêpes.***
- > ***Plante typique des prés.***

Les fruits noirs chauffent fortement au soleil et se dessèchent. Les gousses éclatent alors sous la pression qui se forme à l'intérieur et s'enroulent sur elles-mêmes en projetant les graines à distance.

Polygale petit-buis

Polygala chamaebuxus (polygalacées)

H 10-20 cm avr.-juin vivace

Polygala signifie « beaucoup de lait ». Toutefois, cette plante ne contient pas de latex. Une plante voisine d'origine nord-américaine, le polygale de Virginie, ou herbe-au-lait, a été utilisée pour favoriser la lactation. Le polygale petit-buis est supposé avoir les mêmes vertus, ce qui n'est pas prouvé.

Habitat *Pinèdes claires, éperons rocheux, pelouses maigres, sols calcaires. Montagnes d'Europe centrale et du Sud, dans les Alpes jusqu'à plus de 2 000 m.*

> ***Feuilles toujours vertes.***
> ***Les fleurs passent du jaune au rouge-brun ou pourpre.***
> ***Odeur proche de la violette.***

Balsamine à petites fleurs

Impatiens parviflora (balsaminacées)

H 30-60 cm juin-sept. annuelle (☠)

Semée en 1837 dans un jardin de Dresde, la balsamine s'était propagée dans toute l'Allemagne à la fin du XIXe siècle. Le mécanisme de diffusion des graines (voir page suivante) avait fait la preuve de son efficacité. De plus, les graines humides ayant la capacité d'adhérer aux semelles et aux pneus, l'homme a involontairement contribué à cette conquête de l'espace.

Habitat *Originaire d'Asie centrale et de Sibérie. Naturalisée en Europe dans les forêts à sous-bois herbeux, en lisières des forêts, dans les parcs et les jardins.*

> ***Demande un air très humide.***
> ***Fane dès qu'elle est exposée au soleil.***
> ***Les graines peuvent être projetées à 3 m.***

Impatiente

Impatiens noli-tangere (balsaminacées)

H 30–100 cm   juill.-août   annuelle   (☠)

Habitat *Bois humides, ravins boisés, sources forestières, ruisseaux, lisières des forêts. Dans presque toute l'Europe.*

> ***Seule espèce d'impatiente locale.***
> ***Demande ombre et humidité.***
> ***Pousse souvent en groupe.***

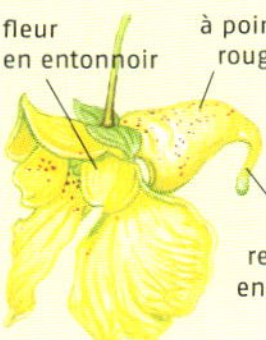

Le fruit de l'impatiente est une capsule particulière. En mûrissant, la tension s'accumule à l'intérieur jusqu'à ce que le fruit explose au moindre contact, propulsant les graines à plus de 3 m de distance.

Bugle jaune

Ajuga chamaepitys (lamiacées)

H 5–15 cm   mai-sept.   annuelle

Habitat *Champs de céréales, vignobles, pelouses arides, friches, caillasses. Sur sols secs, souvent pierreux. Europe du Sud.*

> ***Plante à longs poils.***
> ***Demande de la chaleur.***
> ***Dégage au froissement une odeur aromatique, un peu résineuse.***

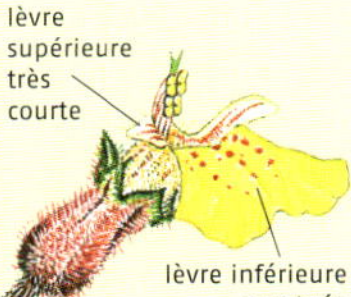

Les motifs de la lèvre inférieure indiquent aux abeilles le chemin du nectar, tout au fond de la fleur. Le bugle jaune est assez fréquent dans le bassin méditerranéen. Il a été utilisé pour limiter les risques d'apoplexie.

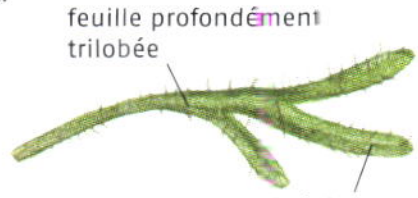

Galéopsis orné

Galeopsis speciosa (lamiacées)

H 50-100 cm   juin-oct.   annuelle

Le nom galéopsis vient du grec *galé*, « belette » et *opsis*, « vue ». Les bosses de la lèvre inférieure servent à guider les insectes butineurs, en particulier les bourdons à longue trompe, qui doivent introduire leur tête dans la gorge, entre les deux bosses, pour aspirer le nectar au fond du tube. Ils touchent ainsi à la fois le stigmate et les étamines, et fécondent la fleur.

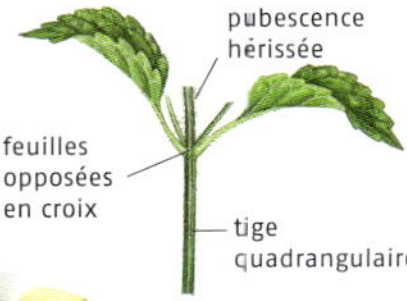

***Habitat** « Mauvaises herbes » des clairières et des champs, bords des chemins et des rivières. Dans presque toute l'Europe.*

> ***Indicateur de sols riches en azote.***
> ***A besoin d'humidité.***
> ***Fleurit même à l'ombre.***

Sauge glutineuse

Salvia glutinosa (lamiacées)

H 40-80 cm   juill.-oct.   vivace

Les étamines sont dissimulées dans la lèvre supérieure de la fleur. En introduisant un brin de paille dans celle-ci, on peut actionner une articulation qui les fait apparaître. Les poils collants de la plante empêchent les insectes non volants, comme les fourmis, de grimper jusqu'à la fleur pour récolter le nectar : ces insectes incapables d'enclencher le mécanisme ne seraient en effet d'aucune utilité pour la reproduction.

***Habitat** Forêts de montagnes à sous-bois herbeux, ravins boisés, lisières des forêts. Sur sols humides et rocailleux. En Europe sauf en Scandinavie.*

> ***Plante collante, surtout en haut.***
> ***Odeur aromatique.***
> ***Attire surtout les bourdons.***

Lamier jaune, ortie jaune

Lamium galeobdolon (lamiacées)

H 15-80 cm   mai-juill.   vivace

***Habitat** Forêts à sous-bois herbeux. Sur sols riches, stations ombragées ou semi-ombragées. Dans toute l'Europe.*

> ***Produit de longs stolons souterrains.***
> ***Donne un légume au goût d'épinard.***
> ***Plante souvent persistante en hiver.***

La sous-espèce à feuilles argentées, naturalisée à proximité des habitations, pousse souvent dans nos jardins. Les taches argentées sont dues au fait que la pellicule supérieure n'adhère pas complètement au tissu de la feuille et que l'air compris entre les deux couches réfléchit la lumière. L'ortie est aussi une plante d'intérieur.

Épiaire droit

Stachys recta (lamiacées)

H 20-60 cm   juin-oct.   vivace

***Habitat** Bords des bosquets et des lisières des forêts, pelouses maigres. Sur sols plutôt secs, souvent calcaires, en stations chaudes l'été. Europe centrale et du Sud.*

> ***Fleurs jaune pâle ou blanchâtres.***
> ***Pousse souvent en plein soleil.***
> ***Racines jusqu'à 2 m de profondeur.***

Dans les ouvrages spécialisés du XVIe siècle, l'épiaire est recommandé comme remède contre les plaies, surtout des membres. Dans les régions méditerranéennes, on avait plutôt recours à la crapaudine hirsute, du genre *Sideritis*, aussi appelée « thé de campagne ».

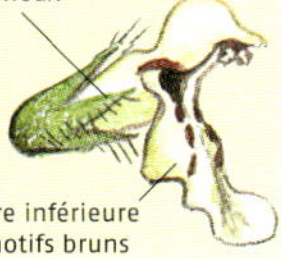

Crapaudine de Syrie

Sideritis syriaca (lamiacées)
H 20-60 cm   mai-août   vivace

Avec sa racine qui descend à 2 m de profondeur et sa pubescence duveteuse, cette plante est adaptée aux stations sèches. On peut se procurer la fleur séchée dans les magasins de thé, sous l'appellation « thé des montagnes grecques ». Cette plante donne une infusion agréable au goût de cannelle.

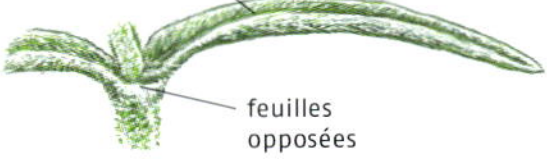

Habitat *Garrigues et stations découvertes du bassin méditerranéen, de la Crète à la Syrie.*

> ***Plante aromatique.***
> ***Se cultive en Europe également.***
> ***Nombreuses espèces voisines en Méditerranée.***

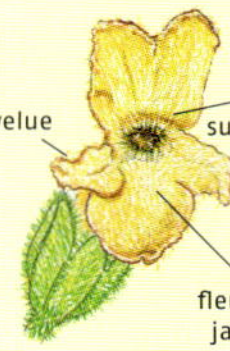

281

Sauge de Jérusalem

Phlomis fruticosa (lamiacées)
H 50-130 cm   avr.-juill.   sous-arbrisseau

Seuls les insectes lourds comme les bourdons ou les xylocopes parviennent à abaisser la lèvre inférieure de la fleur pour atteindre le nectar caché au fond. La sauge de Jérusalem, dont les fruits possèdent une paroi très solide qui les rend résistants au feu, pousse souvent sur les terres brûlées.

Habitat *Garrigues, zones rocailleuses, stations découvertes, coupes claires. Également buisson ornemental des jardins et naturalisé. Bassin méditerranéen.*

> ***Buisson fleuri à feuillage persistant.***
> ***Rebute le bétail.***
> ***Nombreuses espèces semblables dans le bassin méditerranéen.***

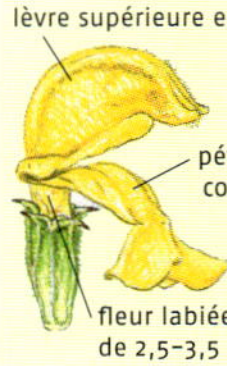

Linaire commune

Linaria vulgaris (scrophulariacées)

H 20-75 cm juin-oct. vivace

Habitat *« Mauvaises herbes » des zones découvertes, bords des fleuves, chemins de fer, champs, friches, bords des routes. Dans toute l'Europe.*

- > **Fleurs rappelant celles du lin (p. 159).**
- > **A besoin de soleil.**
- > **Très belle plante pour les jardins de fleurs sauvages.**

Le « masque » orange qui ferme l'ouverture des lèvres évoque a priori une grande étamine. Les insectes ont ainsi l'impression que la nourriture est aisément accessible. Cependant, il leur faut parvenir au fond de l'éperon pour récolter le nectar. Les lourds bourdons et les abeilles à longue trompe y parviennent en actionnant une articulation qui écarte les lèvres de la fleur.

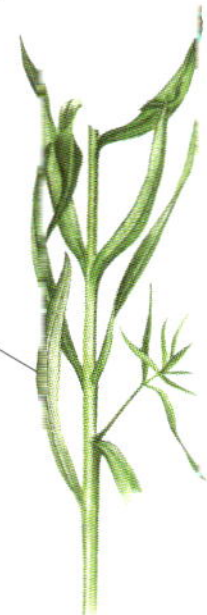

Le saviez-vous ?

La linaire commune, appelé aussi lin sauvage, renferme des substances diurétiques. Elle fait partie traditionnellement des bouquets dédiés à la Vierge Marie le jour de l'Assomption.

Mélampyre des bois

Melampyrum sylvaticum (scrophulariacées)
H 20-35 cm juin-sept. annuelle (☠)

Les graines sont intéressantes pour les fourmis car elles contiennent des réserves oléagineuses, En outre, elles ont la taille et la forme de leurs nymphes. Les fourmis transportent donc les graines dans leur fourmilière, où il arrive qu'elles germent.

***Habitat** Forêts claires, landes, lisières des forêts, marécages. Sur sols acides, souvent boueux. Dans toute l'Europe.*

- ***Souvent en groupes.***
- ***Forme une association avec les pins ou les myrtilles par les racines, et leur prélève des substances nutritives.***

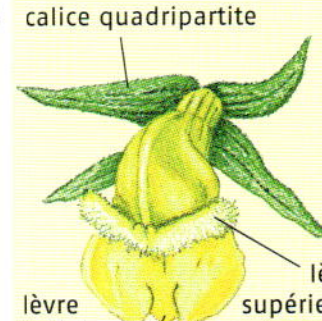

Mimule tacheté

Mimulus guttatus (scrophulariacées)
H 25-60 cm juin-oct. vivace

Les fleurs, qui évoquent des masques de jongleur ou de prestidigitateur, possèdent un stigmate réactif. Celui-ci s'ouvre comme s'il était formé de deux lèvres. S'il est touché à l'intérieur, il se referme en quelques secondes, retenant le pollen apporté par les insectes butineurs.

***Habitat** Originaire d'Amérique du Nord. Plante ornementale en Europe, naturalisée sur les bords des rivières et des ruisseaux, dans les fossés.*

- ***Demande un sol humide.***
- ***Attire les abeilles.***
- ***Dans les jardins, autres variétés à fleurs rouges.***

Rhinanthe velu

Rhinanthus alectorolophus (scrophulariacées)

H 10-80 cm mai-août annuelle (☠)

Habitat *Prairies peu engraissées, pelouses semi-arides. Sur sols souvent calcaires. Surtout en Europe centrale.*

> ***Demande de la chaleur.***
> ***Pousse souvent en grandes colonies éparses.***
> ***Noircit en se desséchant.***

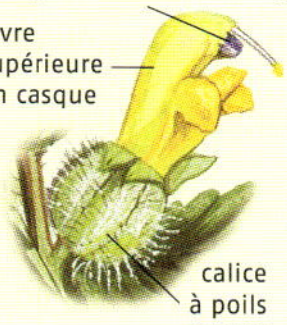

Les graines ailées, en forme de lentille légèrement allongée, s'entrechoquent en faisant un bruit perceptible lorsque le vent ou un mouvement secoue la capsule mûre. Le nom scientifique, *Rhinanthus*, fait référence à la lèvre supérieure de la fleur, en forme de nez.

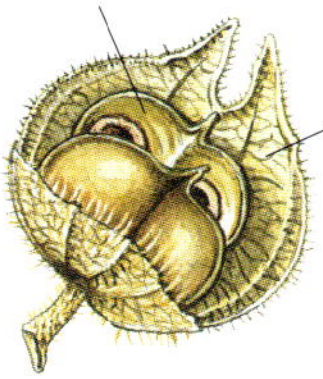

Le saviez-vous ?

Le rhinanthe est un semi-parasite qui prélève sur les plantes voisines l'eau et les substances nutritives. Lorsqu'il pousse en grandes quantités, il réduit le rendement en foin d'une prairie, il est donc considéré comme « voleur de lait ».

Pédiculaire feuillée

Pedicularis foliosa (scrophulariacées)

H 20-50 cm mai-août vivace (☠)

La pédiculaire, comme le rhinanthe (ci-contre), est un semi-parasite dont les racines se mêlent à celles des plantes voisines pour leur soutirer eau et substances nutritives. Pour cela, elle doit exercer une aspiration beaucoup plus forte que si elle prenait ces substances directement dans la terre. Sa fonction d'évaporation est donc très intense pour générer une telle aspiration. Les tiges cueillies se fanent très rapidement.

Habitat *Pelouses de montagne sur sols calcaires, bords des ruisseaux, bosquets de l'étage subalpin. Montagnes d'Europe centrale et du Sud.*

> ***Également appelée « herbe-à-poux ».***
> ***A été utilisée contre les poux.***
> ***Les feuilles évoquent celles de la fougère.***

285

Asphodéline jaune

Asphodeline lutea (liliacées)

H 40-100 cm avr.-juin vivace

Son nom vient d'Asphodelus, le nom grec d'Ulysse, et de *lutea*, qui signifie « jaune » en latin, en référence à la teinte des fleurs et des racines. Originaire du bassin méditerranéen, l'asphodéline jaune a été diffusée en Europe comme plante d'ornement, à la Renaissance.
Elle est appréciée pour sa spectaculaire floraison et son beau feuillage vert bleuté.

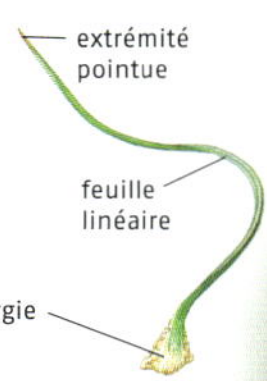

Habitat *Dans le bassin méditerranéen, dans les zones rocailleuses et la garrigue. Cultivée comme plante d'ornement en Europe centrale.*

> ***Fleurs odorantes.***
> ***Supporte la sécheresse.***
> ***Également « bâton-de-Jacob ».***

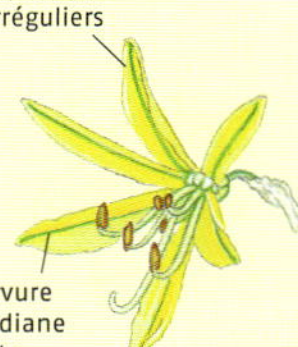

Utriculaire commune

Utricularia vulgaris (lentibulariacées)

H 15-35 cm   juin-août   vivace

__Habitat__ Parmi les nénuphars et les roseaux épars, sur les eaux stagnantes ou tranquilles, généralement peu calcaires. Dans toute l'Europe.

> ***Plante carnivore.***
> ***Visible à ses fleurs.***
> ***Nage librement dans l'eau.***

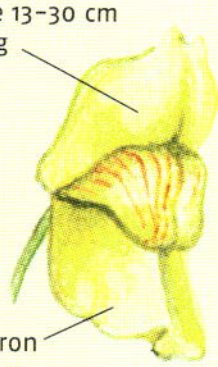

Les utricules sont des pièges actifs à succion. Ces outres sont fermées par un clapet entouré de longs poils sensitifs. Lorsqu'un petit animal aquatique, comme un crustacé, effleure ces filaments, l'utricule se remplit d'eau, aspirant en même temps la proie. Le clapet se referme ensuite et la digestion se fait grâce à des enzymes. C'est ainsi que l'utriculaire se nourrit.

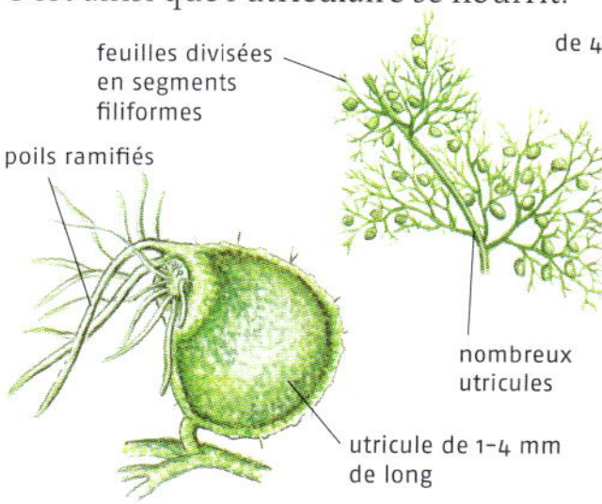

Racine-de-corail

Corallorhiza trifida (orchidacées)

H 8-25 cm   mai-juill.   vivace

__Habitat__ Forêts marécageuses et sombres de pins et de sapins. Sur sols boueux. Europe centrale et du Nord, au Sud en montagne.

> ***Les fleurs dégagent une odeur de musc.***
> ***Pousse dans les stations très sombres et humides.***
> ***Aspect d'orchis.***

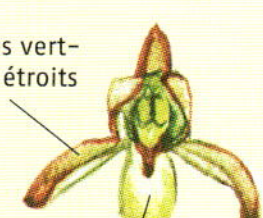

La racine-de-corail ne possède pratiquement pas de chlorophylle ni de racines. Elle se nourrit exclusivement de champignons, dont le mycélium pénètre dans l'axe ramifié de la plante, lui fournissant ainsi des substances nutritives.

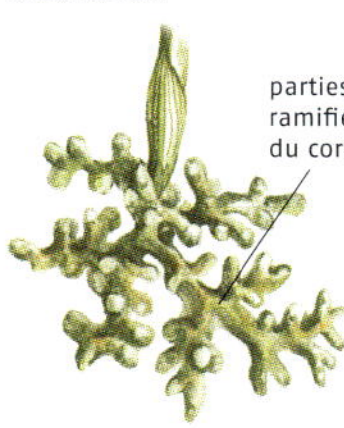

Sabot-de-Vénus

Cypripedium calceolus (orchidacées)
H 15-50 cm mai-juin vivace

Le grand labelle jaune du sabot-de-Vénus joue le rôle d'un piège dans lequel tombent les insectes à la recherche de nectar. Pour sortir de ce piège visqueux, ils doivent se faufiler par une petite ouverture. Ils y déposent le pollen dont ils sont chargés, et en prennent du neuf. Pour aider l'insecte à trouver la sortie, le labelle possède des « fenêtres » qui servent de guide.

Habitat *Forêts à sous-bois herbeux, bosquets. Stations mi-ombragées. Rare. Europe centrale et du Nord.*

- ***La plus grande des fleurs d'orchidée d'Europe.***
- ***Ne fleurit qu'au bout de 16 ans.***
- ***Espèce fortement menacée.***

Le saviez-vous ?

On trouve chez les fleuristes une plante appelée « sabot-de-Vénus », dont la fleur ressemble à celle du Cypripedium. Il s'agit toutefois d'une autre espèce d'orchidée cultivée, dont l'origine est asiatique.

Asaret d'Europe

Asarum europaeum (aristolochiacées)

H 5-10 cm   mars-mai   vivace   ☠

Habitat *Forêts de feuillus et mixtes, à sous-bois herbeux. Sur sols humides, généralement calcaires. Europe centrale et de l'Est.*

> ***Feuillage persistant.***
> ***Dégage une odeur de poivre.***
> ***Fleurs généralement cachées sous les feuilles.***

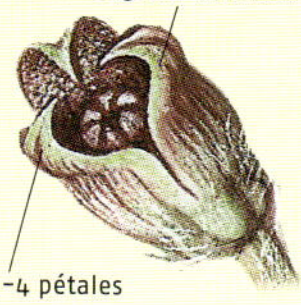

L'asaret d'Europe a été utilisé comme tabac à priser et contre la bronchite. Les fleurs attirent les mycétophilidés, des petits diptères dont les larves se développent habituellement dans les champignons. Trompés par l'odeur de l'asaret, ils viennent pondre leurs œufs dans ses fleurs, assurant ainsi la fécondation de la plante.

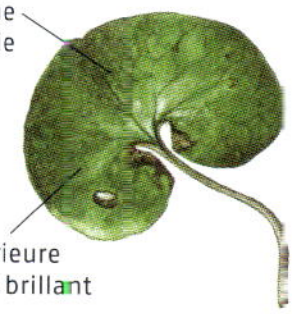

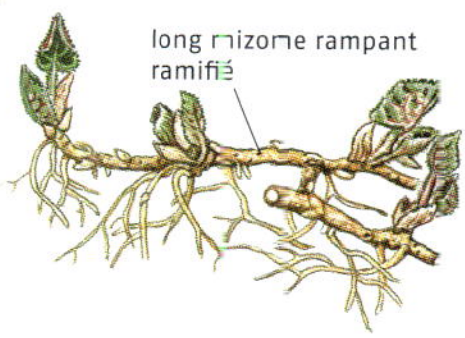

Pariétaire officinale

Parietaria officinalis (urticacées)

H 30-100 cm   juin-oct.   vivace

Habitat *Bois humides et clairs, roches, murs, friches. Sur sol riche. Europe centrale et du Sud.*

> ***Demande chaleur et humidité.***
> ***Ressemble à une ortie, mais sans poils urticants.***
> ***Tige cassante.***

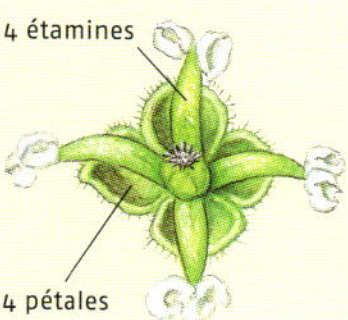

Les feuilles de la pariétaire officinale ont un reflet vitreux et deviennent translucides en séchant. Cette plante, réduite en cendres, était jadis utilisée pour nettoyer le verre et les couverts. La médecine populaire l'employait aussi contre les infections des voies urinaires, les calculs rénaux et urinaires.

Grande ortie

Urtica dioica (urticacées)

H 30-150 cm juill.-oct. vivace

Les orties sont considérées comme une « mauvaise herbe », mais les jeunes pousses de l'année donnent un excellent légume au goût d'épinard. Le jus d'ortie, très riche en vitamines, redonne de l'énergie au printemps. Cette plante est en outre recommandée contre l'arthrite et les rhumatismes, mais aussi contre les troubles de la prostate et des voies urinaires. Au XIIe siècle, on utilisait les fibres d'ortie pour confectionner des voiles et des filets de pêcheurs, mais elles ont été rapidement remplacées par le coton.

Habitat *Chemins, souvent près des villages, décharges, fossés, bords des routes, prairies engraissées. Dans toute l'Europe.*

> ***Fleurs mâles et femelles sur des plants séparés.***

> ***L'un des meilleurs indicateurs d'azote.***

> ***Couvre souvent de grandes étendues.***

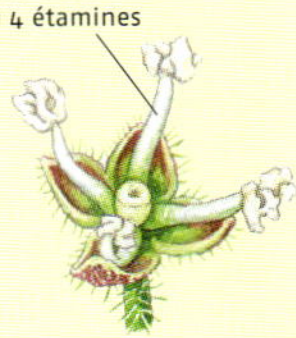

289

Le saviez-vous ?

Les chenilles de deux papillons, le paon du jour et la vanesse de l'ortie, se nourrissent d'orties. Il est facile de les repérer : jusqu'à la dernière phase de leur métamorphose, elles vivent dans un grand cocon collectif.

Rhubarbe des moines

Rumex pseudoalpinus (polygonacées)

H 70-200 cm juin-août vivace (☠)

Habitat *Généralement dans les reposoirs de troupeaux, et sur les sites anciennement habités. Montagnes d'Europe centrale et du Sud.*

> ***Très grandes feuilles.***
> ***Indicateur d'azote et de surpâturage.***
> ***Feuilles semblables à celle de la pétasite hybride (p. 56).***

La rhubarbe des moines est une espèce d'oseille qui pousse dans les alpages et couvre souvent de grandes étendues à proximité des chalets de bergers. Le bétail évite cette plante, riche en acide oxalique, et parfois toxique à forte dose. On se servait jadis des feuilles de la rhubarbe des moines pour emballer le fromage ou faire fermenter la choucroute.

Oseille ronde

Rumex scutatus (polygonacées)

H 20-40 cm mai-août vivace

Habitat *Éboulis rocheux et moraines, murs, carrières de pierres, ballast des chemins de fer. Sur éboulis meubles et découverts. Europe centrale et du Sud.*

> ***Semble souvent vert bleuté de loin.***
> ***Oseille aisément reconnaissable à ses feuilles.***
> ***Goût acide.***

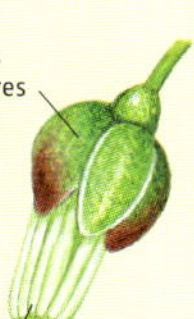

Chez les Romains, le *scutum* était le bouclier en forme d'écusson de l'infanterie. En botanique, le terme *scutum* évoque cette forme typique. L'oseille à écusson, ou oseille ronde, a été cultivée pour son goût agréable. Elle était recommandée comme fortifiant ou dépuratif.

Salicorne d'Europe

Salicornia europaea (chénopodiacées)

H 5-30 cm   août-oct.   annuelle

La salicorne d'Europe, dont le nom signifie « corne de sel », est l'une des rares plantes qui a besoin d'un milieu salin pour germer et se développer. Son aspect charnu est dû à l'accumulation de sel et d'eau. La salicorne se consomme en légume, légèrement blanchie, ou confite au vinaigre, comme les cornichons. Ses cendres, riches en soude, ont servi à la fabrication du verre, car elles abaissaient la température de fusion.

Habitat *Plante pionnière des vasières salines, côtes d'Europe. Rarement loin de la mer.*

> ***C'est la plante fleurie la plus maritime.***
> ***Souvent en grandes colonies.***
> ***La vase s'accumule autour des plants.***

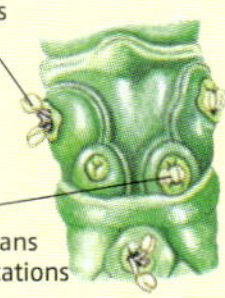

Le saviez-vous ?

Le taux de salinité de la salicorne augmente au cours de l'été, à mesure que la plante se développe. À l'automne, elle se teinte de rouge juste avant de mourir.

Arroche hastée

Atriplex prostrata (chénopodiacées)

H 30-90 cm juill.-sept. annuelle

Habitat *« Mauvaises herbes » des fossés, bords des routes, rivages, bords de mer, décharges et décombres. Dans toute l'Europe.*

> ***Feuilles souvent recouvertes d'une croûte membraneuse.***
> ***Supporte le sel.***
> ***Souvent en colonies.***

Les jeunes feuilles et pousses d'arroche sont comestibles et se préparent, crues ou cuites, à la façon des épinards. On consomme principalement l'arroche des jardins, ou bonne-dame, (*Atriplex hortensis*) dont la culture remonte à l'Antiquité et qui peut atteindre 1,5 m de haut.

Pimprenelle

Sanguisorba minor (rosacées)

H 15-40 cm mai-août vivace

Habitat *Pelouses maigres, bosquets, bords des chemins, prairies arides, pâturages à moutons, murs. Sur sols relativement secs et calcaires. Dans presque toute l'Europe.*

> ***Fécondée par le vent.***
> ***Indicateur de sols maigres.***
> ***Plante hémostatique.***

La pimprenelle doit à ses vertus hémostatiques son nom latin *Sanguisorbe*, de *sanguis*, « sang », et *sorbeo*, « absorber ». Les feuilles, dont la saveur amère rappelle le concombre, ont souvent servi de condiment dans les salades, les soupes, etc. On trouvait d'ailleurs couramment cette plante dans les jardins, comme le persil. Le tanin qu'elle contient explique ses propriétés astringentes et hémostatiques.

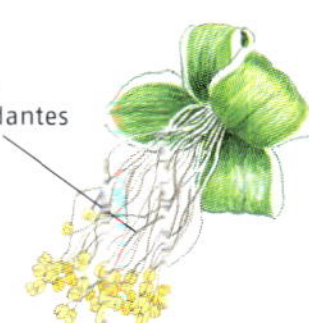

Ricin commun

Ricinus communis (euphorbiacées)

H 50-400 cm   févr.-oct.   annuelle à vivace   ☠

Dans les tombes égyptiennes datant d'environ 4 000 ans avant notre ère, des archéologues ont retrouvé des graines de ricin. La première mention écrite de leur utilisation comme laxatif et contre les abcès remonte à environ 1 500 av. J.-C. Les graines de ricin ne sont pourtant pas sans danger. Elles contiennent de la ricine, un poison mortel, qui doit être éliminé après l'extraction de l'huile. L'huile de ricin est encore prescrite pour lutter contre la constipation.

Habitat *Dans le bassin méditerranéen, sur les bords des routes, les décharges, les friches. En Europe centrale, plante ornementale annuelle des parcs et jardins.*

> ***Graine typique en forme de tique.***
> ***Originaire d'Afrique tropicale.***
> ***Arbrisseau à croissance très rapide.***

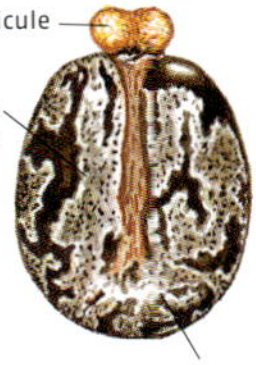

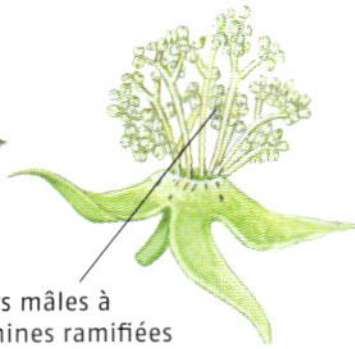

Le saviez-vous ?

Le nom de ricin est dû à la ressemblance entre la graine de ricin et une tique (Ixodes ricinus). *L'huile de ricin est riche en triglycérides. Les graines renferment de la ricine, très toxique.*

Mercuriale vivace

Mercurialis perennis (euphorbiacées)

H 15-30 cm avr.-mai. vivace ☠

***Habitat** Forêts à sous-bois herbacé, bosquets. Stations plutôt ombragées. Dans presque toute l'Europe.*

- ***Forme souvent de grandes colonies.***
- ***Plants mâles plus nombreux que les femelles.***
- ***Indicateur d'eaux suintantes.***

La mercuriale est connue pour ses vertus diurétiques. L'urine du bétail intoxiqué par cette plante est teintée de violet. En séchant, la plante prend une teinte bleu-noir d'un brillant métallique. Pour cette raison, les alchimistes ont imaginé que cette plante avait le pouvoir de transformer le mercure en or, d'où son nom de mercuriale.

Plantain lancéolé

Plantago lanceolata (plantaginacées)

H 10-50 cm mai-sept. vivace

***Habitat** Prairies, pâturages, pelouses des parcs, friches, chemins, champs. Surtout sur sols profonds. Dans presque toute l'Europe.*

- ***Goût un peu amer.***
- ***Graines poisseuses par temps humide.***
- ***Les feuilles écrasées soulagent les piqûres d'insectes.***

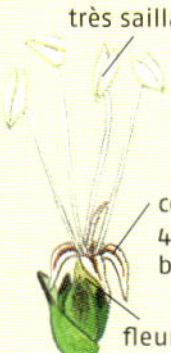

Le plantain lancéolé est préconisé comme remède contre la toux depuis l'Antiquité. L'infusion de plantain est toujours prescrite en cas de toux sèche. Contrairement à la majorité des plantes, le jus de plantain ne moisit pas, même sans conservateur, car il contient des substances qui empêchent la prolifération des micro-organismes.

Plantain corne-de-cerf

Plantago coronopus (plantaginacées)

H 5-15 cm juin-sept. annuelle

Les Italiens et les Français consomment les jeunes feuilles du plantain corne-de-cerf en salade ou en légume, et le cultivent à cet effet. En Italie, ce légume prend le nom de *Minutina o erba stella* (« herbe en étoile »), en raison de la forme de la rosette de feuilles à la base de la plante.

Habitat *Prairies salines des bords de mer, également autres sols salins. Europe centrale et du Sud.*

> ***Plante de forme variable.***
> ***Le nom « corne-de-cerf » évoque la forme de la feuille.***
> ***Supporte les inondations.***

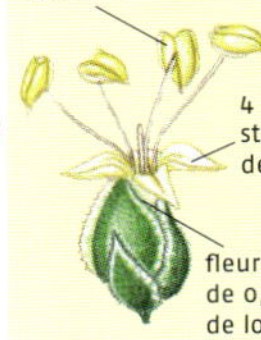

Pesse d'eau

Hippuris vulgaris (hippuridacées)

H 10-50 cm mai-août vivace

La pesse d'eau, sensible à la pollution de l'eau, disparaît dans les eaux souillées. Le nom pesse vient de la racine latine *picea*, qui signifie « poix », également à l'origine du mot épicéa. La tige de la pesse est creuse comme un brin de paille.

Habitat *Plante des eaux stagnantes ou tranquilles, profondeur maximale 2 m. Également sur les rivages. Dans toute l'Europe.*

> ***Fleurs minuscules.***
> ***Forme de grandes colonies.***
> ***A besoin d'une eau claire, fraîche et riche en substances nutritives.***

Potamot nageant

Potamogeton natans (potamogetonacées)

H 60-150 cm juin-août vivace

Habitat Mares, étangs, anses de lacs, eaux stagnantes. Souvent parmi d'autres plantes aquatiques de surface, comme les nénuphars. Dans toute l'Europe.

> ***Croissance assez rapide.***
> ***Fleurs flottant à la surface.***
> ***Peut recouvrir de grandes étendues.***

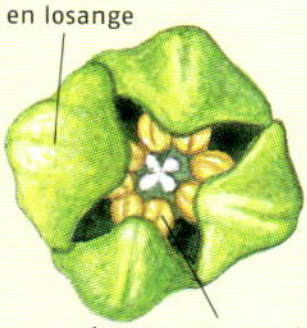

Cette plante aquatique tire son nom de la racine grecque, *potamos*, signifiant « fleuve ». La surface des feuilles flottantes est recouverte d'un film huileux, et donc hydrophobe. Autrefois, on récoltait les rhizomes épais, riches en amidon, pour nourrir les porcs. Sur les étangs, le potamot s'étend sur de grandes surfaces et il est souvent nécessaire de l'éclaircir.

Acore vrai

Acorus calamus (aracées)

H 60-120 cm juin-juill. vivace (☠)

Habitat Marais, rives des cours d'eau tranquilles ou plans d'eau, eaux riches et stations chaudes. Dans presque toute l'Europe.

> ***Feuilles de roseau.***
> ***Le rhizome dégage un parfum aromatique.***
> ***Naturalisé depuis le XVIe siècle.***

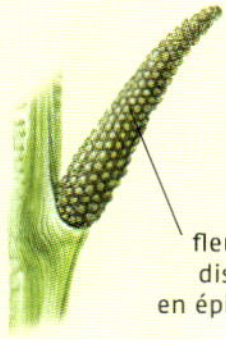

L'acore vrai est une plante originaire de l'Asie du Sud-Est. Il en existe aujourd'hui différentes variétés en Asie, Amérique et Europe. Les rhizomes d'acore vrai d'Europe fournissent un condiment apprécié pour les liqueurs et les boissons, sous le nom de « roseau odorant ». L'acore vrai a des vertus digestives, stomachiques et dépuratives.

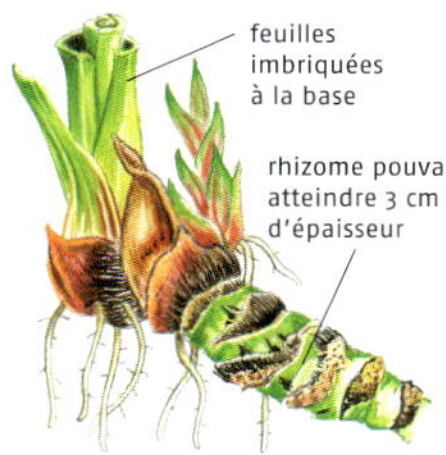

Gouet maculé

Arum maculatum (aracées)

H 15-40 cm avr.-juin vivace ☠

La spathe fonctionne comme un piège. Elle se déploie le soir tandis que le spadice, en forme de doigt, émet une odeur d'urine qui attire les petits psychodides. Ils glissent dans l'entonnoir et fécondent les fleurs femelles. Les anthères des fleurs mâles ne s'ouvrent que plus tard. La spathe maintient les psychodides prisonniers, puis les relâche le soir suivant, chargés de pollen, afin de féconder les fleurs d'un autre plant.

Habitat *Forêts de feuillus à sous-bois herbeux, bois humides, haies. Sur sols riches, en stations ombragées. Europe centrale et du Sud.*

> **Chaque inflorescence ne fleurit qu'un jour.**
> **Odeur de charogne.**
> **Feuilles uniquement au printemps.**

Le saviez-vous ?

Le gouet maculé a été utilisé comme oracle : le spadice était symbole de céréales, le renflement de foin, les fleurs mâles de fruits et les fleurs femelles de raisin. Le développement de ces différentes parties augurait une récolte abondante.

Capuchon-de-moine

Arisarum vulgare (aracées)

H 10-40 cm oct.-mai vivace ☠

Habitat *Bosquets, oliveraies, friches, près des murs. Stations ombragées, pas trop sèches. Bassin méditerranéen.*

> ***Fleurit souvent au printemps et en automne.***
> ***Inflorescence très particulière.***
> ***Pousse souvent en colonies.***

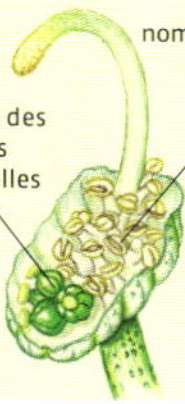

Les inflorescences odorantes attirent les mouches et les moustiques, mais la plante ne leur prépare aucun piège, à la différence du gouet maculé (p. 297) : ils entrent et sortent librement de la spathe. Les baies vertes peuvent se former sans l'aide des insectes butineurs. Le goût prononcé des fruits protège la plante des prédateurs.

Rubanier dressé

Sparganium erectum (sparganiacées)

H 30-50 cm juin-août vivace (☠)

Habitat *Parmi les roseaux, dans les eaux stagnantes ou tranquilles, sur sols boueux humifères. Dans toute l'Europe.*

> ***Inflorescence en hérisson.***
> ***Supporte un degré élevé de pollution.***
> ***Demande beaucoup de lumière.***

Les fruits mûrs réunis en « masse d'arme » peuvent subsister pendant un an dans l'eau, et se répandre ainsi à des kilomètres. Les feuilles contiennent des cristaux coupants en aiguille, qui les protègent efficacement des prédateurs.

Massette à larges feuilles

Typha latifolia (typhacées)

H 100-200 cm juill.-août vivace

Aujourd'hui, la massette à larges feuilles entre dans la composition des bouquets séchés. Autrefois, ses rhizomes riches en amidon étaient utilisés pour nourrir les porcs, mais aussi les hommes, en cas de disette, sous forme de farine à panifier. Les fibres extraites des tiges et des feuilles ont parfois remplacé le jute. Les tonneliers se servaient également des feuilles pour rendre les joints étanches.

Habitat *Dans les roselières des eaux stagnantes ou tranquilles, riches en substances nutritives. Peut former d'importantes colonies. Dans presque toute l'Europe.*

> ***Introduit dans presque toutes les zones tempérées du monde.***
> ***Cultivé par les tonneliers.***
> ***Les épis mûrs se défont.***

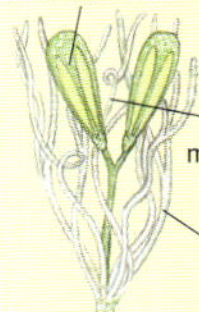

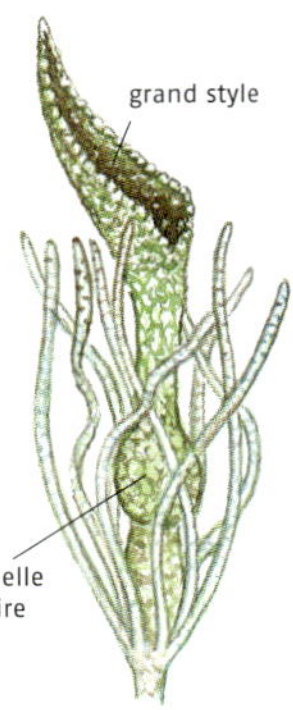

Le saviez-vous ?

jadis, on ramassait les aigrettes des fruits pour rembourrer les coussins et fabriquer des ficelles. Mais les fibres trop courtes ne donnent pas une ficelle très résistante.

Héllébore fétide

Helleborus foetidus (renonculacées)

H 30-80 cm   mars-mai   vivace   ☠

Habitat *Versants secs, hêtraies et chênaies lumineuses à sous-bois herbeux, lisières des forêts sur sol calcaire. Du sud-est de l'Europe jusqu'en Allemagne.*

- > ***Feuilles persistantes.***
- > ***Souvent en colonies.***
- > ***Également appelé « pied-de-griffon ».***

Les bourgeons floraux apparaissent dès l'automne, mais ne s'ouvrent qu'au printemps. De la transformation progressive des feuilles en pétales, on a pu tirer des généralités sur l'évolution des végétaux. Dans les régions viticoles, on espérait une bonne récolte quand l'héllébore fétide produisait une floraison abondante.

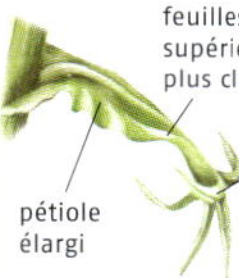

Monotrope sucepin

Monotropa hypopitys (monotropacées)

H 10-25 cm   juin-juill.   vivace

Habitat *Pinèdes, pessières, sapinières. Sur sols en décomposition, surtout en stations très sombres. Dans presque toute l'Europe.*

- > ***Plante sans chlorophylle.***
- > ***N'a pas besoin de lumière.***
- > ***Seules les tiges florales sont aériennes.***

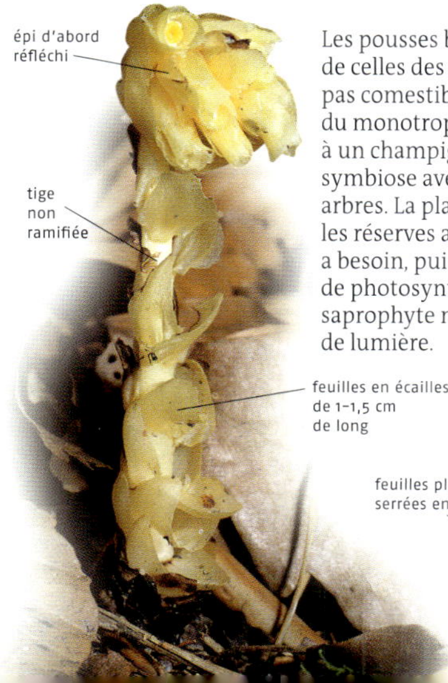

Les pousses blanchâtres, proches de celles des asperges, ne sont pas comestibles. Les racines du monotrope sont associées à un champignon qui vit en symbiose avec les racines des arbres. La plante se procure ainsi les réserves alimentaires dont elle a besoin, puisqu'elle n'assure pas de photosynthèse. Cette plante saprophyte ne demande pas de lumière.

Chénopode blanc

Chenopodium album (chénopodiacées)

H 20-150 cm juil-oct. annuelle

Le chénopode blanc est considéré comme une « mauvaise herbe ». Ses semences conservent leur pouvoir de germination pendant des siècles. De plus, chaque plant peut produire jusqu'à 100 000 graines, c'est donc une plante très prolifique. Des fouilles archéologiques ont permis de déterminer que les hommes du Paléolithique transformaient les graines du chénopode en farine. Les feuilles et les jeunes pousses fournissent un légume doux, proche de l'épinard.

Habitat *« Mauvaises herbes » des décharges, cultures, jardins, chemins, bords des routes. Sur sols riches. Dans toute l'Europe.*

- ***Semble recouvert de farine.***
- ***Feuilles de forme variable.***
- ***Plante pionnière des friches.***

301

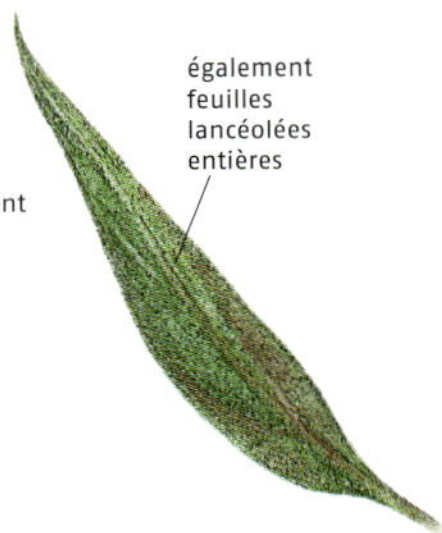

Le saviez-vous ?

L'épinard sauvage, Chenopodium bonus-henricus, *est une espèce proche qui pousse près des habitations. Les jeunes feuilles sont consommées en salade et les plus coriaces, qui doivent être cuites, comme celles de l'épinard. Le « Bon-Henri » possède également des vertus médicinales.*

Ombilic

Umbilicus rupestris (crassulacées)

H 10-50 cm   mai-juill.   vivace

Habitat *Fentes rocheuses arides, murs, souvent à l'ombre, talus ombragés. Europe du Sud et de l'Ouest.*

> ***Également appelé « nombril-de-Vénus ».***
> ***Le nom est lié à la forme de la feuille.***
> ***Également dans les fentes des murs.***

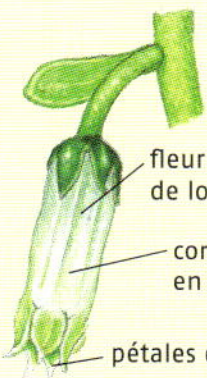

Le nombril-de-Vénus a été utilisé au Moyen Âge comme « philtre d'amour », mais aussi comme remède contre l'épilepsie. Les feuilles succulentes peuvent apaiser les brûlures. Grâce à leur structure charnue et à un mode de métabolisme particulier, le nombril-de-Vénus survit dans des milieux très pauvres. Sa feuille est comestible.

Cynoglosse officinale

Cynoglossum officinale (borraginacées)

H 30-80 cm   mai-juill.   bisannuelle   ☠

Habitat *« Mauvaises herbes » des terres incultes, décharges, bords des chemins. Sur sols secs et ensoleillés. Dans presque toute l'Europe.*

> ***Fruits plus visibles que les fleurs.***
> ***Indicateur d'azote.***
> ***Dégage une odeur de souris.***

Les feuilles rugueuses de la cynoglosse évoquent une langue de chien, d'où le nom de la plante. Les fruits épineux s'accrochent aux animaux qui passent à proximité et assurent ainsi leur dissémination. Cette plante, par son odeur désagréable, éloigne les souris et les rats, ce qui explique sa présence dans les jardins.

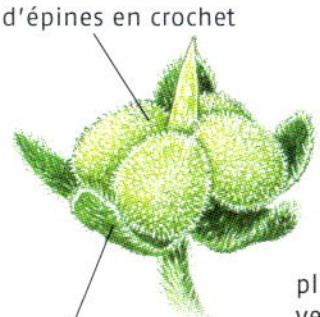

Belladonne

Atropa belladonna (solanacées)
H 50-150 cm juin-août vivace ☠

Il suffit de trois baies de belladonne, malgré leur goût sucré et leur aspect de cerise, pour causer la mort d'un enfant. Les intoxications bénignes donnent la bouche sèche, un pouls accéléré et des pupilles dilatées. En plus grande quantité, cette plante provoque des hallucinations accompagnées de délire et peut même entraîner la mort par asphyxie. Les oiseaux, comme les grives, consomment ces baies sans dommage et en diffusent les graines. La belladonne a servi à empoisonner des flèches.

Habitat *Coupes forestières, chemins et clairières. Surtout sur sols calcaires et stations claires ou légèrement ombragées. Europe centrale et du Sud.*

> ***Souvent, fleurs et fruits en même temps.***
> ***Les fleurs dégagent une odeur désagréable.***
> ***Poison mortel.***

Le saviez-vous ?

La Scopolia carniolica *est aussi toxique que la belladonne. C'est une solanacée qui pousse dans les forêts de feuillus en Europe du Sud et du Sud-Est.*

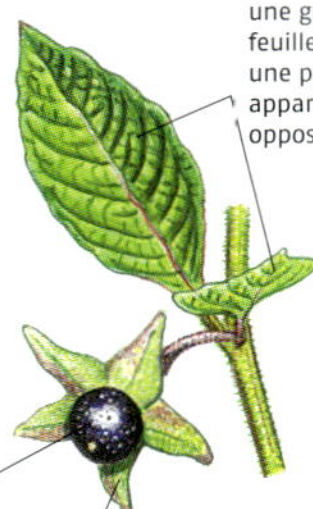

Ambroisie

Ambrosia artemisiifolia (astéracées)

H 50-150 cm   août-oct.   annuelle

Habitat *« Mauvaises herbes » des décharges, ports et jardins. Sur sols chauds et riches. Europe centrale et du Sud.*

> ***Originaire d'Amérique du Nord.***
> ***Plante envahissante en Europe.***
> ***Plante très allergène.***

Les fruits d'ambroisie ont été vendus dans les mélanges pour oiseaux domestiques et sauvages. C'est l'une des rares espèces d'astéracées pollinisée par le vent. Le pollen abondant de l'ambroisie est réputé déclencher le rhume des foins chez environ 10 % de la population dans ses régions d'origine. C'est pourquoi il est conseillé de l'arracher.

Parisette à quatre feuilles

Paris quadrifolia (liliacées)

H 10-30 cm   mai-juin   vivace   ☠

Habitat *Forêts humides à sous-bois herbeux. Bois inondés. Sur sols riches. Dans toute l'Europe.*

> ***Généralement 4, rarement 5 ou 6 feuilles.***
> ***Indicatrice d'eaux en sous-sol ou de ruissellement.***
> ***A besoin d'ombre.***

Dans la mythologie grecque, le jeune Pâris dut rendre un jugement à propos de la pomme d'or d'Eris, la déesse de la Discorde. Il était entouré de quatre divinités, comme la baie unique de la parisette est encadrée de quatre feuilles. Au Moyen Âge, on croyait que cette baie, semblable à un bubon pesteux, pouvait soigner la peste et d'autres maladies infectieuses.

Scrofulaire noueuse

Scrophularia nodosa (scrophulariacées)

H 40-120 cm juin-sept. vivace

Les fleurs de scrofulaire noueuse, avec leur lèvre supérieure bilobée et leur lèvre inférieure plus courte, évoquent la gueule béante d'un animal. En Europe, cette plante attire surtout les guêpes, en Amérique, ce sont les colibris qui prélèvent le nectar. Au Moyen Âge, cette plante était appelée « herbe-aux-écrouelles », en raison de la ressemblance entre le rhizome et les abcès des glandes lymphatiques, ou écrouelles.

Habitat *Forêts à sous-bois herbeux, bords des chemins. Sur sols très humides ou ruisselants. Dans toute l'Europe.*

> ***Peu de fleurs ouvertes en même temps.***
> ***La plante froissée dégage une odeur désagréable.***
> ***Fleurit surtout à l'ombre ou mi-ombre.***

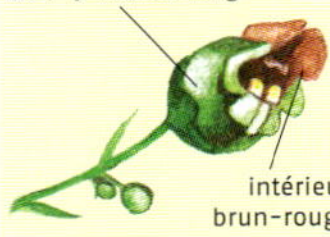

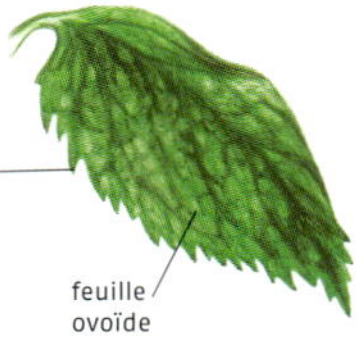

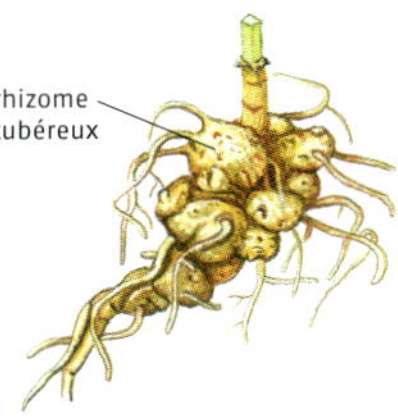

Le saviez-vous ?

En été, les chenilles colorées de la cucullie de la scrofulaire et celles de la cucullie du bouillon-blanc se nourrissent principalement de cette plante. Les papillons issus de la métamorphose, appelés noctuelles, n'éclosent que l'année suivante.

Néottie nid-d'oiseau

Neottia nidus-avis (orchidacées)

H 20–50 cm mai-juin vivace

Habitat *Forêts. Stations ombragées, sur l'humus et le bois en décomposition. Dans presque toute l'Europe.*

> ***Les fleurs ont une odeur de miel.***
> ***Le nom vient de la forme des racines.***
> ***Plante sans chlorophylle.***

La néottie nid-d'oiseau est une plante saprophyte qui ne possède pas de chlorophylle et n'assure pas de photosynthèse. Elle pousse donc dans les endroits les plus sombres de la forêt. Elle se nourrit, à l'aide d'un champignon, de matière végétale en décomposition, d'où ses racines imbriquées en forme de nid d'oiseau. Entre la germination et la première floraison s'écoulent en général 9 ans.

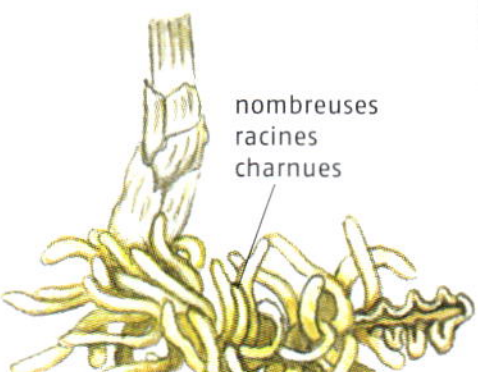

Le saviez-vous ?

Les capsules s'ouvrent par une fente verticale et laissent échapper des graines de la taille d'une poussière, d'environ 0,000 008 g. L'inflorescence desséchée reste sur pied plusieurs années.

Listère à feuilles ovales

Listera ovata (orchidacées)

H 20-50 cm mai-juin vivace

La listère à feuilles ovales adopte une méthode bien particulière pour assurer la pollinisation : lorsqu'un insecte touche la fleur à un endroit précis, la plante éjecte une goutte d'un liquide poisseux, sur lequel le pollen vient se coller.

Habitat *Forêts de feuillus, bois inondés, bosquets, pelouses de montagne. Sur sols humides et riches, à mi-ombre. Dans presque toute l'Europe.*

> ***Se reconnaît aisément aux 2 feuilles.***
>
> ***Labelle souvent luisant de nectar.***
>
> ***Plante très discrète.***

Ophrys mouche

Ophrys insectifera (orchidacées)

H 15-40 cm mai-juin vivace

Par leur forme, leur couleur et leur pubescence, les fleurs de cette orchidée imitent des insectes femelles. Elles produisent en outre des phéromones, semblables à celles des guêpes fouisseuses, pour attirer les mâles. Ces derniers essaient donc de s'accoupler avec les fleurs de l'ophrys, et assurent ainsi la dissémination du pollen.

Habitat *Pelouses maigres, pinèdes claires et sèches. Sur sols plutôt secs, calcaires. Dans presque toute l'Europe.*

> ***2 pétales imitent des antennes.***
>
> ***Les fleurs sont des imitations d'insectes.***
>
> ***Plante très discrète.***

Ophrys abeille

Ophrys apifera (orchidacées)

H 20-40 cm   mai-juin   vivace

Habitat *Pelouses maigres et semi-arides, forêts mixtes de chênes et de pins. Sur sols calcaires et en stations chaudes. Europe centrale et du Sud.*

- > ***L'une des plus belles orchidées d'Europe.***
- > ***Hiverne sous forme d'une rosette de feuilles.***
- > ***Ne fleurit pas chaque année.***

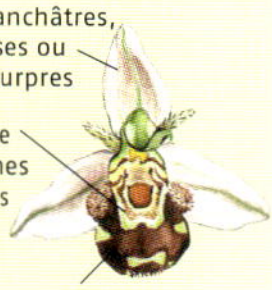

Les fleurs de l'ophrys abeille, tout comme celles de l'ophrys mouche (p. 307), imitent la femelle d'un insecte. Depuis les années 1990, on observe une nouvelle répartition de cette plante. Outre les changements climatiques, cette dissémination est certainement due au fait que cette orchidée produit des graines sans avoir besoin d'être fécondée (voir encadré). Dans des circonstances favorables, elle peut fleurir au bout de 3-4 ans.

Le saviez-vous ?

En Europe centrale, les insectes aptes à assurer la pollinisation sont souvent absents. Les fleurs se fécondent donc elles-mêmes : des paquets de pollen suspendus s'inclinent jusqu'au stigmate. Deux sous-espèces ont été décrites : Ophrys jurana *et* ophrys friburgensis.

Orchis bouc

Himantoglossum hircinum (orchidacées)

H 30-80 cm   mai-juin   vivace

Les graines conservent durant des années la faculté de germer. Les fleurs sont visitées par des abeilles sauvages, attirées par l'odeur et le nectar sucré contenu dans l'éperon. Contrairement à la majorité des orchidées, l'orchis bouc est une plante robuste qui peut pousser parmi les buissons.

Habitat *Pelouses maigres, bosquets, buissons aérés et ensoleillés, anciens vignobles. Sur sols calcaires chauds. Europe du Sud-Ouest et du centre.*

> ***Long labelle en lanière.***
> ***Sensible au gel tardif.***
> ***Odeur prononcée de bouc, surtout la nuit.***

Orchis vanillé

Nigritella nigra (orchidacées)

H 5-20 cm   mai-août   vivace

En montagne, les randonneurs peuvent respirer le doux parfum de cette orchidée, qui évoque la vanille. L'orchis vanillé, ou nigritelle noire, est réputé posséder des vertus aphrodisiaques. Le bétail évite en général de brouter cette plante. Si c'est le cas, le beurre produit peut présenter un parfum vanillé.

Habitat *Prairies de montagne ensoleillées, pelouses arides, de 1 400 à 2 400 m d'altitude. Surtout sur sols calcaires.*

> ***Montagnes d'Europe centrale et du Sud.***
> ***Fort parfum de vanille.***
> ***Ne supporte pas les engrais.***

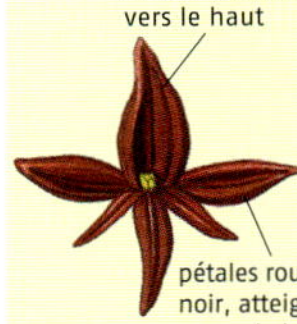

Absinthe 250
Acanthe à feuilles molles 86
Acanthus mollis 86
Achillea millefolium 137
Achillée millefeuilles 137
Aconit napel 183
Aconit tue-loup 267
Aconitum lycoctonum 267
Aconitum napellus 183
Acore vrai 296
Acorus calamus 296
Adénostyle à feuilles d'alliaire 55
Adenostyles alliariae 55
Adonis aestivalis 50
Adonis d'été 50
Adonis du printemps 238
Adonis vernalis 238
Aegopode podagraire 120
Aegopodium podagraria 120
Agave américain 262
Agrimonia eupatoria 226
Agripaume cardiaque 79
Agrostemma githago 31
Aigremoine eupatoire 226
Ail des ours 143
Ail serpentin 142
Ajonc d'Europe 270
Ajuga chamaepitys 278
Ajuga genevensis 191
Ajuga reptans 191
Alchemilla conjucta 209
Alchemilla vulgaris 209
Alchémille à folioles rejointes 209
Alchémille commune 209
Alisma plantago-aquatica 100
Alliaire officinale 90
Alliaria petiolata 90
Allium schoenoprasum 64
Allium ursinum 143
Allium victoralis 142
Ambroisie 304
Ambrosia artemisiifolia 304
Anagallis arvensis 37
Anchusa officinalis 168
Ancolie commune 175
Androsace alpina 40
Androsace alpine 40
Anemone coronaria 50
Anémone couronnée 50
Anémone des bois 130
Anémone fausse-renoncule 216
Anemone nemorosa 130
Anémone pulsatille 174
Anemone ranunculoides 216
Anémone sylvestre 131
Anemone sylvestris 131
Angelica sylvestris 122
Angélique des bois 122
Anthericum ramosum 141
Anthriscus sylvestris 118
Anthrisque commun 118
Anthyllide vulnéraire 272
Anthyllis vulneraria 272
Aquilegia vulgaris 175
Arctium lappa 54
Arisarum vulgare 298
Aristoloche clématite 266
Aristolochia clematitis 266
Armeria maritima 33
Armoise commune 250
Armoracia rusticana 91
Arnica 244
Arnica montana 244
Arroche hastée 292
Artemisia absinthium 250
Artemisia vulgaris 250
Arum maculatum 297
Aruncus dioicus 115
Asaret d'Europe 288
Asarum europaeum 288
Aspérule odorante 98
Asphodèle blanc 141
Asphodéline jaune 285
Asphodeline lutea 285
Asphodelus albus 141
Aster amelle 177
Aster amellus 177
Aster maritime 177
Aster tripolium 177
Astrantia major 118
Atriplex prostrata 292
Atropa bella-donna 303

***B**allota nigra* 77
Ballote noire 77
Balsamine à petites fleurs 277
Balsamine de l'Himalaya 74
Barbarea vulgaris 203
Barbarée commune 203
Bec-de-grue commun 45
Belladonne 303
Bellis perennis 133
Benoîte commune 227
Benoite des ruisseaux 43
Benoîte rampante 242
Berce commune 122
Berce du Caucase 123
Bétoine officinale 78
Betonica officinalis 78
Biscutella laevigata 205
Bistorta officinalis 35
Bistorte 35
Bituminaria bituminosa 188
Bleuet des champs 179
Bois-gentil 24
Borago officinalis 169
Boule d'or 239
Bourrache officinale 169
Bourse-à-pasteur 93
Bouton d'or 218
Brunelle commune 193
Bruyère des neiges 23
Bryone dioïque 114
Bryonia dioica 114
Bugle de Genève 191
Bugle jaune 278
Bugle rampante 191
Buglosse officinale 168
Bugrane épineuse 67
Butomus umbellatus 62

***C**akile maritima* 20
Calla des marais 102
Calla palustris 102
Calluna vulgaris 22
Callune fausse-bruyère 22
Caltha palustris 217
Calystegia sepium 125
Camomille vraie 135
Campanula glomerata 173
Campanula patula 172
Campanula rotundifolia 172
Campanule à feuilles rondes 172
Campanule agglomérée 173
Campanule étalée 172
Capparis spinosa 95
Câprier commun 95
Capsella bursa-pastoris 93
Capselle 93
Capuchon-de-moine 298
Cardamine des prés 153
Cardamine pratensis 153
Cardère sauvage 157
Carduus nutans 57
Carlina acaulis 138
Carlina vulgaris 256
Carline acaule 138
Carline commune 256
Carotte commune 121
Carpobrotus edulis 243
Carthamus tinctorius 253
Carum carvi 119
Centaurea cyanus 179

Centaurea jacea 58
Centaurea montana 178
Centaurée des montagnes 178
Centaurée jacée 58
Centaurium erythraea 46
Centhrante rouge 85
Centranthus ruber 85
Cephalanthera damasonium 151
Céphalanthère pâle 151
Céraiste des glaciers 107
Cerastium uniflorum 107
Chamaespartium sagittale 272
Chardon béni 254
Chardon bleu des Alpes 161
Chardon Marie 59
Chardon penché 57
Chélidoine 202
Chelidonium majus 202
Chénopode blanc 301
Chenopodium album 301
Chicorée sauvage 180
Chou-marin 90
Chrysanthème à couronne 252
Chrysanthemum coronarium 252
Chrysosplenium alternifolium 208
Ciboulette sauvage 64
Cichorium intybus 180
Cicuta virosa 120
Ciguë aquatique 120
Circaea lutetiana 96
Circée de Paris 96
Cirse des champs 58
Cirse épineux 255
Cirse faux-épinard 255
Cirse laineux 57
Cirsium arvense 58
Cirsium eriophorum 57
Cirsium oleraceum 255
Cirsium spinosissimum 255
Ciste à feuilles de sauge 37
Cistus incanus 37
Cnicus benedictus 254
Colchicum autumnale 65
Colchique d'automne 65
Compagnon rouge 33
Conium maculatum 119
Consolida regalis 184
Consoude officinale 49
Convallaria majalis 139
Convolvulus arvensis 126
Coquelicot 20
Coquillier maritime 20
Corallorhiza trifida 286
Cornouiller de Suède 96
Cornus suecica 96
Coronille variée 71
Corydale creuse 66
Corydale jaune 267
Corydalis cava 66
Crambe maritima 90
Crapaudine de Syrie 281
Crépide bisannuelle 261
Crépide dorée 61
Crepis aurea 61
Crepis biennis 261
Cresson de fontaine 92
Criste marine 230
Crithmum maritimum 230
Crocus jaune d'automne 261
Crocus printanier 147
Crocus vernus 147
Croix de Malte 230
Cruciata laevipes 213
Cumin des prés 119
Cuscuta epithymum 124
Cuscute du thym 124
Cyclamen d'Europe 38
Cyclamen purpurascens 38
Cymbalaria muralis 198
Cynoglosse officinal 302
Cynoglossum officinale 302
Cypripedium calceolus 287
Cytisus scoparius 271

***D**actylorhiza maculata* 89
Dame d'onze heures 146
Daphné garou 94
Daphne gnidium 94
Daphne mezereum 24
Daphne striata 23
Daphné strié 23
Datura 125
Datura stramonium 125
Daucus carota 121
Dianthus carthusianorum 30
Dianthus deltoides 30
Dictamnus albus 73
Digitale pourpre 82
Digitalis purpurea 82
Dipsacus fullonum 157
Dompte-venin 124
Dorine à feuilles alternes 208
Douce-amère 164
Draba aizoides 205
Drave faux-aizoon 205
Drave printanière 93
Drosera rotundifolia 110
Dryade à huit pétales 132
Dryas octopetala 132

***E**cballium elaterium* 221
Échinops à tête ronde 178
Echinops sphaerocephalus 178
Echium vulgare 189
Edelweiss 139
Épervière orangée 61
Épervière piloselle 260
Épiaire des bois 79
Épiaire droit 280
Épilobe des marais 25
Épilobe en épi 26
Épilobe hirsute 25
Epilobium angustifolium 26
Epilobium hirsutum 25
Epilobium palustre 25
Éranthis d'hiver 238
Eranthis hyemalis 238
Erica carnea 23
Erodium cicutarium 45
Erophila verna 93
Eryngium alpinum 161
Eryngium maritimum 160
Erysimum cheiri 207
Esparcette 71
Eupatoire à feuilles de chanvre 55
Eupatorium cannabinum 55
Euphorbe petit-cyprès 212
Euphorbe verruqueuse 213
Euphorbia cyparissias 212
Euphorbia verrucosa 213
Euphraise officinale 150
Euphraise rouge 83
Euphrasia officinalis 150

***F**allopia japonica* 109
Fenouil 232
Ferula communis 232
Férule commune 232
Ficaire 241
Ficoïde à cristaux 132
Figue des Hottentots 243
Filipendula ulmaria 116
Fleur de coucou 32
Foeniculum vulgare 232
Fragaria vesca 115
Fraisier des bois 115
Fraxinelle 73
Fritillaire pintade 64

Fritillaria meleagris 64
Fumaria officinalis 66
Fumeterre officinale 66

Gagea lutea 264
Gagée jaune 264
Gaillet commun 98
Gaillet croisette 213
Gaillet gratteron 99
Gaillet jaune 214
Galanthus nivalis 144
Galéga officinal 68
Galega officinalis 68
Galéopsis orné 279
Galeopsis speciosa 279
Galeopsis tetrahit 76
Galinsoga à petites fleurs 137
Galinsoga parviflora 137
Galium aparine 99
Galium mollugo 98
Galium odoratum 98
Galium verum 214
Gattilier 190
Genêt à balais 271
Genêt ailé 272
Genêt des teinturiers 270
Genista tinctoria 270
Gentiana asclepiadea 162
Gentiana clusii 162
Gentiana lutea 233
Gentiana punctata 234
Gentiana verna 163
Gentiane à feuilles d'asclépiade 162
Gentiane ciliée 154
Gentiane d'Allemagne 47
Gentiane de Clusius 162
Gentiane jaune 233
Gentiane ponctuée 234
Gentiane printanière 163
Gentianella ciliata 154
Gentianella germanica 47
Géranium des prés 160
Geranium pratense 160
Geranium robertianum 46
Géranium sanguin 45
Geranium sanguineum 45
Germandrée petit-chêne 77
Gesse des prés 276
Gesse printanière 72
Geum reptans 242
Geum rivale 43
Geum urbanum 227
Giroflée 207
Gladiolus palustris 87
Glaïeul des marais 87
Glaucière jaune 203
Glaucium flavum 203
Glaux maritima 39
Glaux maritime 39
Glechoma hederacea 192
Globulaire à feuilles cordées 199
Globularia cordifolia 199
Gouet maculé 297
Graceline 256
Grande astrance 118
Grande bardane 54
Grande camomille 136
Grande ciguë 119
Grande marguerite 134
Grande ortie 289
Grassette commune 200
Grémil pourpre-violet 167
Gymnadène à long éperon 87
Gymnadenia conopsea 87
Gypsophila repens 29
Gypsophile rampante 29

Hedysarum hedysaroides 68
Hélianthème commun 221
Helianthemum nummularium 221
Helianthus tuberosus 247
Helichrysum arenarium 251
Héllébore fétide 300
Hellébore noire 105
Helleborus foetidus 300
Helleborus niger 105
Hepatica nobilis 176
Hépatique 176
Heracleum mantegazzianum 123
Heracleum sphondylium 122
Herbe-à-Robert 46
Hièble 127
Hieracium aurantiacum 61
Hieracium pilosella 260
Himanthoglossum hircinum 309
Hippocrepis à toupet 276
Hippocrepis comosa 276
Hippuris vulgaris 295
Hydrocharis des grenouilles 100
Hydrocharis morsus-ranae 100
Hyoscyamus niger 235
Hypericum perforatum 220

Immortelle des sables 251
Impatiens glandulifera 74
Impatiens noli-tangere 278
Impatiens parviflora 277
Impatiente 278
Inula hirta 252
Inule hirsute 252
Iris d'Allemagne 182
Iris faux-acore 265
Iris germanica 182
Iris pseudacorus 265
Isatis tinctoria 204

Jasione des montagnes 170
Jasione montana 170
Jonc fleuri 62
Jonquille 263
Joubarbe araignée 53
Joubarbe des toits 53
Jusquiame noire 235

Knautia arvensis 201
Knautie des champs 201

Lactuca serriola 258
Laiteron potager 259
Laitue des murs 237
Laitue scariole 258
Lamier blanc 149
Lamier jaune 280
Lamier maculé 75
Lamier pourpre 75
Lamium album 149
Lamium galeobdolon 280
Lamium maculatum 75
Lamium purpureum 75
Lampsane commune 256
Lapsana communis 256
Lathraea squamaria 84
Lathrée écailleuse 84
Lathyrus pratensis 276
Lathyrus vernus 72
Laurier rose 48
Lavande à toupet 196
Lavande de mer 158
Lavande vraie 196
Lavandula angustifolia 196
Lavandula stoechas 196
Leontodon autumnalis 260
Leontopodium alpinum 139
Leonurus cardiaca 79
Leucanthemum vulgare 134
Leucojum vernum 144
Lierre terrestre 192
Lilium martagon 63

Limnanthème faux-nénuphar 234
Limonium vulgare 158
Lin cultivé 159
Linaire commune 282
Linaire des Alpes 199
Linaria alpina 199
Linaria vulgaris 282
Linnaea borealis 151
Linnée boréale 151
Linum usitatissimum 159
Liondent d'automne 260
Lis des Alpes 142
Lis martagon 63
Liseron des champs 126
Liseron des haies 125
Listera ovata 307
Listère à feuilles ovales 307
Lithospermum purpurocaeruleum 167
Lotier corniculé 274
Lotus corniculatus 274
Lunaire vivace 152
Lunaria rediviva 152
Lunetière lisse 205
Lupin des jardins 186
Lupinus polyphyllus 186
Luzerne cultivée 187
Luzerne lupuline 274
Lycope d'Europe 148
Lycopus europaeus 148
Lysimachia ummularia 222
Lysimachia punctata 222
Lysimaque nummulaire 222
Lysimaque ponctuée 222
Lythrum salicaria 52

Mâche 173
Maianthème à deux feuilles 103
Maianthemum bifolium 103
Malva sylvestris 36
Mandragora officinarum 165
Mandragore officinale 165
Massette à larges feuilles 299
Matricaire inodore 134
Matricaire odorante 246
Matricaria discoidea 246
Matricaria recutita 135
Mauve sylvestre 36
Medicago lupulina 274
Medicago sativa 187
Mélampyre des bois 283
Mélampyre des champs 83
Melampyrum arvense 83
Melampyrum sylvaticum 283
Mélilot officinal 273
Melilotus officinalis 273
Mélitte à feuilles de mélisse 78
Melittis melissophyllum 78
Mentha aquatica 27
Mentha longifolia 27
Menthe à longues feuilles 27
Menthe aquatique 27
Menyanthes trifoliata 125
Mercuriale vivace 294
Mercurialis perennis 294
Mesembryanthemum crystallinum 132
Millepertuis perforé 220
Mimule tacheté 283
Mimulus guttatus 283
Molène à fleurs denses 236
Molène noire 237
Momordique 221
Moneses uniflora 111
Monotropa hypopitys 300
Monotrope sucepin 300
Morelle de Linné 164
Mouron des oiseaux 108
Mouron rouge 37
Moutarde des champs 206
Muguet 139
Muscari neglectum 181
Muscari négligé 181
Mycelis muralis 237
Myosotis des marais 167
Myosotis scorpioides 167

Narcisse des poètes 145
Narcissus poeticus 145
Narcissus pseudonarcissus 263
Nasturtium officinale 92
Nénuphar blanc 129
Nénuphar jaune 216
Neottia nidus-avis 306
Néottie nid-d'oiseau 306
Nerium oleander 48
Nielle des blés 31
Nigella damascena 158
Nigelle de Damas 158
Nigritella nigra 309
Nivéole du printemps 144
Nuphar lutea 216
Nymphaea alba 129
Nymphoides peltata 234

***O**dontites vulgaris* 83
Œillet couché 30
Œillet des chartreux 30
Œillet marin 33
Oenothera biennis 211
Ombilic 302
Onagre bisannuelle 211
Onobrychis viciifolia 71
Ononis spinosa 67
Onopordon faux-acanthe 60
Onopordum acanthium 60
Ophrys apifera 308
Ophrys insectifera 307
Ophrys mouche 307
Orchis bouc 309
Orchis maculé 89
Orchis mâle 88
Orchis mascula 88
Orchis militaire 88
Orchis militaris 88
Orchis vanillé 309
Origan commun 80
Origanum vulgare 80
Ornithogalum umbellatum 146
Orobanche 85
Orobanche 85
Ophrys abeille 308
Orpin blanc 111
Orpin réfléchi 242
Orpin reprise 40
Orpin rose 207
Ortie jaune 280
Ortie royale 76
Oseille des prés 18
Oseille ronde 290
Oxalis acetosella 117
Oxalis corniculata 229
Oxalis corniculé 229
Oxalis des Bermudes 229
Oxalis pes-caprae 229

***P**aeonia officinalis* 51
Pain de coucou 117
Panais 231
Panicaut de mer 160
Papaver rhoeas 20
Papaver somniferum 19
Pâquerette 133
Paradisea liliastrum 142
Pariétaire officinale 288
Parietaria officinalis 288
Paris quadrifolia 304
Parisette à quatre feuilles 304
Parnassia palustris 113

Parnassie des marais 113
Pastel des teinturiers 204
Pastinaca sativa 231
Pavot somnifère 19
Pédiculaire feuillée 285
Pédiculaire verticillée 84
Pedicularis foliosa 285
Pedicularis verticillata 84
Pensée des Vosges 268
Pensée sauvage 269
Perce-neige 144
Persicaria amphibia 34
Pesse d'eau 295
Pétasite hybride 56
Petasites hybridus 56
Petite centaurée commune 46
Petite pervenche 163
Phacelia tanacetifolia 166
Phacélie à feuilles de tanaisie 166
Phalangère rameuse 141
Phlomis fruticosa 281
Phyteuma nigrum 171
Phyteuma orbiculare 171
Phyteuma spicatum 127
Phytolacca americana 106
Phytolaque 106
Pied d'alouette 184
Pigamon à feuilles d'ancolie 18
Pimprenelle 292
Pinguicula vulgaris 200
Pissenlit 257
Pivoine sauvage 51
Plantago coronopus 295
Plantago lanceolata 294
Plantago media 97
Plantain aquatique 100
Plantain corne-de-cerf 295
Plantain lancéolé 294
Plantain moyen 97
Poivre des murailles 225
Polémoine bleue 166
Polemonium caeruleum 166
Polygala chamaebuxus 277
Polygala comosa 72
Polygale chevelu 72
Polygale petit-buis 277
Polygonatum odoratum 140
Polygonum aviculare 34
Populage des marais 217
Portulaca oleracea 219
Potamogeton natans 296
Potamot nageant 296
Potentielle printanière 228
Potentilla anserina 228
Potentilla aurea 227
Potentilla erecta 210
Potentilla palustris 42
Potentilla tabernaemontani 228
Potentille comaret 42
Potentille des oies 228
Potentille dorée 227
Pourpier potager 219
Prénanthe pourpre 48
Prenanthes purpurea 48
Primevère auricule 224
Primevère élevée 223
Primevère farineuse 39
Primevère officinale 224
Primula auricula 224
Primula elatior 223
Primula farinosa 39
Primula veris 224
Prunella vulgaris 193
Pseudofumaria lutea 267
Psoralée bitumineuse 188
Pulmonaire officinale 168
Pulmonaria officinalis 168
Pulsatilla alpina ssp. apiifolia 240
Pulsatilla vulgaris 174
Pulsatille soufrée 240
Pyrole uniflore 111

Racine de corail 286
Raifort 91
Raiponce en épi 127
Raiponce noire 171
Raiponce orbiculaire 171
Ranunculus aconitifolius 104
Ranunculus acris 218
Ranunculus auricomus 219
Ranunculus ficaria 241
Ranunculus fluitans 104
Ranunculus sceleratus 218
Reine des bois 115
Reine des prés 116
Renoncule à feuilles d'aconit 104
Renoncule à tête d'or 219
Renoncule des rivières 104
Renoncule scélérate 218
Renouée amphibie 34
Renouée des oiseaux 34
Renouée du Japon 109
Réséda jaune 241
Reseda lutea 241
Rhinanthe velu 284
Rhinanthus alectorolophus 284
Rhodiola rosea 207
Rhododendron ferrugineum 41
Rhododendron ferrugineux 41
Rhubarbe des moines 290
Ricin commun 293
Ricinus communis 293
Romarin 197
Roquette de mer 20
Rosa canina 44
Rosa rubiginosa 43
Rosier des chiens 44
Rosier rubigineux 43
Rosmarinus officinalis 197
Rossolis à feuilles rondes 110
Rubanier dressé 298
Rue fétide 215
Ruine-de-Rome 108
Rumex acetosa 18
Rumex pseudoalpinus 290
Rumex scutatus 290
Ruta graveolens 215

Sabot-de-Vénus 287
Safran des teinturiers 253
Sagittaire à feuilles en flèche 103
Sagittaria sagittifolia 103
Sainfoin 71
Sainfoin sombre 58
Salicaire commune 52
Salicorne d'Europe 291
Salicornia europaea 291
Salsifis cultivé 62
Salsifis des prés 259
Salvia glutinosa 279
Salvia officinalis 194
Salvia pratensis 195
Salvia sclarea 194
Sambucus ebulus 127
Sanguisorba minor 292
Sanguisorba officinalis 21
Sanguisorbe officinale 21
Saponaire de Montpellier 29
Saponaire officinale 28
Saponaria ocymoides 29
Saponaria officinalis 28
Sauge de Jérusalem 281
Sauge des prés 195
Sauge glutineuse 279
Sauge officinale 194
Sauge sclarée 194

Saxifraga aizoides 225
Saxifraga granulata 112
Saxifraga oppositifolia 42
Saxifraga paniculata 112
Saxifrage à feuilles opposées 42
Saxifrage aizoon 112
Saxifrage granulifère 112
Saxifrage jaune des montagnes 225
Scabieuse colombaire 201
Scabiosa columbaria 201
Sceau de Salomon odorant 140
Scilla bifolia 181
Scille à deux feuilles 181
Scille officinale 147
Scolyme d'Espagne 249
Scolymus hispanicus 249
Scrofulaire noueuse 305
Scrophularia nodosa 305
Scutellaire casquée 193
Scutellaria galericulata 193
Securigera varia 71
Sedum acre 225
Sedum album 111
Sedum rupestre 242
Sedum telephium 40
Sempervivum arachnoideum 53
Sempervivum tectorum 53
Senecio jacobaea 245
Senecio vulgaris 245
Séneçon commun 245
Séneçon jacobée 245
Sénevé 206
Serpolet petit-chêne 81
Sideritis syriaca 281
Silène acaule 32
Silene acaulis 32
Silene dioica 33
Silène enflé 108
Silene flos-cuculi 32
Silene vulgaris 108
Silybum marianum 59
Sinapis arvensis 206
Solanum dulcamara 164
Solanum sodomaeum 164
Soldanella alpina 176
Soldanelle des Alpes 176
Solidago canadensis 249
Solidago virgaurea 248
Sonchus oleraceus 259
Sparganium erectum 298
Stachys recta 280
Stachys sylvatica 79
Stellaire holostée 107
Stellaria holostea 107
Stellaria media 108
Sternbergia lutea 261
Stratiote faux-aloès 101
Stratiotes aloides 101
Succisa pratensis 156
Succise des prés 156
Symphytum officinale 49

Tabouret à feuilles rondes 21
Tabouret des champs 94
Tanacetum parthenium 136
Tanacetum vulgare 251
Tanaisie commune 251
Taraxacum officinale 257
Tétragonolobe siliqueux 275
Tetragonolobus maritimus 275
Teucrium chamaedrys 77
Thalictrum aquilegifolium 18
Thlaspi arvense 94
Thlaspi cepaeifolium 21
Thym 81
Thymus pulegioides 81
Thymus vulgaris 81
Topinambour 247
Tormentille 210
Tragopogon porrifolius 62
Tragopogon pratensis 259
Trèfle alpin 70
Trèfle blanc 148
Trèfle d'eau 126
Trèfle des prés 69
Trèfle incarnat 70
Tribulus terrestris 230
Trientale d'Europe 129
Trientalis europaea 129
Trifolium alpinum 70
Trifolium incarnatum 70
Trifolium pratense 69
Trifolium repens 148
Tripleurospermum perforatum 134
Trolle 239
Trollius europaeus 239
Tulipa sylvestris 264
Tulipe sauvage 264
Tussilage 246
Tussilago farfara 246
Typha latifolia 299

***U**lex europaeus* 270
Umbilicus rupestris 302
Urginea maritima 147
Urtica dioica 289
Utriculaire commune 286
Utricularia vulgaris 286

***V**aleriana officinalis* 128
Valériane officinale 128
Valerianella locusta 173
Vératre blanc 146
Veratrum album 146
Verbascum densiflorum 236
Verbascum nigrum 237
Verbena officinalis 170
Verge d'or 248
Verge d'or du Canada 249
Veronica chamaedrys 154
Veronica filiformis 155
Veronica teucrium 156
Véronique filiforme 155
Véronique germandrée 156
Véronique petit-chêne 154
Verveine officinale 170
Vesce cracca 187
Vesce des haies 188
Vicia cracca 187
Vicia sepium 188
Vinca minor 163
Vincetoxicum hirundinaria 124
Viola biflora 268
Viola hirta 185
Viola lutea 268
Viola odorata 185
Viola tricolor 269
Violette à deux fleurs 268
Violette hérissée 185
Violette odorante 185
Vipérine commune 189
Vitex agnus-castus 190

Crédits photographiques

Dessins
Golte-Bechtle/Kosmos (488) ; **Haag/Kosmos** (74) ; **Hofmann/Kosmos** (10) ; **Kohnle/Kosmos** (11) ; **Söllner/Kosmos** (4) ; **Spohn/Kosmos** (456)

Crédits photographiques
Albers/Hecker : 254H ; **Bellmann** : 101E ; **Hecker** : 72hP, 72hH, 87hP, 87bP, 87bH, 129hP, 131E, 132hH, 139hP, 158bH, 171bP, 171hH, 177bH, 181bH, 186P, 187bH, 195P, 288hP, 294hH, 294bH, 295hH, 297H ; **König** : 293H ; **Laux** : 79hH, 288hH ; **Mertz/Hecker** : 146hH ; **Pforr** : 18hP, 18hH, 23bP, 23bH, 25hP, 25hH, 27hH, 27bH, 29bP, 30hP, 30bP, 30hH, 30bH, 34hP, 34bP, 34bH, 36H, 40hP, 42bP, 45hP, 46hP, 46bP, 46bH, 48bP, 55hP, 55hH, 57hP, 57bP, 57hH, 58hP, 58bP, 58hH, 58bH, 60H, 61hP, 61bP, 61hH, 61bH, 62bP, 62bH, 63P, 63H, 63E, 64hP, 64bP, 64bH, 90bH, 97P, 100hP, 100hH, 103bP, 103hP, 103bH, 103hH, 107bH, 108bP, 110P, 113P, 113H, 115hH, 120bP, 125bP, 125hP, 125bH, 129bH, 137hP, 139bP, 139bH, 139hH, 141bP, 141hH, 142hP, 143P, 148bP, 148hP, 148bH, 151hP, 152H, 154hP, 154hH, 155H, 158hH, 166hP, 170bP, 171hP, 171bH, 174H, 177bP, 178bH, 179P, 187bP, 200P, 201bP, 202P, 203bP, 209hP, 210P, 214P, 216hP, 216hH, 218hP, 218bP, 219bP, 223H, 225hP, 226P, 231H, 237hP, 237hH, 245hP, 245bP, 245hH, 246bP, 250hP, 250bP, 254P, 256hP, 256bP, 256hH, 259hP, 259bP, 260bP, 261hP, 261bP, 264bP, 267hP, 267bP, 268hP, 277bP, 280hP, 282P, 282H, 285bP, 285hH, 285bH, 285hH, 287P, 293E, 300hH, 305H, 307hP, 307bH, 309bP, 104hH ; **Reinhard-Tierfoto, Hans Reinhard Heilgkreuzsteinach-Eiterbach** : 25bP, 25bH, 71hP, 76H, 85hP, 85hH, 89H, 119hP, 142bH, 161H, 286hP, 292hH, 298bH ; **Sauer/Hecker** : 55bP, 68bP, 77bP, 87hH, 88bH, 160bH, 188hP, 193bP, 308P ; **Schönfelder** : 19P, 20bP, 20bH, 27hP, 27bP, 36P, 40hH, 48hH, 50bP, 50bH, 56P, 60P, 95H, 96bP, 96hH, 96bH, 132bH, 136H, 137hH, 147hH, 152E, 155P, 158hP, 160bP, 164hP, 164hH, 164bH, 166hH, 168bH, 169P, 181bP, 185hP, 190H, 213hP, 219hP, 227hP, 230bP, 230bH, 232hP, 232bP, 232hH, 232bH, 243H, 245bH, 251bP, 252hP, 252hH, 253H, 264hH, 264bH, 270bH, 281hH, 295hP, 297P, 298hP, 298hH, 300bP, 302bP, 302bH ; **Spohn** : 18bP, 18bH, 19H, 19D1, 19E, 20hP, 20hH, 21hP, 21bP, 21hH, 21bH, 22P, 22H, 23hP, 23hH, 24P, 24H, 24E, 26P, 26H, 26E, 28P, 28H, 28E, 29hP, 29hH, 29bH, 31P, 31H, 32hP, 32bP, 32hH, 32bH, 33hP, 33bP, 33hH, 33bH, 34hH, 35P, 35H, 36E, 37hP, 37bP, 37hH, 37bH, 38P, 38H, 39hP, 39bP, 39hH, 39bH, 40bP, 40bH, 41P, 41H, 41E, 42hP, 42hH, 42bH, 43hP, 43bP, 43hH, 43bH, 44P, 44H, 44E, 45bP, 45hH, 45bH, 46hH, 47P, 47H, 47E, 48hP, 48bH, 49P, 49H, 50hP, 50hH, 51P, 51H, 52P, 52H, 53hP, 53bP, 53hH, 53bH, 54P, 54H, 54E, 55bH, 56H, 57bH, 59P, 59H, 59E, 62hP, 62hH, 64hH, 65P, 65H, 66hP, 66bP, 66hH, 66bH, 67P, 67H, 67E, 68hP, 68hH, 68bH, 69P, 69H, 69E, 70hP, 70bP, 70hH, 70bH, 71bP, 71hH, 71bH, 72bP, 72bH, 73P, 73H, 73E, 74P, 74H, 75hP, 75bP, 75hH, 75bH, 76P, 76E, 77hP, 77hH, 77bH, 78hP, 78bP, 78hH, 78bP, 78bH, 79hP, 79bP, 79hH, 79bH, 80P, 80H, 80E, 81hP, 81bP, 81hH, 81bH, 82P, 82H, 82E, 83hP, 83bP, 83hH, 83bH, 84hP, 84bP, 84hH, 84bH, 85bP, 85bH, 86P, 86H, 86E, 88hP, 88bP, 88hH, 89P, 90hP, 90bP, 90hH, 91P, 91H, 92P, 92H, 93bP, 93hP, 93bH, 93hH, 94bP, 94hP, 94bH, 94hH, 95P, 96hP, 97H, 97E, 98bP, 98hP, 98bH, 98hH, 99P, 99H, 100bP, 100bH, 101P, 101H, 102P, 102H, 102E, 104bP, 104hH, 104bH, 105P, 105H, 106P, 106H, 107hP, 107bP, 107hH, 108hP, 108bH, 108hH, 109P, 109H, 109E, 110H, 110E, 111hP, 111bP, 111hH, 111bH, 112hP, 112bP, 112hH, 112bH, 114P, 114H, 114E, 115hP, 115bP, 115bH, 116P, 116H, 116E, 117P, 117H, 117E, 118bP, 118hP, 118bH, 118hH, 119bP, 119bH, 119hP, 119hH, 120hP, 120bH, 120hH, 121P, 121H, 121E, 122hP, 122bP, 122hH, 122bH, 122bD2, 123P, 123H, 124bP, 124hP, 124bH, 124hH, 125hH, 126hP, 126bP, 126hH, 126bH, 127hP, 127bP, 127hH, 127bH, 128P, 128H, 128E, 129bP, 129hH, 130P, 130H, 130E, 131P, 131H, 132hP, 132bP, 133P, 133H, 133E, 134hP, 134bP, 134hH, 134bH, 135P, 135H, 135E, 136P, 136E1, 136E2, 137bP, 137bH, 138P, 138H, 138E, 139D, 140P, 140H, 140E, 141bP, 141bH, 142bP, 142hH, 143H, 143E1, 143E2, 144hP, 144bP, 144hH, 144bH, 145P, 145H, 146bP, 146hP, 146bH, 147bP, 147hP, 147bH, 148hH, 149P, 149H, 150P, 150H, 150E, 151bP, 151bH, 151hH, 152P, 153P, 153H, 153E, 154bP, 154bH, 156hP, 156bP, 156hH, 156bH, 157P, 157H, 157E, 158bP, 159P, 159H, 159D3, 159E, 160hP, 160hH, 161P, 161E, 162hP, 162bP, 162hH, 162bH, 163hP, 163bP, 163hH, 163bH, 164bP, 165P, 165H, 165E, 166bP, 166bH, 167hP, 167bP, 167hH, 167bH, 168hP, 168bP, 168hH, 169H, 169E, 170hP, 170hH, 170bH, 172hP, 172bP, 172hH, 172bH, 173hP, 173bP, 173hH, 173bH, 174P, 174E, 175P, 175H, 175E1, 175E2, 176hP, 176bP, 176hH, 176bH, 177hP, 177hH, 178hP, 178bP, 178hH, 179H, 180P, 180H, 180E1, 180E2, 181hP, 181hH, 182P, 182H, 182E, 183P, 183H, 184P, 184H, 184E, 185bP, 185hH, 185bH,

186H, 186E, 187hP, 187hH, 188bP, 188hH, 188bH, 189P, 189H, 189E, 190P, 190E, 191hP, 191bP, 191hH, 191bH, 192P, 192H, 193hP, 193hH, 193bH, 194hP, 194bP, 194hH, 194bH, 195H, 195E, 196hP, 196bP, 196hH, 196bH, 197P, 197H, 198P, 198H, 199hP, 199bP, 199hH, 199bH, 200H, 201hP, 201hH, 201bH, 202H, 203hP, 203bH, 203hH, 204P, 204H, 204E, 205bP, 205hP, 205bH, 205hH, 206P, 206H, 206E, 207hP, 207bP, 207hH, 207bH, 208P, 208H, 208E, 209bP, 209bH, 209hH, 210H, 211P, 211H, 211E, 212P, 212H, 212E, 213bP, 213bH, 213hH, 214H, 215P, 215H, 215E1, 215E2, 216bP, 216bH, 217P, 217H, 218hH, 218bH, 219bH, 219hH, 220P, 220H, 221bP, 221hP, 221bH, 221hH, 222hP, 222bP, 222hH, 222bH, 223P, 223E, 224bP, 224hP, 224bH, 224hH, 225bP, 225bH, 225hH, 226H, 227bP, 227hH, 227bH, 228bP, 228hP, 228bH, 228hH, 229hP, 229bP, 229hH, 229bH, 230hP, 230hH, 231P, 231E, 233P, 233H, 233E1, 233E2, 234hP, 234bP, 234hH, 234bH, 235P, 235H, 236P, 236H, 236E, 237bP, 237bH, 238hP, 238bP, 238hH, 238bH, 239P, 239H, 239E, 240P, 240H, 241hP, 241bP, 241hH, 241bH, 242hP, 242bP, 242hH, 242bH, 243P, 243E, 244P, 244H, 244D1, 246hP, 246hH, 246bH, 247P, 247H, 247D2, 248P, 248H, 249hP, 249bP, 249hH, 249bH, 250hH, 250bH, 251hP, 251hH, 251bH, 252bP, 252bH, 253P, 255hP, 255bP, 255hH, 255bH, 256bH, 257P, 257H, 257D1, 257E, 258P, 258H, 258E, 259hH, 259bH, 260hP, 260hH, 260bH, 261hH, 261bH, 262P, 262H, 263P, 263H, 263E, 264hP, 265P, 265H, 265E, 266P, 266H, 266E, 267hH, 267bH, 268bP, 268hH, 268bH, 269P, 269H, 269E, 270hP, 270bP, 270hH, 271P, 271H, 271E, 272hP, 272bP, 272hH, 272bH, 273P, 273H, 273E, 274hP, 274hH, 274bP, 274bH, 275P, 275H, 275E, 276hP, 276bP, 276hH, 276bH, 277hP, 277hH, 277bH, 278hP, 278bP, 278hH, 278bH, 279hP, 279bP, 279hH, 279bH, 280bP, 280hH, 280hH, 281hP, 281bP, 281bH, 283hP, 283bP, 283hH, 283bH, 284P, 284H, 285hP, 286bP, 286bH, 287H, 287E, 288bP, 288bH, 289P, 289H, 289D3, 289E, 290hP, 290bP, 290hH, 290bH, 291P, 291H, 291E, 292hP, 292bP, 292bH, 293P, 293D3, 293D3, 294hP, 294bP, 295bP, 295bH, 296hP, 296bP, 296hH, 296bH, 297D1, 298bP, 299P, 299H, 299E, 300hP, 300hH, 301P, 301H, 301E, 302hP, 302hH, 303P, 303H, 303E, 304hP, 304bP, 304hH, 304bH, 305P, 305E, 306P, 306H, 306E, 307bP, 307hH, 308H, 309hP, 309hH, 309bH

P = photo principale, H = habitat, D = détail supplémentaire (de haut en bas et de gauche à droite), E = encadré, b = en bas, h = en haut

Akène : fruit sec ne s'ouvrant pas à maturité.
Androcée : ensemble des pièces fertiles mâles de la fleur.
Annuelle : qui ne vit qu'un an.
Anthère : partie terminale de l'étamine, qui contient le pollen.
Arbrisseau : végétal ligneux à troncs multiples.
Arbuste : végétal ligneux à tronc unique, mesurant moins de 6 m de hauteur.
Astringent : qui resserre les tissus vivants.
Baie : fruit charnu sans noyau, à graines éparses dans la pulpe.
Bisannuelle : plante qui vit deux ans. Elle fleurit et fructifie la deuxième année, puis meurt.
Bractée : petite feuille, souvent colorée, à la base des fleurs.
Bulbille : petit bulbe, souvent situé à l'aisselle des feuilles, pouvant donner naissance à une nouvelle plante.
Caduc : se dit d'un organe (feuille, pétale, etc.) destiné à tomber.
Calice : enveloppe extérieure de la fleur, composée de sépales.
Capitule : inflorescence de petites fleurs sessiles serrées en tête.
Carminatif : qui aide à expulser les gaz intestinaux.
Carpelle : pièce florale portant les ovules et constituant le pistil.
Chlorophylle : pigment vert des végétaux, responsable de la photosynthèse.
Cholagogue : qui active l'écoulement de la bile.
Composée : plante à fleurs groupées en capitules, comme la marguerite ou le pissenlit.
Corolle : ensemble des pétales d'une fleur.
Corymbe : inflorescence à sommet plus ou moins aplati, dont les fleurs ont des pédicelles inégaux.
Emétique : qui fait vomir.
Emménagogue : qui régule ou déclenche le flux menstruel.
Epi : inflorescence cylindrique ou conique dont les fleurs sont disposées autour d'un axe central.
Expectorant : qui facilite l'expulsion des sécrétions pulmonaires.
Fruit : ovaire fécondé arrivé à maturité, et qui renferme une ou plusieurs graines.
Glomérule : inflorescence composée, regroupement dense de fleurs sessiles.
Gousse : fruit allongé, sec, cylindrique, s'ouvrant à maturité (fabacées).
Grappe : inflorescence disposée autour d'un axe, où les fleurs sont pédonculées.
Gynécée : ensemble des carpelles (pistil).
Hépatotoxique : substance nocive pour le foie.
Huile essentielle : principe volatil odorant que renferment les plantes aromatiques.
Inflorescence : ensemble de fleurs et de bractées voisines sur une même plante.
Involucre : ensemble des bractées rassemblées à la base d'une inflorescence (asters, etc.) ou d'une fleur solitaire.
Lancéolé : à limbe au moins 3-4 fois plus long que large, en forme de fer de lance.
Ligulée (fleur) : fleur en forme de languette, sur le pourtour des astéracées.
Limbe : partie élargie et plane de la feuille.
Lobé : feuille ou pétale découpé, mais dont les parties ne sont pas complètement séparées.
Nectaire : organe produisant le nectar.
Obovale : en forme d'œuf, mais la plus grande largeur en haut.
Officinal : qualifie un végétal ayant été utilisé en pharmacie, figurant souvent dans un « codex », recueil de formules.
Oléagineux : qui contient de l'huile.
Opposées : feuilles insérées deux à deux au même niveau et vis-à-vis sur la tige.
Ovaire : partie de la fleur qui forme le fruit après fécondation. Contient les ovules, qui se transforment en graines.
Palmatilobée : qualifie une feuille palmée à divisions peu profondes.
Palmée : feuille divisée en segments réunis au sommet comme les doigts de la main.
Panicule : inflorescence en forme de grappe composée, dont les éléments sont des grappes ou des cymes.
Pédicelle : support de chaque fleur lorsque le pédoncule est ramifié.
Pédoncule : rameau portant une fleur.

Pennée : feuille divisée en folioles disposés de chaque côté comme les barbes d'une plume.
Pétale : pièce de la corolle, souvent de couleur vive, située entre le calice à l'extérieur et les organes reproducteurs (étamines et pistil).
Pétiole : base étroite de certaines feuilles, rattachant le limbe à la tige.
Rhizome : tige souterraine horizontale, portant des racines adventices.
Rosette : cercle de feuilles à la base de la tige.
Samare : fruit sec ailé.
Sépale : partie de l'enveloppe extérieure de la fleur, pièce du calice.
Sessile : dépourvu de pétiole ou de pédoncule.
Silique : fruit formé de deux carpelles appliqués contre une cloison (crucifères).
Stigmate : extrémité du style qui retient le pollen.
Style : partie allongée du pistil, reliant l'ovaire aux stigmates.
Subspontané : originaire d'un lieu éloigné, mais se reproduisant de génération à génération à l'état sauvage, suite à son introduction dans une nouvelle région.
Tannin : substance très astringente présente dans de nombreux végétaux.
Tépale : pièce d'une enveloppe florale où sépales et pétales sont semblables.
Tonique : qui fortifie l'organisme et stimule son activité.
Tubercule : partie renflée d'une tige souterraine, souvent riche en substances de réserve.
Tubulée (fleur) : fleur en forme de tube, souvent au centre des astéracées.
Verticille : ensemble d'organes (fleurs, feuilles, etc.) réunis en cercle autour d'un axe.
Vivace : vivant plus de 2 saisons.

Les auteurs

Les biologistes Margot et Roland Spohn passent leur temps libre dans la nature. Ils ont apporté à cet ouvrage leur complémentarité : Margot Spohn a écrit les textes sur les plantes tandis que Roland Spohn a réalisé les photographies et les illustrations. Ils ont rédigé ensemble une flore encyclopédique ainsi que de nombreux livres.

Photo de la page 2 : pivoine sauvage.
Photos de la page 3, de haut en bas : coquelicot, ornithogale, chicorée sauvage, arnica et parisette à quatre feuilles.
Photo des pages 16-17 : iris faux-acores.
Couverture : fotokris / iStock / Getty Images Plus

Édition originale :
Titre : *Welche Blume ist das?*

Édition française :

Dépôt légal : août 2017
ISBN : 978-2-603-02571-0
Réimpression : septembre 2022
Impression : Longo AG, Italie

Traduction : Marie-Anne Tattevin
Relecture scientifique : Elisabeth Trotignon
Mise en pages : Dédicace, Villeneuve-d'Ascq
Couverture : Nord Compo, Villeneuve-d'Ascq